工业机器人
应用技术丛书

工业机器人视觉应用

韩鸿鸾　毕美晨　主编

化学工业出版社
·北京·

内容简介

工业机器人作为一种高科技集成装备，对专业人才有着多层次的需求。本书根据机器人行业发展趋势，从生产实际出发，详细讲解了工业机器人视觉及其应用的相关知识，主要内容包括：认识机器视觉系统、工业机器人视觉系统的组成、数字图像处理、欧姆龙视觉系统的应用、筑梦科技和康耐视视觉系统的应用等。

本书实用性与可参考性强，可供从事工业机器人视觉系统装调与维修的工程技术人员学习参考，也可作为应用型本科、高职和中职等院校工业机器人、机电一体化及相关专业的教材。

图书在版编目（CIP）数据

工业机器人视觉应用 / 韩鸿鸾，毕美晨主编. 北京：化学工业出版社，2025. 10. --（工业机器人应用技术丛书）. -- ISBN 978-7-122-48643-1

Ⅰ. TP242. 2

中国国家版本馆 CIP 数据核字第 20257TX939 号

责任编辑：王　烨　　文字编辑：袁玉玉　袁　宁
责任校对：李露洁　　装帧设计：刘丽华

出版发行：化学工业出版社
（北京市东城区青年湖南街 13 号　邮政编码 100011）
印　　装：高教社（天津）印务有限公司
787mm×1092mm　1/16　印张 15　字数 393 千字
2026 年 1 月北京第 1 版第 1 次印刷

购书咨询：010-64518888　　售后服务：010-64518899
网　　址：http://www.cip.com.cn
凡购买本书，如有缺损质量问题，本社销售中心负责调换。

定　　价：79.00 元

前·言

在全球制造业向智能化、绿色化转型的浪潮中，工业机器人作为“制造业皇冠上的明珠”，正以颠覆性技术重构生产模式。从汽车产线的柔性化改造到电子行业的精密装配，从物流领域的无人化搬运到医疗场景的微创手术辅助，工业机器人已突破传统工业边界，成为驱动产业升级的核心动力。

随着机器人技术及智能化水平的提高，工业机器人已在众多领域得到了广泛的应用。其中，汽车、电子、冶金、化工等是我国使用机器人最多的几个行业。未来几年，随着行业需要和劳动力成本的不断提高，我国机器人市场增长潜力依然巨大。尽管我国将成为当今世界最大的机器人市场，但每万名制造业工人配备的机器人数量却远低于发达国家水平和国际平均水平。另一方面，政策与市场的双重引擎推动行业持续进化。国家层面，《“十四五”智能制造发展规划》明确将工业机器人列为战略新兴产业；地方层面，多地出台专项补贴政策，支持机器人企业技术改造与产线升级。虽然多种因素推动着我国工业机器人行业不断发展，但应用人才严重缺失的问题清晰地摆在我们面前，这是我国推行工业机器人技术应用的最大瓶颈。

工业机器人作为一种高科技集成装备，对专业人才有着多层次的需求，主要分为研发工程师、系统设计与应用工程师、调试工程师和操作及维护人员四个层次。其中，需求量最大的是基础操作及维护人员以及掌握基本工业机器人应用技术的调试工程师和更高层次的应用工程师。工业机器人专业人才的培养，要更加着力于应用型人才。

为了适应机器人行业发展的形势，满足从业人员学习机器人技术相关知识的需求，我们从生产实际出发，组织业内专家编写了本书，全面讲解了工业机器人视觉及其应用的相关知识，主要包括认识机器视觉系统、工业机器人视觉系统的组成、数字图像处理、欧姆龙视觉系统的应用、筑梦科技和康耐视视觉系统的应用等内容。本书可供从事工业机器人视觉系统装调与维修的工程技术人员学习参考，也可作为应用型本科、高职和中职等院校工业机器人、机电一体化及相关专业的教材。

本书由韩鸿鸾、毕美晨主编，张翠霞、裴爱岭、于美芹任副主编，崔久好、于筱颖、邓鹏飞、孟溪、崔鹏程参编。本书由梁丽洁主审。

本书在编写过程中得到了威海柳道机械有限公司、天润泰达智能装备有限公司、上海 ABB 工程有限公司、KUKA 公司、山东立人能源科技有限公司等工业机器人生产企业与北汽黑豹汽车有限公司、山东新北洋信息技术股份有限公司、豪顿华（英国）、威海联桥仲精机械有限公司等工业机器人应用企业的大力支持；得到了众多职业院校的帮助，并且有的职业院校还安排了编审人员，在此深表谢意。

由于时间仓促，编者水平有限，书中疏漏之处在所难免，恳请读者给予批评指正。

编者于山东
2025 年 9 月

目·录

第 1 章 认识机器视觉系统

1.1 机器视觉系统

1.1.1 机器视觉的含义

机器视觉（machine vision）又称计算机视觉（computer vision），如图 1-1 所示，其是将数字图像处理和数字图像分析、图像识别结合起来，试图开发出一种能与人脑的部分机能比拟，能够理解自然景物和环境的系统，在机器人领域中为机器人提供类人视觉的功能。

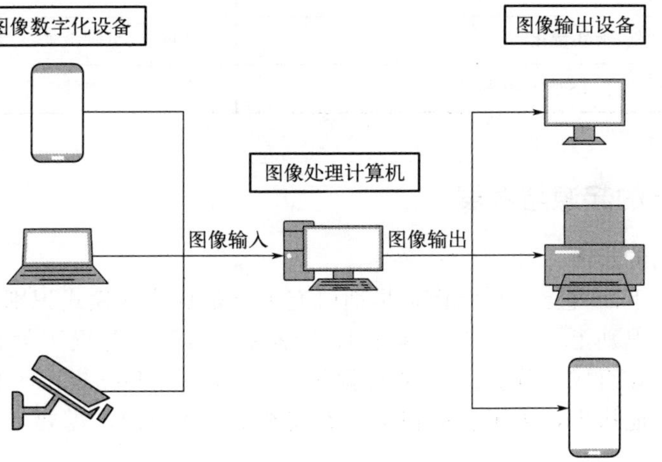

图 1-1 机器视觉

（1）数字图像处理系统

图像数字化设备将图像输入的模拟物理量（如光、超声波、X 射线等信息）转变为数字化的电信号，以供计算机处理。

图像处理计算机系统以软件方式完成对图像的各种处理和识别，是数字图像处理系统的核心部分。

（2）图像输出设备

图像输出设备将图像处理的中间结果或最后结果显示或打印记录，包括显示器、打印机、智能手机等。

机器视觉通俗地说是用机器代替人眼来做测量和判断，但又与人的视觉不同，其对比见表 1-1。

表 1-1 机器视觉系统与人的视觉对比

项目	人类视觉	机器视觉
适应性	适应性强，可在复杂及变化的环境中识别目标	适应性差，容易受复杂背景及环境变化的影响
智能	具有高级智能，可运用逻辑分析及推理能力识别变化的目标，并能总结规律	虽然可利用人工智能及神经网络技术，但智能很差，不能很好地识别变化的目标
彩色识别能力	对色彩的分辨能力强，但容易受人的心理影响，不能量化	受硬件条件的制约，目前一般的图像采集系统对色彩的分辨能力较差，但具有可量化的优点
灰度分辨力	差，一般只能分辨 64 个灰度级	强，目前一般使用 256 个灰度级，采集系统可具有 10bit、12bit、16bit 等灰度级
空间分辨力	分辨率较差，不能观看微小的目标	目前有 4K×4K 的面阵摄像机和 8K 的线阵摄像机，通过备置各种光学镜头，可以观测小到微米，大到天体大小的目标
速度	0.1s 的视觉暂留使人眼无法看清较快速运动的目标	快门时间可达到 10μs 左右，高速相机帧率可达到 1000f/s 以上，处理器的速度越来越快
感光范围	400～750nm 范围的可见光	从紫外到红外的较宽光谱范围，另外有 X 射线等特殊摄像机
环境要求	对环境温度、湿度的适应性差，另外有许多场合对人有损害	对环境适应性强，另外可加防护装置
观测精度	精度低，无法量化	精度高，可到微米级，易量化
其他	主观性，受心理影响，易疲劳	客观性，可连续工作

1.1.2 机器视觉的起源与发展

（1）机器视觉的起源

机器视觉起源于 20 世纪 50 年代，早期研究主要是从统计模式识别开始，工作主要集中在二维图像分析与识别上。1966 年，麻省理工学院（MIT）开展了暑期视觉项目，目的是构建视觉系统的重要组成部分。MIT 的视觉科学家 David Marr 提出了使得计算机能够识别视觉世界的算法。他指出，为了获取视觉世界完整的 3D 图像，需要经历图 1-2 所示的三个阶段。

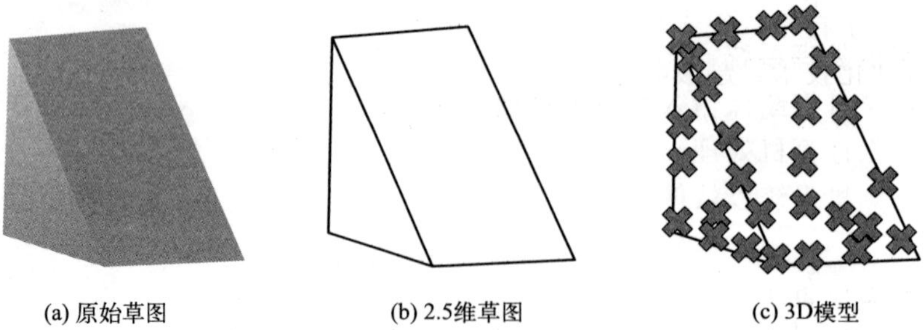

图 1-2 三个阶段

第一个阶段是原始草图，得到大部分边缘、端点和虚拟线条；第二阶段是 David Marr 所说的“2.5 维草图”；最后一个阶段是将所有的内容放在一起，组成一个 3D 模型。

（2）机器视觉的发展

20 世纪 60 年代的研究前沿是以理解三维场景为目的的三维机器视觉；David Marr 在麻省理工学院的人工智能实验室领导一个以博士生为主体的研究小组，于 1977 年提出了不同于“积木世界”分析方法的计算视觉理论；20 世纪 80 年代到 20 世纪 90 年代中期，机器视觉获得蓬勃的发展，新概念、新方法、新理论不断涌现，其发展过程如图 1-3 所示。

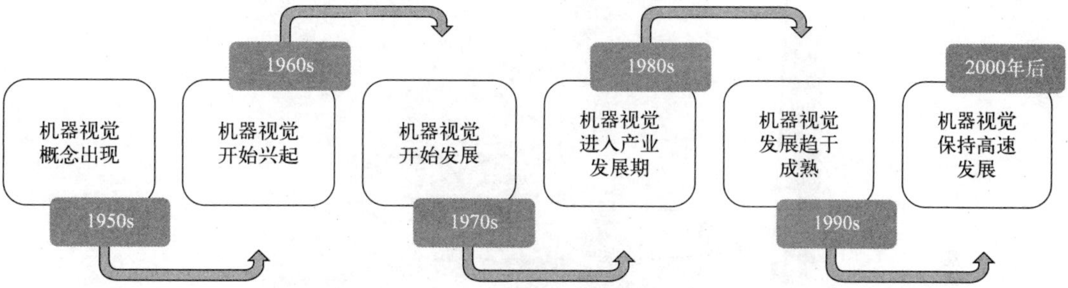

图 1-3　机器视觉的发展

国内真正开始起步是 20 世纪 80 年代，20 世纪 90 年代进入发展期，高速发展则是近几年的事情。中国正在成为世界机器视觉发展较活跃的地区之一，许多先进生产线已经或正在迁移到中国，伴随这些先进生产线的迁移，许多具有国际先进水平的机器视觉系统也进入中国。

1990 年以前，仅仅在大学和研究所中有一些研究图像处理和模式识别的实验室。后来，这些研究机器的工程师成立了他们自己的视觉公司，开发了第一代图像处理产品，例如基于 ISA 总线的灰度级图像采集卡和一些简单的图像处理软件库，他们的产品在大学的实验室和一些工业场合得到了应用，人们能够用这些产品做一些基本的图像处理和分析工作。

1990～1998 年为国内机器视觉发展的初级阶段。其间，真正的机器视觉市场销售额微乎其微。主要的国际机器视觉厂商还没有进入中国市场。自从 1998 年，越来越多的电子和半导体工厂落户华南和华东，带有机器视觉的整套生产线和高级设备被引入中国。

1998～2002 年是机器视觉概念的引入期。在此阶段，许多著名视觉设备供应商如 Matsushita、Omron、Cognex、DVT、CCS、Data Translation、Matrix、Coreco 开始接触中国市场寻求本地合作伙伴。

从 2002 年至今，称为机器视觉发展期，机器视觉在中国呈现快速增长趋势。越来越多的用户开始寻求视觉检测方案，机器视觉可以解决精确的测量问题和更好地提高产品质量，一些用户甚至建立了自己的视觉部门。

现代工业自动化技术日趋成熟，越来越多的制造企业考虑如何采用机器视觉来帮助生产线实现检查、测量和自动识别等功能，以提高效率并降低成本，从而实现生产效益最大化，如图 1-4 所示是其实例之一。机器视觉作为新兴技术被寄予厚望，被认为是自动化行业一个具备光明前景的细分市场，并在许多领域有很好的发展前景。

（3）机器视觉的发展趋势

数字化、实时化、智能化图像采集与传输是机器视觉技术发展的必然趋势。更多的数字摄像机、更大的图像数据传输带宽、更高的图像处理速度，以及更先进的图像处理算法将会推出，并得到更广泛的应用。这些技术将使机器视觉系统向着实时性更好和智能程度更高的方向不断发展。

① 产品方面　智能摄像机将会占据市场主要地位。智能摄像机具有体积小、价格低、

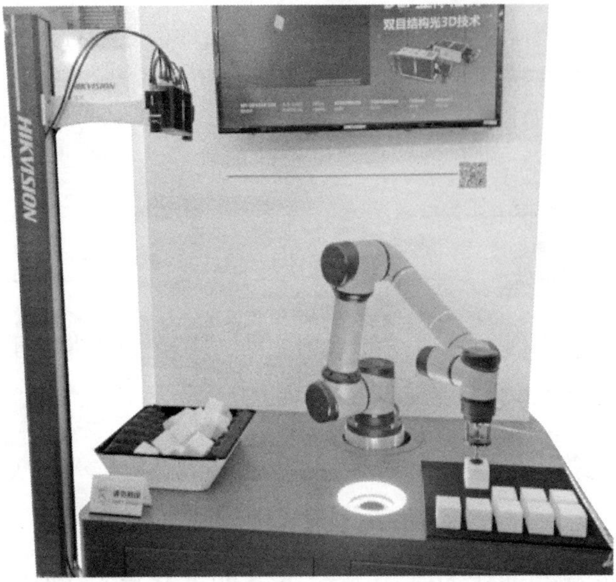

图 1-4　机器视觉在搬运方面的应用

使用安装方便、用户二次开发周期短的优点，非常适合生产线安装使用，越来越受到用户的青睐，智能摄像机所采用的许多部件与技术都来自 IT 行业，其价格会不断降低，逐渐为最终用户所接受。因此，在众多的机器视觉产品中，预计智能摄像机在未来会占据主要地位。

另外，机器视觉传感器会逐渐发展成为光电传感器中的重要产品。目前许多国际著名的光电传感器生产企业，如 KEYENCE、OMRON、Banner 等都将机器视觉传感器作为光电传感器中新型传感器来发展与推广。

② 市场份额迅速扩大　一方面，已经采用机器视觉产品的应用领域，对机器视觉产品的依赖性将更强；另一方面，机器视觉产品将应用到其他更广的领域。机器视觉市场将不断增大。

③ 行业发展更加迅速　机器视觉行业专业性公司增多、投资和从业人员增加、竞争加剧是机器视觉行业未来几年的发展趋势，机器视觉行业作为一个新兴行业将逐步发展成熟，并越来越受人们的重视。

1.2　机器视觉的结构与应用

1.2.1　机器视觉系统组成

如图 1-5 所示，一个完整的机器视觉系统包括视觉单元、执行单元、控制单元等。

（1）视觉单元

视觉单元是机器视觉系统的核心单元，可以实现工件有无、正反的检测，颜色、位置的判断，定位，2D 尺寸测量，ID 识别及字符识别等功能。

视觉单元包括光源、镜头（定焦镜头、变倍镜头、远心镜头和显微镜头）、相机（包括 CCD 相机和 CMOS 相机）和机器视觉软件等几个部分。一套机器视觉系统的好坏取决于相机像素的高低、硬件质量的优劣，更重要的是各个部件间的相互配合和合理使用。

光源是影响机器视觉系统输入数据的重要因素，它直接影响输入数据的质量和应用效

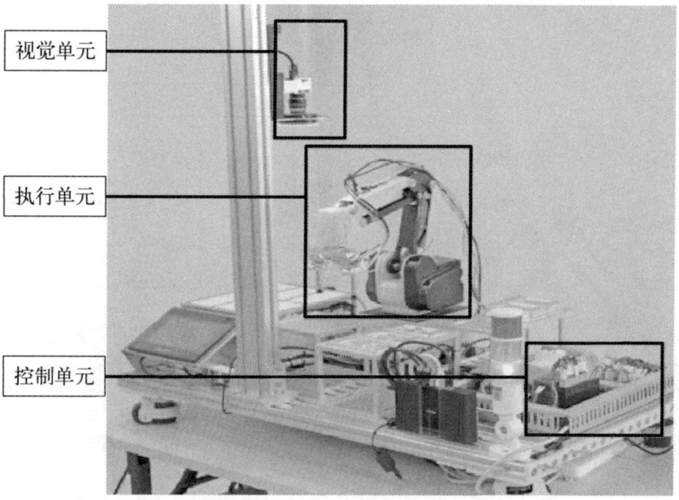

图 1-5　机器视觉系统组成

果。光源的主要目的是使被测目标的重要特征和非必要特征产生最大对比度，即将被测目标的重要特征显现出来，同时将非必要特征抑制掉，最终形成最佳的图像处理效果。这样一方面能降低图像算法的复杂度，另一方面能保证捕获图像的稳定性，提高系统的精度。所以，一般在选择光源时，会考虑光源的对比度、亮度和颜色等基本要素。除此之外，还要根据工作环境的要求，如现场及工作距离来选定用何种光源。

镜头用于聚集光线，使被测目标能够在相机传感器芯片［电荷耦合器件（charge coupled device，CCD）或互补金属氧化物半导体器件（complementary metal oxide semiconductor，CMOS）］上呈现出清晰的图像。作为成像部件，镜头通常要与相机、光源配合使用。

相机用来将光学图像转化为模拟/数字图像，再将相应的信号传输给机器视觉软件。与普通相机相比，工业相机具有输出图像质量高、抗干扰能力强、可长时间工作等优点，其核心部件是用以接收光线的 CCD 芯片或者 CMOS 芯片。

机器视觉软件处理被测目标图像以满足实际设计需求，并输出相关的信号，其属于机器视觉系统的核心。根据不同的应用场景，应开发或使用不同的机器视觉软件。比较通用的机器视觉软件有德国的 HALCON、美国的 Cognex VisionPro。

(2) 执行单元

执行单元根据指令执行动作，直接作用于被测物体。一般将机器人或者电动机作为执行单元，该部分一般与控制单元构成同一整体。

(3) 控制单元

控制单元接收来自机器视觉软件处理后的信息，用于控制执行单元。控制单元可以是 PLC 或者工控机。

1.2.2 机器视觉系统的工作原理

人的运动方式是先通过眼睛观察到目标，然后经过大脑处理做出相应的判断，最后由大脑发出指令使身体做出相应的动作。

机器视觉系统的工作原理与人的运动方式相似。如图 1-6 所示，在充足的光源照射下，通过相机采集拍摄目标的图像，然后将图像传输给机器视觉软件，再由机器视觉软件将拍摄目标的像素分布、亮度、颜色等信息转变为数字信号，经过机器视觉软件处理，分析出拍摄

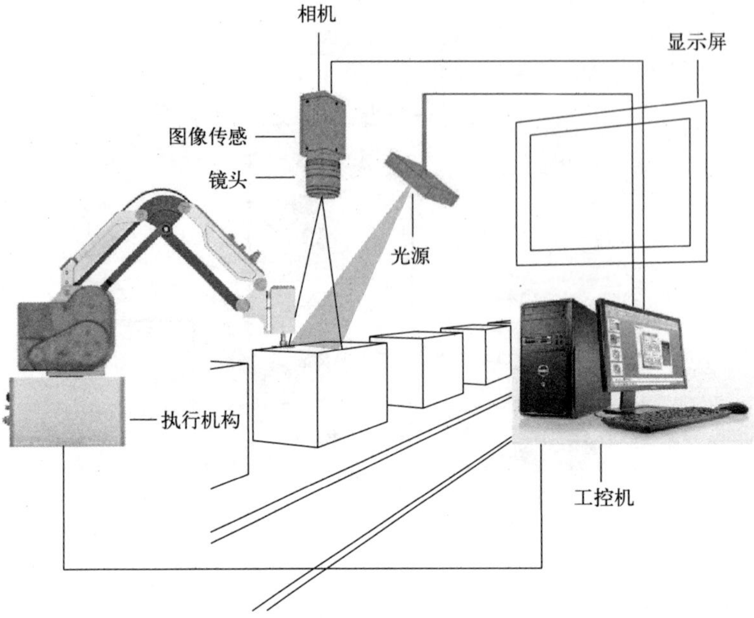

图 1-6　机器视觉系统的基本工作原理

目标的特征，从而实现识别、定位、测量及检测等功能。机器视觉软件将结果发送给其他设备，其他设备收到信息之后，便执行相应的动作。

1.2.3　机器视觉系统的特点

机器视觉系统是实现仪器设备精密控制、智能化、自动化最有效的途径，堪称现代工业生产的“机器眼睛”，其具有以下特点。

（1）实现非接触测量

对观测与被观测者都不会产生任何损伤，从而提高系统的可靠性。

（2）具有较宽的光谱响应范围

机器视觉系统可以利用专用的光敏元件，观察到人类无法看到的世界，从而扩展了人类的视觉范围。

（3）可以长时间工作

人类难以长时间地对同一对象进行观测。机器视觉系统可以长时间地执行观测、分析与识别任务，并可应用于恶劣的工作环境。视觉系统可以使人们免受疲劳之苦，因为没有人工操作者，机器不需要休息，所以可以连续 24 小时工作。

（4）测量精度高

作为一个精确的测量仪器，设计优秀的视觉系统能够对一千个或更多部件中的一个进行空间测量。因为此种测量不需要接触，所以对脆弱部件没有磨损和危险。随着相机的像素分辨率越来越高，系统可以达到非常高的测量精度，如很多应用可以将精度做到 0.1μm 数量级。

（5）具有稳定性

真实机器视觉测量是无人操作的，因此没有人为的误判，被测产品不会被漏检和误检。机器测量时，当给定了测量标准后，合格的产品是合格的，不合格的产品是不合格的。当然，中间会有一些临界值，可能会因为测量的影响，有一定的变化，但这种问题是所有测试测量中都会出现的问题。在生产中，可以将规格设置严格一些，至少保证所有合格产品都是合格的，而不合格的产品可以通过多次检测进行判断其是否合格。

（6）性价比高

随着计算机处理器价格的急剧下降，机器视觉系统性价比也变得越来越高。例如一个10万元的机器视觉尺寸测量设备可以轻松取代10个人工检测者。随着中国人口红利消失，用人成本逐年上升，机器的价值将会得到更多的体现。另外，视觉系统的操作和维护费用也非常低。

（7）生产效率高

机器视觉设备可以每秒检测几十个产品。而这样的速度，根本不是人可以完成的。例如一台编带机每分钟可以检查一千多个元件的方向是否正确，而同样的工作量如果换成人工，可能需要几十或几百人。

（8）具有灵活性

视觉系统能够进行各种不同的测量。当应用变化后，只需软件做相应变化或者升级以适应新的需求即可。

1.2.4 机器视觉系统的典型应用

由于机器视觉系统自身的优点，其在精度、速度和质量等方面比人工更具有优势，平均成本也有所降低，因此得到了广泛的应用。

（1）机器视觉识别应用

在机器视觉系统识别应用中，包括标准的一维码及二维码的解码、直接部件标识（direct part marking，DPM）、光学字符识别（optical character recognition，OCR）和光学字符验证（optical character recognition，OCV）等。

二维码在生产生活中应用极广，通过对二维码的识别，可以得到包括制造商名称、产品标识、批号以及几乎任何成品都使用的唯一序列号等信息。机器视觉系统识别二维码如图1-7所示。

（2）机器视觉测量应用

机器视觉的主要特点是非接触测量，能够避免接触测量带来的二次磨损。利用机器视觉能够进行尺寸、圆半径/直径、角度和面积等的测量。常见的机器视觉测量应用包括齿轮、接插件、汽车零部件、IC元器件引脚、麻花钻、罗定螺纹等的测量。机器视觉测量如图1-8所示。

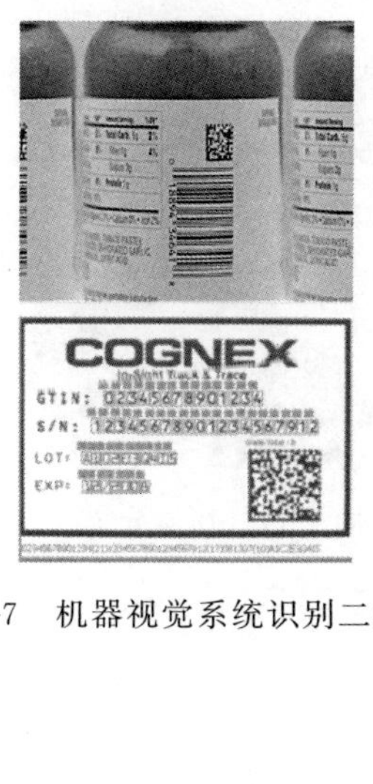

图1-7　机器视觉系统识别二维码

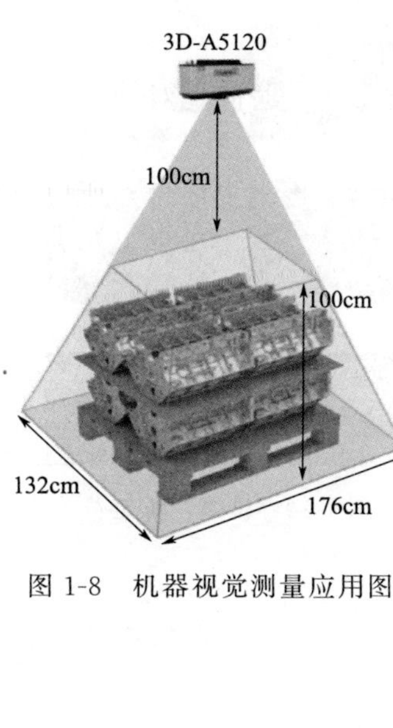

图1-8　机器视觉测量应用图

（3）机器视觉检测应用

检测是机器视觉在工业领域主要的应用之一，几乎所有产品都需要经过检测。人工检测存在较多的弊端，如准确率低，如果长时间工作，准确率更无法保证；检测速度慢，容易影响整个生产过程的效率。机器视觉检测应用包括颜色和缺陷检测、零件或组件的有无检测、被测目标位置和方向检测等。

汽车领域主要是装配的在线检测和零部件的离线检测，如图 1-9 所示，还有表面检测，比如面板印刷质量检测、字符检测、精密测量、工件表面缺陷检测、自有曲面检测等。

图 1-9　机器视觉检测轮胎

（4）机器视觉定位应用

机器视觉定位要求机器视觉系统能够快速、准确地找到被测零件并确认其位置，从而确保零件的正确装配。如将零件放入货盘或从货盘中拾取零件；对传送带上的零件进行包装；对零件进行定位和对位，以便将其与其他部件装配在一起；将零件放置到工作架上；将零件从箱子中移走。机器视觉定位如图 1-10 所示。

（5）物体分拣应用

物体分拣应用是建立在识别、检测之后的一个环节，通过工业视觉系统将图像进行处理，实现分拣，如图 1-11 所示。

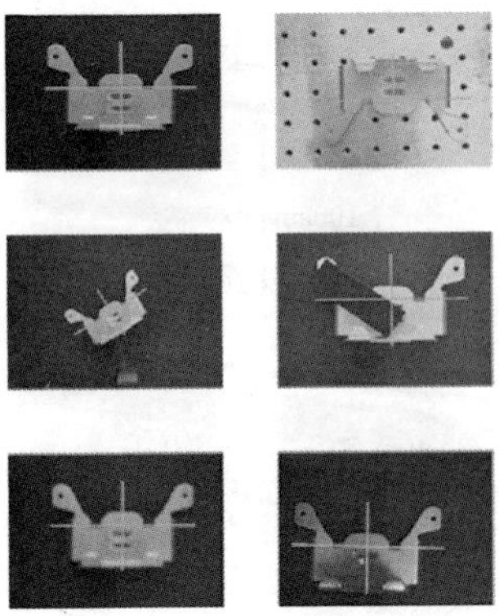

图 1-10　机器视觉定位

图 1-11　物体分拣

第2章 工业机器人视觉系统的组成

2.1 工业相机

机器视觉系统主要由三部分组成：图像的获取、图像的处理和分析、图像的输出或显示。机器视觉系统的主要组件包括光源、相机、镜头、图像处理软件和输入输出单元。光源用于对待检测的元件进行照明，让元件的关键特征能够凸显出来，确保相机能够清楚地看到这些特征。镜头用于采集图像，并将图像以光线的形式呈现给传感器。然后，机器视觉相机中的传感器将该光线转换成数字图像，再将该数字图像发送至处理器进行分析。图像采集卡是重要的输入输出单元，用于图像的高速传输及数字化处理。

图 2-1 中列出了机器视觉系统的各个关键组件，包括光源、镜头、相机、视觉系统控制器和输入输出单元等。图 2-2 是其工作原理。

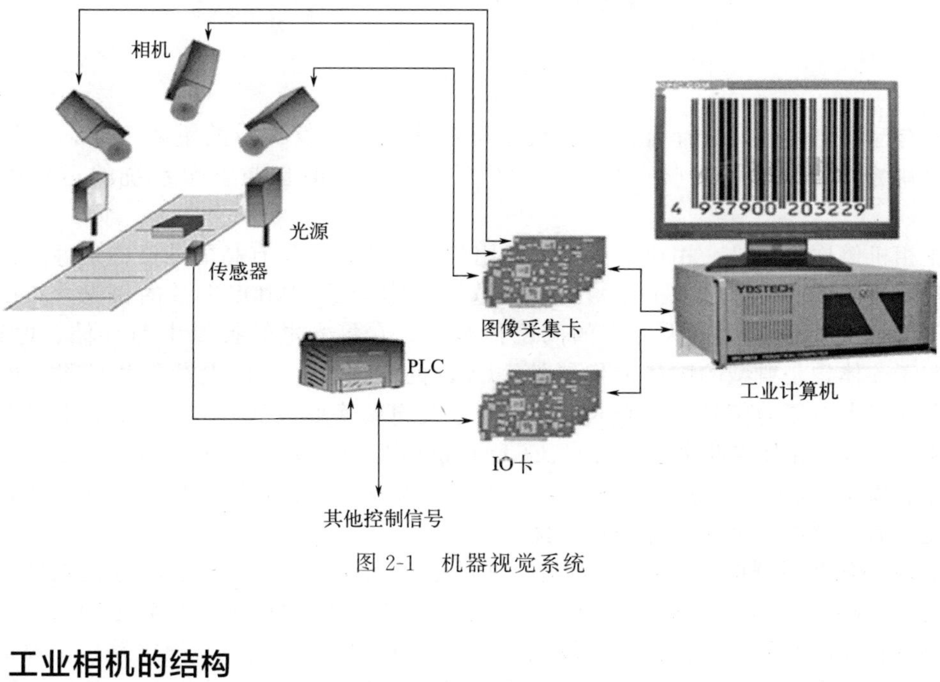

图 2-1　机器视觉系统

2.1.1 工业相机的结构

如图 2-3 所示，工业相机是机器视觉系统中的一个关键组件，其最本质的功能是将光信

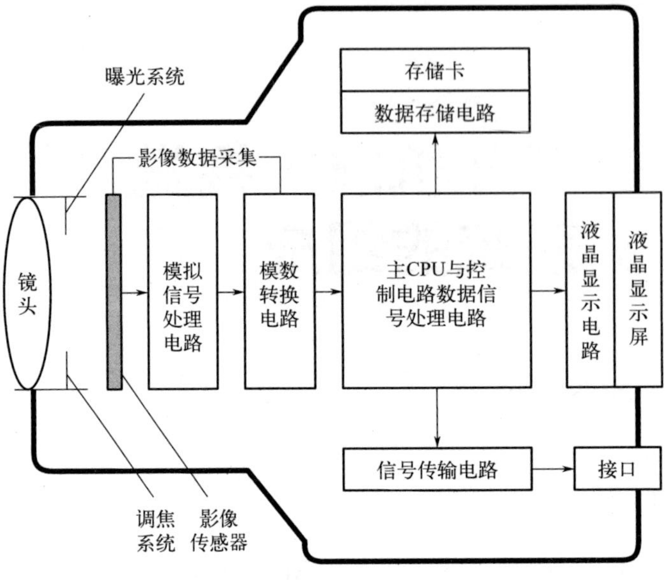

图 2-2 工作原理

图 2-3 工业相机

号转变成有序的电信号。选择合适的相机是机器视觉系统设计中的重要环节，相机的选择不仅直接决定所采集到的图像分辨率、图像质量等，同时也与整个系统的运行模式直接相关。

工业相机俗称摄像机，相比于传统的民用相机而言，它具有高的图像稳定性、高传输能力和高抗干扰能力等，市面上工业相机大多是基于 CCD 或 CMOS 芯片的相机。

CCD 是目前机器视觉最为常用的图像传感器。它集光电转换及电荷存储、电荷转移、信号读取于一体，是典型的固体成像器件。CCD 的突出特点是以电荷作为信号，而其他器件是以电流或者电压为信号。这类成像器件通过光电转换形成电荷包，而后在驱动脉冲的作用下转移、放大输出图像信号。典型的 CCD 相机由光学镜头、时序及同步信号发生器、垂直驱动器、模拟/数字信号处理电路组成。CCD 作为一种功能器件，与真空管相比，具有无烧伤、无滞后、低电压工作、低功耗等优点。

CMOS 图像传感器的开发最早出现在 20 世纪 70 年代初。20 世纪 90 年代初期，随着超大规模集成电路（VLSI）制造工艺技术的发展，CMOS 图像传感器得到迅速发展。CMOS 图像传感器将光敏元阵列、图像信号放大器、信号读取电路、模数转换电路、图像信号处理器及控制器集成在一块芯片上，还具有局部像素的编程随机访问的优点。CMOS 图像传感器以其良好的集成性、低功耗、高速传输和宽动态范围等特点在高分辨率和高速场合得到了广泛的应用。

如图 2-4 所示，一般来说，工业相机主要由图像传感器、内部处理电路、数据接口、IO 接口、光学接口等几个基本模块组成。当相机在进行拍摄时，光信号首先通过镜头到达图像传感器，然后被转化为电信号，再由内部处理电路对图像信号进行算法处理，最终按照相关标准协议通过数据接口向上位机传输数据。IO 接口则提供相机与上下游设备的信号交互，如可以使用输入信号触发相机拍照，相机输出频闪信号控制光源亮起等。

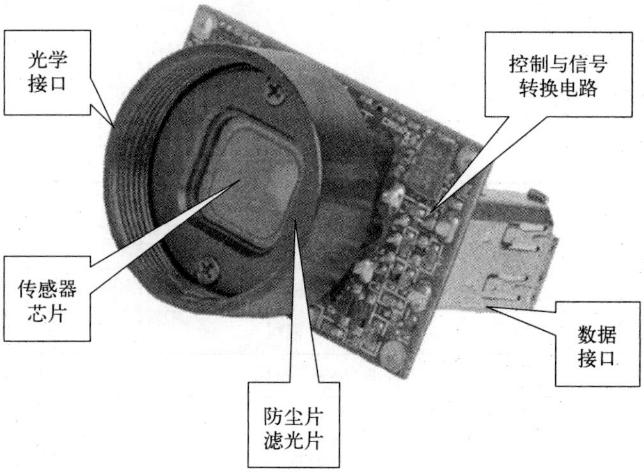

图 2-4　工业相机的结构

（1）工业相机与普通相机的区别

① 工业相机的性能稳定可靠，易于安装，相机结构紧凑结实，不易损坏，连续工作时间长，可在较差的环境下使用，一般的数码相机是做不到这些的。

② 工业相机的快门时间非常短，可以抓拍高速运动的物体。例如，把名片贴在电风扇扇叶上，以最大速度旋转，设置合适的快门时间，用工业相机抓拍一张图像，仍能够清晰辨别名片上的字体。用普通的相机来抓拍，是不可能达到同样效果的。

③ 工业相机的图像传感器是逐行扫描的，而普通相机的图像传感器是隔行扫描的。逐行扫描的图像传感器生产工艺比较复杂，成品率低，出货量少，世界上只有少数公司能够提供这类产品，例如 DALSA、Sony，而且价格昂贵。

④ 工业相机的帧率远远高于普通相机。工业相机每秒可以拍摄十幅到几百幅图片，而普通相机只能拍摄 2～3 幅图像，相差较大。

⑤ 工业相机输出的是裸数据，其光谱范围也比较宽，比较适合进行高质量的图像处理算法，例如机器视觉应用。而普通相机拍摄的图片，其光谱范围只适合人眼视觉，并且经过压缩，图像质量较差，不利于分析处理。

⑥ 工业相机相对于普通相机，价格较贵。

（2）工业相机成像流程

如图 2-5 所示，目标发射或反射的光线，经镜头后照射在感光传感器（通常为 CCD、CMOS）上产生模拟的电流信号，此信号经过模数转换放大成数字信号，然后传递给图像处理器 DSP，得到图像（可以压缩或输出 RAW 数据），最后图像存储到存储器或通过输出接口传递到图像采集卡，传入计算机中，以方便图像处理程序分析图像。

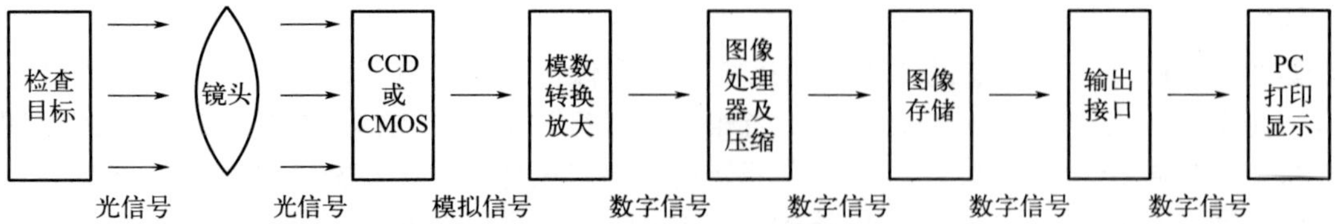

图 2-5 工业相机成像流程

2.1.2 工业相机的分类

工业相机的分类见表 2-1。

表 2-1 工业相机的分类

分类标准	分类	
芯片类型	CCD 相机	CMOS 相机
传感器结构	线阵相机	面阵相机
扫描方式	隔行扫描相机	逐行扫描相机
分辨率	普通分辨率相机	高分辨率相机
输出信号类型	模拟相机	数字相机
输出信号色彩	黑白相机	彩色相机
输出数据速度	普通速度相机	高速相机
响应频率	可见光(普通)相机	红外、紫外相机

(1) 按照输出信号类型分

① 模拟相机　按照输出信号类型，工业相机可以分为模拟相机和数字相机两种。模拟相机在早期的相机中比较常用，在最近的几年里，模拟相机使用得越来越少了。许多厂商都已经停产模拟相机相关的产品。

模拟相机按照其输出的制式不同，又可以分为 PAL（P 制）和 NTSC 制（N 制）。P 制在我国、德国、新加坡等有广泛的应用，而 N 制则在美国、日本等应用较多。P 制与 N 制是针对彩色相机而言的。而对于黑白模拟相机，则 PAL 对应的是 CCIR，NTSC 对应的是 EIA。使用模拟相机，一般来讲是必须搭配模拟采集卡的。因为一般的电脑上是没有模拟采集接口的。

② 数字相机　与模拟相机相对的是数字相机。目前机器视觉行业，或者说使用相机的摄影摄像领域，基本上都是使用数字相机。其最典型的特征是输出数字信号。因此如果计算机、显示器等与相机的输出接口有相应的接口配对，则可以直接使用；如果没有，则需要添加一块图像采集卡。

(2) 按照传感器结构区分

① 面阵相机　面阵相机，即其图像传感器的像素分布是一个矩形或正方形的。如图 2-6 所示，较常见的是矩形的传感器。一般传感器的宽高比为 4∶3。一些新的传感器也有 16∶9 或 16∶10 的宽高比。也有一些较少见的正方形传感器，即传感器的宽高比为 1∶1。面阵相机里有 CMOS 面阵、CCD 面阵、黑白面阵、拜尔面阵、3CCD/CMOS 面阵等类型。

② 线阵相机　线阵相机，顾名思义，其传感器排布成一条线状，类似于扫描仪，如图 2-7 所示。一般的黑白相机只会有一行像素。如 1024×1 分辨率的线阵相机（1K 的线阵

相机），8192×1 分辨率的线阵相机（8K 线阵）等。在彩色相机中，则至少需要 2 行以实现拜尔模式，或者是 3 行以实现 3CCD 格式。有些高级的线阵相机，会有 4 行，除了分别感应 RGB 三色外，还会有一行像素用于感应其他的颜色，如红外、黄色、白色等。面阵相机，如果支持 AOI 功能，只取其中的一行，也就成了线阵相机。线阵相机中同样也有 CMOS 线阵、CCD 线阵、黑白线阵、拜尔线阵、3CCD/CMOS 线阵等类型。

图 2-6　面阵相机

图 2-7　线阵相机

一般只在两种情况下使用这种相机：一是被测视野为细长的带状，多用于滚筒上检测的问题；二是需要极大的视野或极高的精度。在第二种情况下，就需要用激发装置多次激发相机，进行多次拍照，再将所拍下的多幅“条”形图像，合并成一张巨大的图。因此，用线阵相机，必须用可以支持线阵相机的采集卡。线阵相机价格贵，而且在大的视野或高的精度检测情况下，其检测速度也慢，线阵相机只用在极特殊的情况下。

（3）按照输出信号色彩分

① 彩色相机　其图像传感器是彩色图像传感器，一般成的图像是彩色图像。工业相机中的彩色相机，很多是可以当成黑白相机使用的，只需要将其色彩模式换成 MONO 即可。彩色相机在机器视觉中使用得相对较少。因为在目前的图像处理算法中，大部分的算法是针对黑白相机的，而且使用黑白相机，利用单色光照明，也会得到更好的图像效果。

② 黑白相机　其图像传感器是黑白图像传感器。其实无论是彩色图像传感器，还是黑白图像传感器，根据上面的相机成像原理可以知道，其内部的结构是一样的，只是看其前面是否有添加拜尔滤光片或分光镜，以使其能适用彩色图像。对于感光元件本身，只能感应光强，而不能感应波长。黑白相机在机器视觉中的应用要多许多。

2.1.3　工业相机的光学接口

常用的光学接口包括 C 接口、CS 接口、F 接口、V 接口、T2 接口、徕卡接口、M42 接口、M50 接口等。相机安装面到传感器的光学距离称为法兰距。不同的接口有不同的法兰距标准（参考表 2-2），镜头选型时需要注意相机接口法兰距与镜头法兰距的匹配。

接口类型的不同和镜头性能及质量并无直接关系，只是接口方式不同，一般也可以找到各种常用接口之间的转接口。C 接口和 CS 接口是工业摄像机最常见的国际标准接口，为 1-32UNF 美制螺纹连接口。如图 2-8 所示，C 接口和 CS 接口的螺纹连接是一样的，区别在于 C 接口的后截距（法兰距）为 17.526mm，CS 接口的后截距为 12.526mm。所以 CS 接口的摄像机可以和 C 接口及 CS 接口的镜头连接使用，只是使用 C 接口镜头时需要加一个 5mm 的接圈；C 接口的摄像机不能用 CS 接口的镜头。

表 2-2 不同接口的法兰距标准

接口类型	法兰距	口径及螺纹
C 接口	17.526mm	1-32UNF
CS 接口	12.526mm	1-32UNF
F 接口	46.5mm	内径 47mm
M12/M42/M58/M72	无固定标准	M12×P0.5/M42×P1.0/M58×P0.75/M72×P0.75

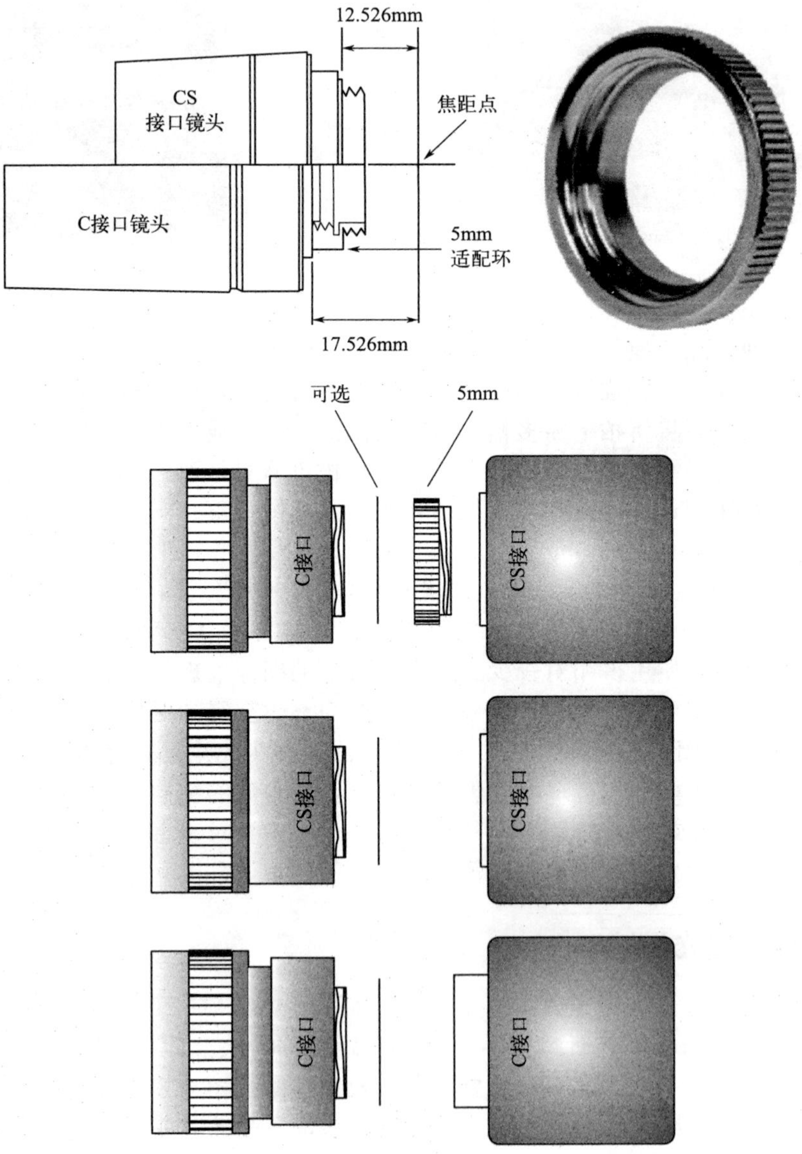

图 2-8 光学接口

数字工业相机，按照其数据输出接口，又可以分为 USB2.0、USB3.0、1394A、1394B、GigE、Camera Link、IEEE 1394 等接口类型的相机。

2.1.4 工业相机的数据接口介绍

(1) 千兆网接口（图 2-9）

千兆以太网作为高速以太网技术之一，目前已成为工业图像处理中的一项成熟技术。作为目前通用的数字接口，其节省了大量的系统成本。千兆网接口工业相机遵循 GigE Vision 协议，可与千兆网标准定义的物理接口协同工作，清晰的逻辑设计可以使相机轻松集成到图像处理程序中。

图 2-9 千兆网接口

① GigE Vision 千兆网特性

a. 速度：1Gbps（Gb/s）。

b. 电缆长度：在数据无损失的情况下，无中继传输最远可达 100m，传输效率高。

c. 线缆：超五类或六类网线。

GigE Vision 是由自动化成像学会 AIA 制定的通信协议，用来实现在机器视觉领域利用千兆网接口进行图像的高速传输。该标准是基于 UDP 协议，与普通网络数据包不同之处在于应用层协议。应用层协议采用 GVCP（GigE Vision 控制协议）和 GVSP（GigE Vision 流传输协议），分别用来对相机进行配置和数据流的传输。图像采集系统软件的实现就是基于这两种协议。图 2-10 所示为 TIP/IP 协议和 GigE Vision 协议的对比。

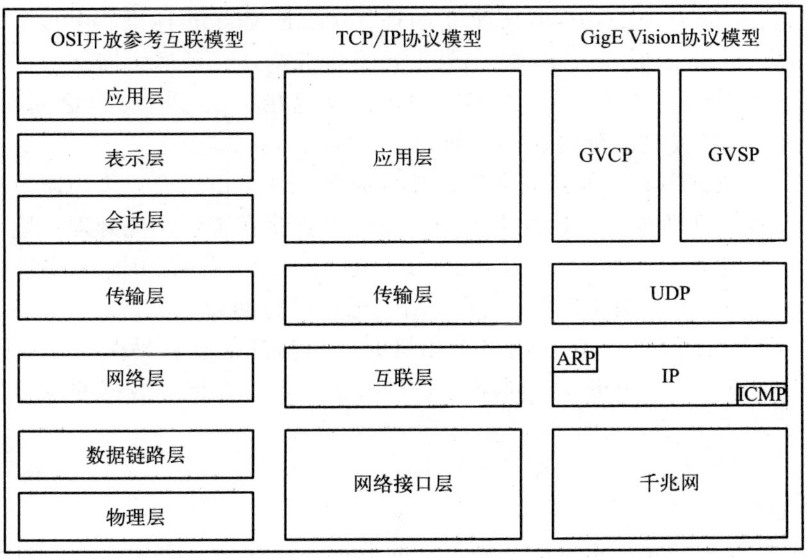

图 2-10 TIP/IP 协议和 GigE Vision 协议的对比

② 优点　千兆网可以匹配 PC 硬件上的标准网络接口；在使用多个相机时，基础信息较为容易配置；传输距离长，可以满足绝大部分机器视觉应用场景；具备一种特殊的供电方式，即 PoE 供电，可在传输数据的同时，还能为相机提供直流供电，无须另接电源线，更加方便；同样的架设环境下，只需更换网卡和网线就可实现千兆网到万兆网的升级。

③ 局限性　带宽小于 1Gb/s，高分辨率的相机在千兆网环境下，帧率十分受限；UDP 传输存在丢包的风险。

（2）万兆网接口

除了传统的千兆网以外，万兆网接口也在以以太网为基础的传输环境中有应用，在搭配万兆网采集卡和线缆环境后，整套环境能够提供 10 倍千兆网的带宽，可以满足市场高分辨率、高帧率的需求，如图 2-11 所示。与千兆网相同，用户在不更改应用程序软件的情况下，可以将一台兼容 GigE Vision 的相机进行更替，使软件兼容更多型号的相机，减少开发和维护成本。

图 2-11　万兆网接口

① GigE Vision 万兆网特性

a. 速度：10Gb/s。

b. 电缆长度：在图像无损失的情况下，无中继传输最远可达 100m，传输效率高。

c. 线缆：超六类网线。

10GigE Vision 标准允许在主流工业图像处理中使用高分辨率传感器和非常高的帧率。通过将带宽提高 10 倍至 1.1Gb/s，已建立的通用 GigE Vision 标准仍然支持下一代应用。10GigE Vision 比 Camera Link Full 快 35%。除了高带宽外，延迟（即从主机请求到响应到达之间的延迟）也得到了显著改善。虽然在过去，延迟在 50μs 到 125μs 之间在 GigE 系统中是标准的，但 10GigE 提供的延迟在 5μs 到 50μs 之间。

万兆网在大型数据中心已经建立多年，技术成熟。许多供应商提供高质量且经过测试的网络组件，如交换机和适配卡。这种常见的产品可以直接在工业图像处理环境中实现，没有早期采用者的典型缺点。10 GigE 已经在 2011 年的 GigE Vision 2.0 标准中进行了描述，符合 GigE Vision 1.0 标准的摄像机在 10 千兆网上运行没有问题。

② 优点　与千兆网类似，在使用多个相机时，其基础信息容易配置；传输距离长，无中继传输可达 100m，光纤则更长；同样支持 PoE 供电，可在传输数据的同时，还能为相机提供直流供电；向下兼容千兆网等。

③ 局限性　UDP 传输仍然存在丢包的风险。

（3）USB2.0 相机

USB2.0 相机属于数字相机中的一种，它的数据输出接口是 USB2.0 的。这种类型的相机是最为常见的，而且大部分民用相机的数据输出、摄像头的数据输出等也是 USB2.0 的。

使用 USB2.0 相机会比较方便，因为一般的计算机都内置了 USB 接口，因此不需要使用额外的采集卡。只有当计算机上的接口不够用时，才会考虑使用扩展卡。而且这种扩展卡成本也非常低廉。

（4）USB3.0 相机

USB3.0 相机是 USB2.0 相机的一种升级，如图 2-12 所示，主要是将数据输出接口从 USB2.0 的 480Mb/s 升级到 USB3.0 的 5Gb/s。USB3.0 的升级，主要是为了解决目前 USB2.0 传输速度不快的问题而进行的必要升级。目前大部分的计算机厂商出品的新计算机，都内置了 USB3.0 接口。而工业相机厂商，也在逐步推广 USB3.0 的相机。但是 USB3.0 相机的普及，可能还需要一定的时间，需要考虑 USB3 Vision 标准的支持性、价格、通用性、速度是否真的能够满足要求等。

图 2-12　USB3.0 相机

USB 3 理想带宽是 5Gb/s，其具备即插即用、可热插拔的优势，这为依赖于不同 PC 设置的应用程序提供了可靠性和灵活性。同时，USB 3 的硬件普及率极高，从大多数 PC 至微型嵌入式主板均提供 USB 3 端口。它能进行直接内存访问（DMA），能够将用于数据传输的 CPU 负载降至最低，这意味着将有更多的计算空间提供给数据库和软件开发工具包（SDK）。此外，USB 3 可向下兼容 USB 2 等。

① USB 3 Vision 特性

a. 速度：5Gb/s。

b. 电缆长度：在图像无损失的情况下，最长可达 3m，5m 以上的 USB 线缆建议用光纤线。

c. 线缆：Micro USB 3（B 型）线缆。

② 优点　USB 3 是 PC 上标准的硬件接口，无须另配采集卡，即插即用，便于使用；具备低 CPU 负载、信号延迟和抖动（实时功能），以及低能耗和挂起模式的能源管理等功能；是一根电缆解决方案（通过 USB 3 电缆供电）。

③ 局限性　USB 3 信号在线缆较长时会有衰减，一般建议使用 3m 内线缆，5m 以上的 USB 线缆建议用光纤线；普通线缆的抗干扰能力比较弱。

（5）Camera Link 接口

如图 2-13 所示，Camera Link 是高速、高稳定性的数据接口，能够提供最高 6.8Gb/s 的数据带宽。此外，它还具备高数据安全性的特点。Camera Link 解决方案中的所有组件（线缆、采集卡等）都必须遵守 Camera Link 标准。符合此标准的电缆、连接器和图像采集卡通常不用于除图像处理以外的应用程序。

Camera Link 协议是一种专门针对机器视觉应用领域的串行通信协议，它使用低电压差动信号（LVDS）进行数据的传输和通信。Camera Link 标准是在 Channel Link 标准的基础

图 2-13 Camera Link 接口

上多加了 6 对差分信号线，其中 4 对用于并行传输相机控制信号，另外 2 对用于相机和图像采集卡之间的串行通信（本质是 UART 的两根线）。Camera Link 标准由自动化成像学会 AIA 制定、修改并发布，其解决了接口高速传输的问题。

相机电源并不是由 Camera Link 连接器提供的，而是通过一个单独的连接器提供。目前，Camera Link 具备 Base、Medium、Full、80-bit 等配置模式。不同配置模式下可提供的最大带宽见表 2-3。

表 2-3 Camera Link 不同配置模式下可提供的最大带宽

配置	支持的端口	Channel Link 芯片	接口数目	有效的数据带宽/(b/s)
Base	A、B、C	1	1	85M×8×3=2.04G
Medium	A、B、C、D、E、F	2	2	85M×8×6=4.08G
Full	A、B、C、D、E、F、G、H	3	2	85M×8×8=5.44G
80-bit	A、B、C、D、E、F、G、H、I、J	3	2	85M×10×8=6.8G

① 优点 Camera Link 接口协议稳定、标准，且具备高数据流；是一种电缆解决方案（Camera Link 供电）；有三种不同尺寸的连接件可供选择，直连图像数据延迟低。

② 局限性 需要搭配 Camera Link 的图像采集卡，外围设备（采集器和电缆）价格较高；电缆长度受限，通常使用的电缆长度仅为 7m；综合环境架设复杂度较高。

(6) CoaXPress 接口

CoaXPress 是一种非对称的高速点对点串行通信数字接口标准。如图 2-14 所示，其是专为机器视觉行业开发的一种数字接口规范。对于需要高分辨率成像以及图像快速传输到主机的机器视觉应用，该标准的高速高带宽数据传输能力可谓理想的解决方案。该标准容许设备（如数字相机）通过单根同轴电缆连接到主机（如个人电脑中的数据采集设备），以高达 6.25Gb/s 的速度传输数据。

图 2-14 CoaXPress 接口

CoaXPress 于 2009 年推出，发展多年后于 2015 年发布 4×CXP-6 现行版本。其版本与比特率见表 2-4。CoaXPress 标准由日本工业成像协会（JIIA）管理。JIIA 由自动化成像协会（AIA）和欧洲机器视觉协会（EMVA）共同提供支持。

表 2-4　CoaXPress 常见版本与比特率

版本	比特率/(Gb/s)
CXP-1	1.25
CXP-2	2.5
CXP-3	3.125
CXP-4	5
CXP-5	6.25
4×CXP-6	25(6.25/线路)

CoaXPress 更高的带宽也可支持更高分辨率的传感器应用，从而在获取高精度图像的同时，仍可满足给定应用所需的帧率。此类成像系统的应用示例包括，采用快速移动无人机（UAV）拍摄大面积区域的航拍和监控，或高速列车铁轨及电力线检测系统。CoaXPress 的超低延迟也可在智能交通系统（ITS）应用中进行车辆跟踪和公路控制。基于低延迟和高分辨率图像的医疗应用（如远程外科手术系统）也可因 CoaXPress 相机受益。

① CoaXPress 接口特性

a. 速度：CXP-6 单通道最大传输速率可达到 6.25Gb/s，CXP-12 可以升级到 12.5Gb/s。

b. 长度：一般传输距离在 35～105m，但不同供应商，线缆传输距离会有不同。

c. 线缆：CXP-6 线、CXP-12 线，电缆的相机端采用 DIN 口，采集卡端的接口需要根据采集卡型号来配套选择；可使用 1、2、4 根 CoaXPress 线传输数据。

② 优点　一线多用，包括图像数据传输、相机信号控制、触发信号以及电源供电等；支持热插拔，具备灵活的多相机方案，易用性和可靠性很高；同时拥有高带宽和远距离传输的优点；抗干扰能力强。

③ 局限性　需要搭配特定的 CoaXPress 图像采集卡，比 Camera Link 更高价的外围设备（采集器和电缆）；综合环境架设复杂度较高。

（7）1394A 相机

1394A 接口的相机，使用 1394A 总线传输数据。1394，又叫火线、Firewire，是一种标准的通信总线。1394A 接口相机是工业相机中比较常用的一类相机，因为其传输速度稳定，速度比 USB2.0 要快，所以在工业上应用得还是相当多的。1394A 接口的形状，与大写字母“A”比较类似。

（8）1394B 相机

1394B 相机是 1394A 相机的一种升级，是为了解决 1394A 相机传输速度不够的问题。但是 1394B 的升级并不像 USB2.0 升级为 USB3.0 一样，USB3.0 升级以后仍然可以兼容 USB2.0，但是 1394B 是不能兼容 1394A 的，因为其接口完全不一样。在选择时，可能需要注意是否有相应的图像采集卡。1394B 的接口形状与大写字母 B 非常类似。因此 1394A 与 1394B 的区分是非常容易的，就是字母 A 与字母 B 的区分。

（9）常用数据接口对比

目前，工业相机的数字接口多种多样，随着视觉技术的发展，更高分辨率和更高采集速率的需求增长，某些接口会因其局限性而逐渐被取代（如 USB2.0、FireWire 等）。常用接口对比见表 2-5，数据线如图 2-15 所示。

表 2-5 常用接口对比

项目	GigE	10GigE	USB 3	Camera Link	CoaXPress
速度/(Mb/s)	1000	10000	3000	6400	25600(4 根)
距离/m	100(双绞线) >100(光纤)	100(双绞线) >100(光纤)	5(标准无源电缆) >5(光纤)	10	45(CXP-6) 35(CXP-12)
成本	低	中	低	高	高
优点	1. 拓展性好 2. 性价比高 3. 可管理维护性好 4. 广泛适用性	1. 带宽高 2. 拓展性好 3. 可管理维护性好 4. 架设方案简单	1. 支持热插拔 2. 使用便捷 3. 可连接多个设备 4. 相机可通过线缆供电	1. 高速率 2. 抗干扰能力强 3. 功耗低	1. 数据传输量大 2. 传输距离长 3. 可选择传输距离和传输量 4. 价格低廉,易集成 5. 支持热插拔
缺点	1. CPU 占用率高 2. 对主机的配置要求高	1. CPU 占用率高 2. 对主机的配置要求高	1. 稳定性较差 2. 距离短	1. 价格高 2. 线中不带供电	1. 成本高 2. 架设复杂度高

(a) USB接口

(b) IEEE1394

(c) GigE(千兆网)

(d) Camera Link

图 2-15 常用数据接口线

2.1.5 工业相机的主要参数

（1）分辨率

分辨率是相机最基本的参数，由相机所采用的芯片分辨率决定，是芯片靶面排列的像元数量。其表示相机可以分辨目标的细分程度。通常面阵相机的分辨率用水平分辨率和垂直分辨率两个数字表示。如 1920(H)×1080(V)，前面的数字表示每行的像元数量，共有 1920 个像元，即表示图像有多少列；后面的数字表示像元的行数，即 1080 行。线阵相机的分辨率通常用 K 表示，如 1K（1024）、2K（2048）、4K（4096）等。而面阵相机的分辨率通常用万（W）像素表示，如 30 万像素（640×480）、130 万像素（1280×960）、500 万像素（2500×2000）等。在采集图像时，相机的分辨率对图像质量有很大的影响。在对同样大的视场（目标范围）成像时，分辨率越高，对细节的展示越明显。

客户提供其需要的分辨精度与视场大小，选择相机像素的关系式如下：

$$相机分辨率\ (L/W) = 视场(L/W)/精度$$

假如客户的视场是 100mm×75mm，精度要求 0.05mm，那么相机的像素长为 100/0.05=2000PIX，也就是需要 2000×1500=3000000=300 万像素的相机。

（2）像元尺寸

像元尺寸表示相机中的图像传感器的基本单元像元（像素）的尺寸大小，如 5.2μm×5.2μm。现在图像传感器厂商生产的图像传感器，其像素一般都是正方形的，即长与宽相等的。但也有一些传感器的像素是长方形的，这时在计算像素分辨率时可能需要考虑以下情况。

像元大小在一定程度上可以反映出相机的成像质量。像元越大，相机成像质量通常也越好。因为较大的像元，可以获得更大的光通量。所以如果有两款相机，其成本差不多，分辨率也是一样，如都是 130 万像素（1280×960），其他的参数也基本上差不多，而其中一款是 1/2"[1] 的，其像元为 5μm，而另一款是 1/3" 的，其像元为 3.75μm，那么应该优先选择 1/2"、像元为 5μm 的相机。但是，一般的情况下，传感器的尺寸越大，像元尺寸越大，则其成本也会越高。主流工业相机所采用感光芯片的像元尺寸有 1.67μm、2.2μm、3.75μm、6.45μm、7μm、9μm、10μm 等。

（3）帧率/行频

帧率/行频指相机采集和传输图像的速率。对于面阵相机来说，一般用每秒采集的帧数，即帧率来表征；而线阵相机通常用每秒采集的行数（单位 Hz），即行频来衡量。

$$帧率(行频)=\frac{相机每秒出图数(帧或行)}{单帧(行)出图所耗时间(s)}$$

相机帧率/行频的选择取决于现场对拍摄速率的要求，并非越高越好。帧率/行频很大程度上受限于相机的数据传输接口和硬件网络环境。

（4）像素位深

像素位深指单个像素数据的位数，一般常用的为 8bit，一般工业相机还可提供 10bit、12bit 以及 16bit 等。像素位深也被称为图像深度，当像素位深越大时，其表示单个像素的位数越大，它能表达的灰阶范围就越大，所显示出的图像深度就越深。而像素位深越大，所占用的存储空间也就越大，如图 2-16 所示。因此，像素位深的选用需要视实际算法需求而定。

（5）曝光时间

曝光时间即像元感光的时间，也称为快门时间。在相同外部条件下，曝光时间越长，图像亮度越高，但相应的帧率/行频会降低。不同的相机曝光上下限不同。在一些飞拍应用中，曝光不够短会导致图像拖影，因此工业相机需要具备在极短的曝光时间内成像的特性。目前的主流工业相机部分型号支持超短曝光模式，可以达到 1μs 的最小曝光，适合飞拍需求。

---

[1] 1"=2.54cm

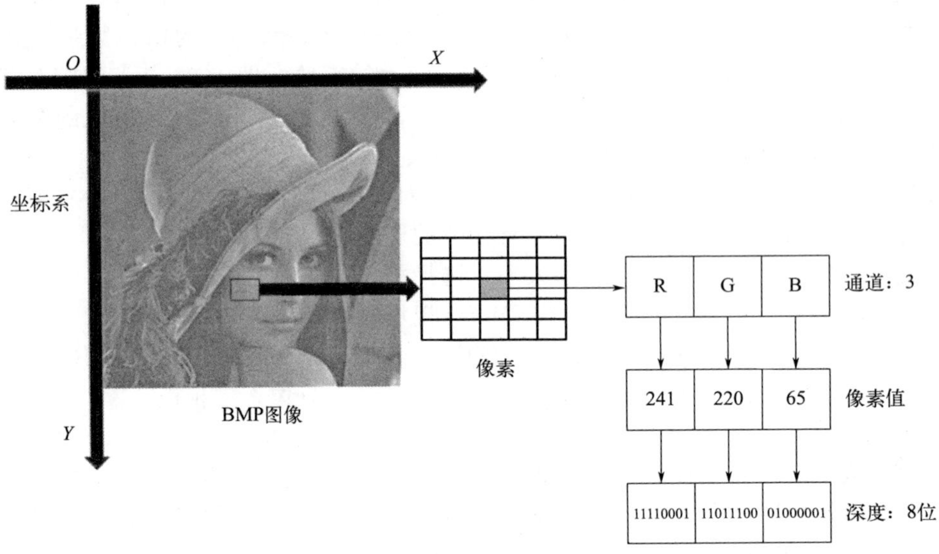

图 2-16　像素位深（3 通道 8 位 BMP 图像）

例如 MV-CA004-10GM/C 相机采用了 CMOS 全局快门的 IMX287 传感器，是 40 万像素、靶面大小为 1/2.9" 的 CMOS 千兆网工业面阵相机，最小曝光时间可达 1μs，满足飞拍等需要超短曝光时间的应用。

（6）光谱响应

光谱响应特性是指芯片对于不同波段光线的响应能力，通常用光谱响应曲线来表征。以图 2-17 海康机器人工业相机 MV-CA060-11GM 和 MV-CA050-10GC 的光谱响应曲线为例，横轴为波长范围，纵轴是芯片在给定波长下的光谱响应（相对灵敏度）。在选用工业相机时，通常需要根据实际应用场景光源的波段来选择芯片以达到最好的成像效果。一般响应范围是 350～1000nm。一些相机在靶面前加一个滤镜，滤除红外光线，如果系统需要对红外感光时可去掉该滤镜。

（7）动态范围

动态范围反映了工业相机探测光信号的范围，动态范围越大，相机对于图像上亮处和暗处的细节展现越明显。在线性响应区域，动态范围可由公式计算如下：

$$动态范围=\frac{像元的满阱容量}{等效噪声信号}$$

式中，满阱容量是指像元势阱中能够存储的最大信号电荷量；噪声信号是由芯片本身工艺和设计决定的。

（8）信噪比

信噪比是指图像中信号与噪声的比例，通常以 SNR 表示，单位为 dB（分贝）。图像信噪比越高，表明系统有效信号抑制噪声的能力强，抗干扰能力也越强，图像质量越好。通常，相机中噪声有热噪声、固有噪声（读出噪声、采样噪声和信号处理过程中产生的噪声）等。

（9）颜色

通常在机器视觉中选择黑白相机，只有需要测量彩色图像时才会考虑彩色相机，这是因为在机器视觉中黑白图像的算法本身要多许多，黑白相机使用单色光源成像的质量也比彩色相机使用复合白光的质量要好。

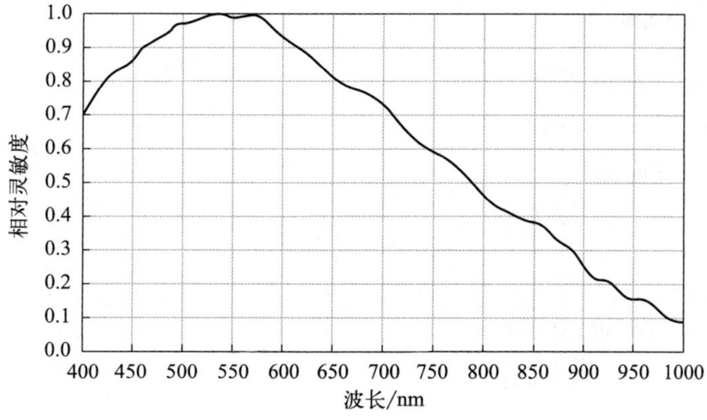

(a) 黑白相机光谱响应曲线示意图

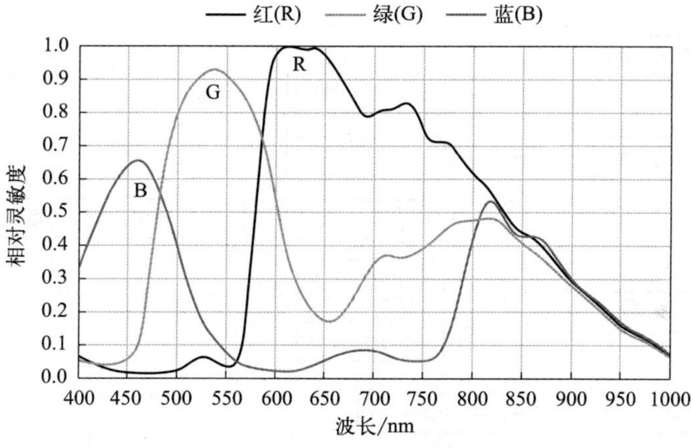

(b) 彩色相机光谱响应曲线示意图

图 2-17 海康机器人工业相机的光谱响应曲线（不包括透镜特性和光源特性）

（10）传感器

如果拍摄目标是静态的，为了节约成本，可考虑使用 CMOS 相机；而如果目标是运动的，则优先考虑 CCD 相机。

通常传感器的尺寸与所选择的像素是对应的，如 30W 通常是 1/3" 的，130～500W 是 1/2" 的，有些 500W 也有 2/3" 的。如果是同等价位，那么一般优先选择传感器尺寸大的。

2.1.6 工业相机的选择

（1）工业相机的型号

不同的工业相机，其型号命名是不一样的，从中也能看出其参数。SV 系列 30 万像素的 CMOS 单色相机型号 SV4-30ML，其含义如图 2-18 所示。康耐视智能相机的命名规则为 ABCD-E1，其含义如图 2-19 所示。

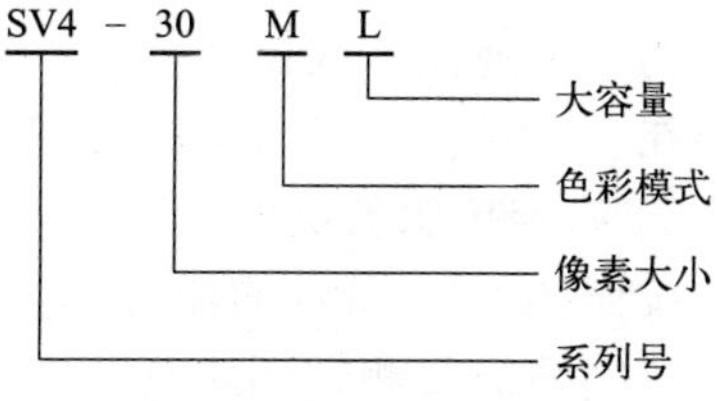

图 2-18 单色相机型号 SV4-30ML 的含义

（2）选型

相机选型过程中需要考虑的流程和因素如图 2-20 所示。

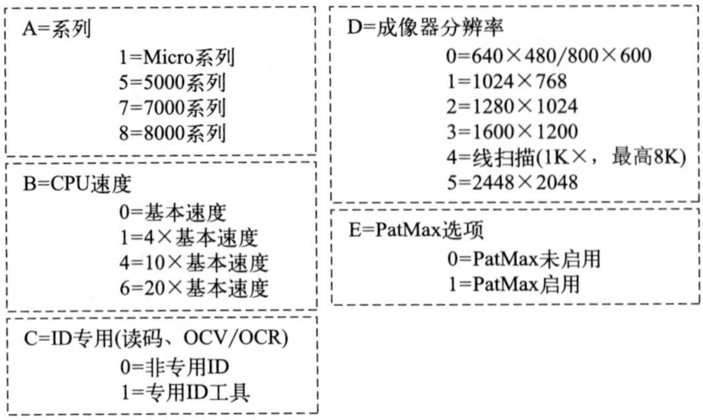

图 2-19 康耐视智能相机的命名含义

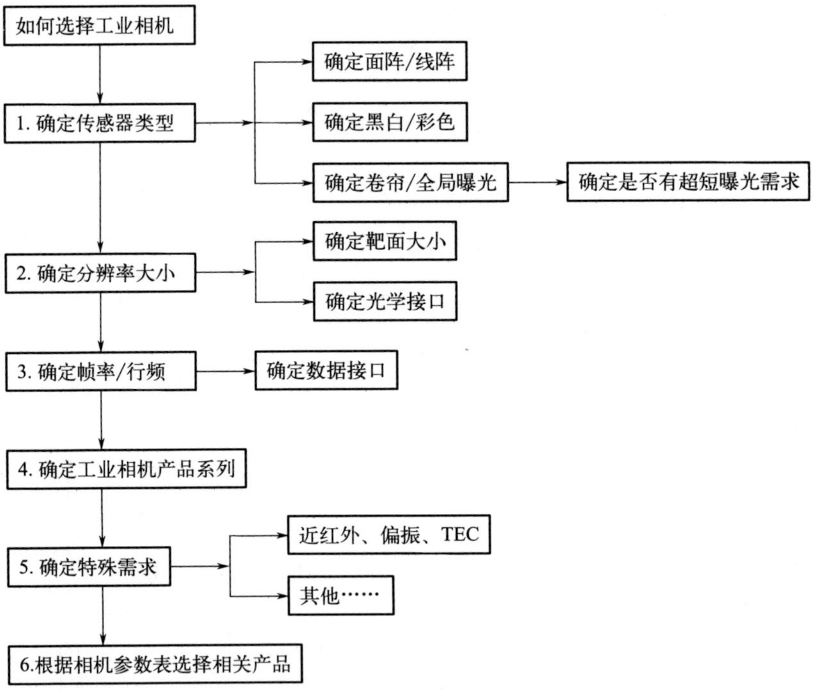

图 2-20 相机选型过程中需要考虑的流程和因素

(3) 面阵相机选型示例

需求：现有视野大小为 12mm×9mm，单像素精度为 0.01mm；靶面大小需≥1/2in；被测物为中速流水线传送状态；客户要求检测区域内方块面上有无脏污，无色彩要求；最高需要在 1s 内拍 35 张图片；无其他特殊需求。

① 确定传感器类型。

按照图 2-20 所示的流程图，可先确定传感器类型。

该用户需要测试固定视野大小的产品，因此选用面阵相机。检测脏污有无，且无色彩要求，选择黑白相机。被测物为中速流水线传送状态，需要选择全局曝光相机，无须具备超短曝光功能。

② 确定分辨率。

在确定好相机的传感器类型以后，确认应用所需分辨率。

实际视野范围为 12mm×9mm，单像素精度为 0.01mm，则此时所需相机最小分辨率为 $\frac{12}{0.01}\times\frac{9}{0.01}=1200\times900$，锁定 160 万、200 万、230 万以及 320 万四种分辨率；靶面大小要求≥1/2"；小面阵相机均匹配标准 C 镜头接口。

③ 确定帧率/行频。

用户要求最高需要 1s 内拍摄 35 张图片，即在满分辨率下，帧率需≥35f/s。在保证帧率的前提下，为了节省成本和降低方案复杂度，选用千兆网接口。

④ 确定工业相机产品系列。

用户无嵌入式相机需求，可以锁定 CA 系列。用户无其他特殊要求，可锁定 CA 系列分辨率为 160 万、200 万、230 万以及 320 万的全局曝光黑白工业面阵相机，即 MV-CA020-10GM、MV-CA020-20GM、MV-CA023-10GM 以及 MV-CA032-10GM 四款相机可供选择。

由于是检测脏污有无，可以选取 MV-CA023-10GM，其采用了 Sony IMX249 全局曝光图像传感器，分辨率为 1920×1200，像元大小 5.86μm，靶面尺寸为 1/1.2"。另外，还需要搭配 6pin 电源线，12V、1A 的电源适配器以及千兆网线各一（若采用 PoE 供电则不需要电源线）。

注意：在实际应用当中，分辨率的选择还会根据应用不同而发生变化，如尺寸测量与检测脏污相同，需要双倍分辨率，而面板检测则需要三倍分辨率才能更加精准地测量等。

（4）线阵相机选型示例

需求：现有均速流水线彩色布匹缺陷检测需求，其实际横向视野大小为 400mm，客户要求精度为 0.2mm；流水线速度为恒定 1.5m/s；无其他特殊需求。

① 确定传感器类型。

同样按照流程图，先确定相机传感器类型。

该用户需求为连续的布匹检测需求，故选用线阵相机；由于是彩色布匹缺陷检测，选用彩色相机；线阵相机仅为单行或数行，不存在卷帘和全局曝光的区分。

② 确定分辨率大小。

计算横向分辨率。实际横向视野大小为 400mm，客户要求精度为 0.2mm，然而在实际检测中，需要双倍分辨率来保证检测质量，则单像素精度为 0.1mm，此时所需相机最小横向分辨率为 $\frac{400}{0.1}=4000$，锁定 4K、8K 线阵相机。4K 靶面为 20.48mm，8K 靶面为 40.96mm。

4K 系列为 M42 接口，可接转接环连接 C 接口镜头；8K 系列为 M72 接口，可接转接环连接 F 接口镜头。

③ 确定帧率/行频。

流水线速度为恒定 1.5m/s，行频为 1500mm/s ∶ 0.1mm＝15000Hz。可锁定带无损压缩的千兆网口 4K 相机，或 Camera Link 接口的 4K、8K 相机。

④ 确定工业相机产品系列。

线阵相机锁定为 CL 系列工业相机。

因无其他特殊要求，可在 4K 网口相机 MV-CL042-90GC、4K Camera Link 接口相机 MV-CL042-90CC 以及 8K Camera Link 接口相机 MV-CL086-90CC 三款相机中选择。

出于节约成本考虑，可确定选择 4K 彩色千兆网接口工业线阵相机，型号为 MV-CL042-90GC。采用 Gpixel CMOS 4K 彩色线阵图像传感器，分辨率为 4096×2，像元 7μm，无损压缩后帧率可达 29kHz。另外还需搭配 12pin 电源线，12V、2A 的电源适配器以及千兆网线各一（若采用 PoE 供电则不需要电源线）。

注意：特殊情况下，如希望有更高的行频或具备 TDI 功能等更好的成像质量要求，可切换为 Camera Link 接口的 4K 或 8K 彩色线阵相机。

2.2 工业镜头

光学（工业）镜头一般称为摄像头或摄影镜头，简称镜头，如图 2-21 所示。光学镜头是机器视觉系统中必不可少的部件，直接影响成像质量的优劣，影响算法的实现和效果。其功能是光学成像，相当于人眼的晶状体，在机器视觉系统中非常重要。

图 2-21　工业镜头

2.2.1 光学镜头的分类

① 按光学放大倍率及焦距划分

a. 显微镜头。分为体视显微镜、生物显微镜、金相显微镜、测量显微镜，如图 2-22 所示。一般为成像比例大于 10∶1 的成像系统所用，但由于当今摄像机的像元尺寸已经做到 3μm 以内，所以一般成像比例大于 2∶1 时也会选用显微镜头。

图 2-22　显微镜头

b. 微距镜头（图 2-23）。一般是指成像比例为 2∶1～1∶4 范围内特殊设计的镜头。在对图像质量要求不是很高的情况下，一般可采用在镜头和摄像机之间加近摄接圈的方式或在镜头前加近拍镜的方式达到放大成像的效果。

c. 广角镜头（图 2-24）。焦距很短，视角较宽，而景深却很深，图形有畸变（介于鱼眼镜头与普通镜头之间）。主要用于对检测视角要求较宽，对图形畸变要求较低的检测场合。

图 2-23　微距镜头

图 2-24　广角镜头

② 按动作方式划分　可分为手动镜头、电动镜头。

③ 按安装方式划分　可分为普通安装镜头、隐蔽安装镜头。

④ 按光圈划分　可分为手动光圈镜头、自动光圈镜头。

⑤ 按聚焦方式划分　可分为手动聚焦镜头、电动聚焦镜头、自动聚焦镜头。

⑥ 按变焦倍数划分　可分为 2 倍变焦镜头、6 倍变焦镜头、10 倍变焦镜头、20 倍变焦镜头等。

⑦ 特殊镜头　分为微距镜头、远距镜头、远心镜头、红外镜头、紫外镜头、百万像素（Megapixel）镜头。

⑧ 按其他方式分类

a. 低畸变镜头（图 2-25）。在工业镜头里最普通，种类最齐全，图像畸变也较小，价格比较低，所以应用也最为广泛，几乎适用于任何工业场合。

b. 鱼眼镜头（图 2-26）。鱼眼镜头的焦距范围为 6～16mm（标准镜头是 50mm 左右）；鱼眼镜头跟鱼眼相似的形状有与鱼眼相似的作用；视场角等于或大于 180°，有的甚至可达 230°；图像有桶形畸变，画面景深特别大。可用于管道或容器的内部检测。

c. 远心镜头（图 2-27）。主要是为纠正传统镜头的视差而特殊设计的镜头，它可以在一定的物距范围内，使得到的图像放大倍率不会随物距的变化而变化，这对被测物不在同一物面上的情况是非常重要的应用。

图 2-25　低畸变镜头

图 2-26 鱼眼镜头

图 2-27 远心镜头

2.2.2 常规镜头参数

镜头的基本功能是实现光束变换（调制），在机器视觉系统中，镜头的主要作用是将成像目标映射在图像传感器的光敏面上。镜头由多片透镜组成，其质量直接影响成像的优劣，影响算法的实现和效果。

(1) 分辨率

分辨率表示能够通过成像系统分辨的物体最小特征尺寸，如图 2-28 所示。需要分辨的被测物体上的细节越小，则要求视觉系统的分辨率越高。

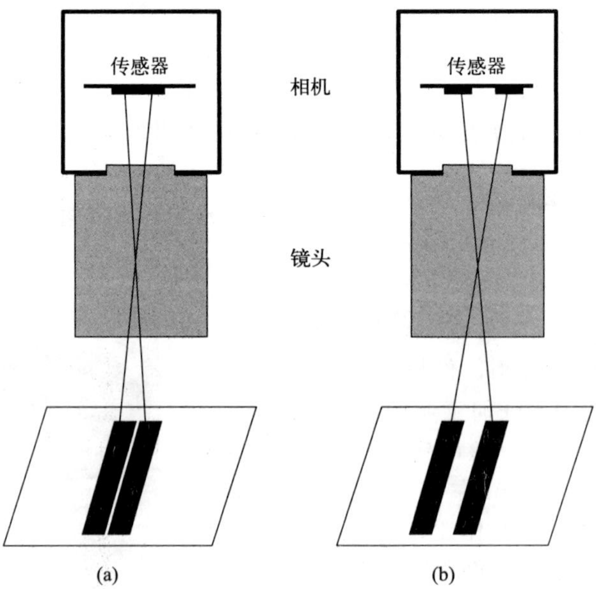

图 2-28 分辨率示意

传感器能够解析的最高空间频率（也称为系统的像方空间频率）定义为奈奎斯特频率，其对应着两个像素或者一个线对，用公式表示如下：

$$传感器极限分辨率(lp/mm)=像方分辨率(lp/mm)=\frac{1000\mu m/mm}{2\times 像素大小(\mu m)}$$

从中可以看出像素尺寸较小的传感器极限分辨率较高；像素尺寸较大的传感器极限分辨率较低。

通过镜头的光学放大倍率 PMAG，可以进一步计算出物方分辨率，即物方可分辨的极限空间频率。

$$物方极限分辨率(lp/mm)=像方分辨率(lp/mm)\times\beta$$

式中，β 为传感器尺寸与视场大小的比值。

$$\beta=\frac{传感器长边尺寸(mm)}{长边视场(mm)}或\beta=\frac{传感器短边尺寸(mm)}{短边视场(mm)}$$

在实际应用中，系统的分辨率更多以可分辨最小线度表征，单位为 μm。

$$物方极限分辨率(\mu m)=\frac{像素大小}{\beta}$$

以 SONY IMX183 为例。已知参数：像素大小＝3.45μm×3.45μm；像素个数＝2448×2048；物方视场（水平）为 200mm。

$$像方分辨率(lp/mm)=\frac{1000\mu m/mm}{2\times3.45\mu m}\approx145lp/mm$$

$$传感器尺寸(mm)=\frac{3.45\mu m\times2448}{1000\mu m/mm}\approx8.44mm$$

$$光学放大倍率\ \beta=\frac{8.44mm}{200mm}=0.0422$$

$$物方极限分辨率(lp/mm)=145lp/mm\times0.0422\approx6.12lp/mm$$

$$物方极限分辨率(\mu m)=\frac{3.45\mu m}{0.0422}=81.8\mu m$$

（2）焦距（focal length）

焦距是从镜头的中心点到焦平面上所形成的清晰影像之间的距离。焦距的大小决定着视角的大小。焦距数值小，视角大，所观察的范围也大；焦距数值大，视角小，观察范围小。根据焦距能否调节，可分为定焦镜头和变焦镜头两大类。

（3）工作距离（working distance，WD）

镜头第一个工作面到被测物体的距离。

（4）视野范围（field of view，FOV）

相机实际拍到区域的尺寸。

（5）光圈

对于已经制造好的镜头，不能随意改变镜头的直径，但是可以通过在镜头内部加入多边形或者圆形，并且面积可变的孔状光栅来达到控制镜头进光量的目的，这个装置就是光圈。光圈是照相机上用来控制镜头孔径大小的部件（如图 2-29 所示），用以控制景深、镜头成像质量，同时可以和快门速度协同控制进光量。光圈的大小（或称光圈系数、光圈值）用 F 值表示。

$$光圈\ F\ 值=镜头的焦距(f)/光圈孔径$$

从上面的公式能够看出，在焦距不变的情况下，F 值越小，光圈孔径越大，进光量越多，画面比较亮，主体背景虚化越大；F 值越大，光圈孔径越小，进光量越少，画面比较暗，主体前后越清晰。

事实上，在图 2-29 中看到的光圈值是通过一定规律排列的，光圈系数序列中相邻两个光圈系数的平方比约为 1∶2。例如，$2\times2^2\approx2.8^2$，$2\times2.8^2\approx4^2$，……光圈孔径和 F 值成

图 2-29　光圈

反比，进光量和光圈孔径的平方成正比，也就是和 F 值的平方成反比。

每个镜头上都标有最大 F 值，例如 8mm/F1.4 代表最大孔径为 5.7mm。用于调节光圈大小的光圈环位于镜头上。光圈环转动一格，进光量相差一倍，如图 2-30 所示。

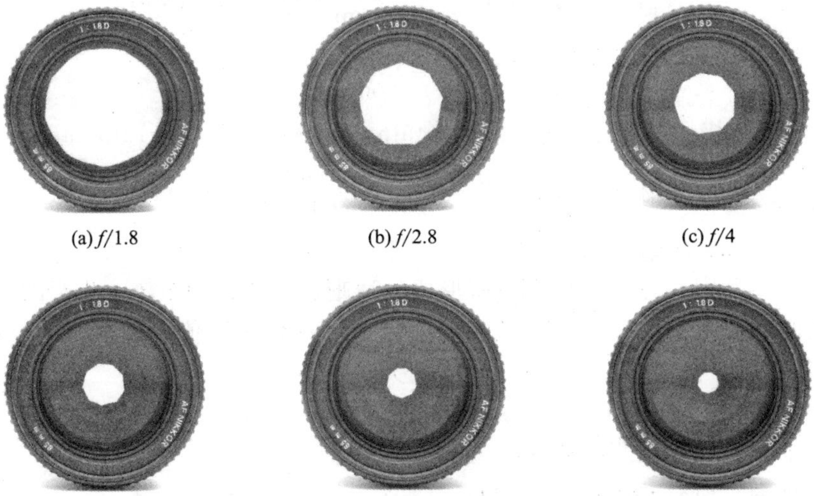

(a) f/1.8　(b) f/2.8　(c) f/4

(d) f/5.6　(e) f/8　(f) f/11

图 2-30　光圈环转动

（6）对比度和调制传递函数（MTF）

对比度是指在给定的物体分辨率下，黑色线条与白色线条区分的程度。明暗线条之间的强度差异越大，对比度越高，如图 2-31 所示。对比度可以使用下方公式来表征：

$$对比度(物体或图像)=\frac{I_{max}-I_{min}}{I_{max}+I_{min}}\times 100\%$$

式中，I_{max} 为最大强度（如果使用相机成像，通常采用灰度值表示）；I_{min} 为最小强度。

调制传递函数反映镜头在空间频率变化时再现对比度的能力，其大小为一定空间频率下像方对比度与物方对比度之比。

一般可以通过判断不同空间频率对应的黑白线对经过镜头成像后对比度的下降程度，来评估镜头的性能。图 2-32 是常见的 MTF 曲线。

① 图 2-32 中横坐标是像方空间频率，可以代表不同空间频率的黑白线对，纵坐标为

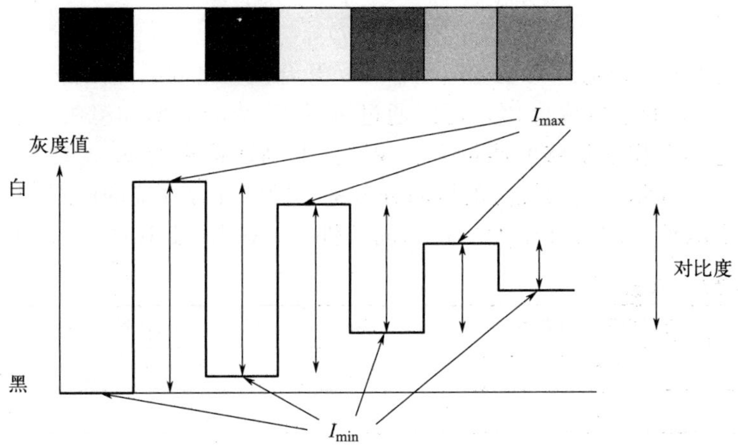

图 2-31　对比度

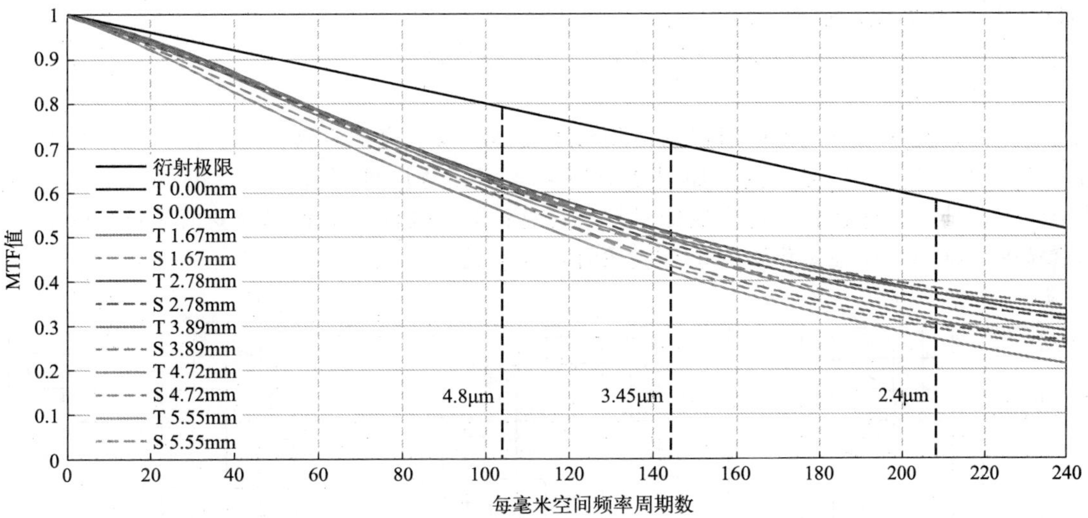

图 2-32　常见的 MTF 曲线

MTF 值，可以代表黑白线对的对比度。

② 图 2-32 中黑色曲线为镜头的衍射极限，表示镜头的性能极限。由于镜头自身像差的存在，不管如何设计优化镜头，都不会超过这个极限。

③ 图 2-32 中彩色曲线为镜头 MTF 曲线，不同颜色的曲线代表不同的视场高度，每种颜色的线都会有两种，即实线和虚线，分别代表子午方向（T）和弧矢方向（S）。

④ 黑色虚线对应的横坐标代表常见的像素尺寸（4.8μm、3.45μm、2.4μm 等）对应的奈奎斯特频率。

镜头的 MTF 与实际性能有如下的相关关系：

① MTF 曲线越高越好，与坐标轴围成的面积越大，代表整体的分辨率和对比度越好。

② 不同颜色的曲线越接近越好，代表中心视场和边缘视场成像的一致性越好。

③ 实线和虚线越接近越好，代表子午方向和弧矢方向成像的一致性越好。

（7）F/#

镜头的 $F/\#$ 定义为镜头的有效焦距（EFL）和入瞳直径之间（D_{EP}）的比值。

$$F/\# = \frac{\mathrm{EFL}}{D_{\mathrm{EP}}}$$

机器视觉镜头大多可以通过转动光圈调节环，开合镜头里面的光阑件来调节镜头的 $F/\#$。镜头的光通量与 $F/\#$ 的平方成反比，可以通过调低 $F/\#$ 的值增加镜头的光通量，在较短的曝光时间内在传感器上积累足够的能量来成像，因此高速镜头的 $F/\#$ 往往比较小。

$F/\#$ 不仅影响光通量，还与镜头的极限分辨率、景深有着直接的联系（表 2-6）。同时 $F/\#$ 的大小还直接影响镜头的设计难度，在相同条件下，$F/\#$ 较小的镜头设计难度往往较高。

表 2-6　F/# 与其他参数的关系

F/#	衍射极限的分辨率	景深	光通量	相对照度
↓	↑	↓	↑	↓
↑	↓	↑	↓	↑

需要注意的是，上面公式中所计算的 $F/\#$ 是在工作距离为无限远，即放大倍率为 0 时定义的。而在大部分机器视觉应用场景中，物体和镜头之间的距离是远远小于无限远的，可以将 $F/\#$ 更精确地表示为 $(F/\#)_{\mathrm{w}}$。

$$(F/\#)_{\mathrm{w}} = (1 + |\beta|)F/\#$$

（8）畸变

畸变是指光学系统对物体所成的像相对于物体本身而言的失真程度。根据图像变形的方向可分为枕形畸变和桶形畸变，如图 2-33 所示。对角线向外延长（畸变值为正）的变形为枕形畸变，枕形畸变在长焦镜头成像时较为常见；对角线向内缩短（畸变值为负）的变形为桶形畸变，桶形畸变在短焦距的镜头成像时较为常见。

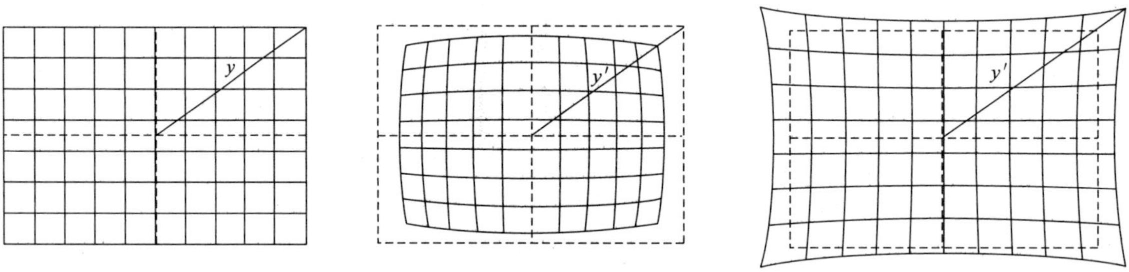

(a) 无畸变　　(b) 桶形畸变　　(c) 枕形畸变

图 2-33　畸变

根据不同的计算方法，畸变还可以分为光学畸变（optical distortion）和 TV 畸变。光学畸变以理想像高 y' 与实际像高 y 偏差的百分比来表示。

$$D_{\mathrm{OP}}(\%) = \frac{y' - y}{y} \times 100\%$$

常用的 TV 畸变指的是实际拍摄图像时，图像自身的变形程度，如图 2-34 所示，可用公式表示为

$$D_{\mathrm{TV}}(\%) = \frac{H_1 - H_2}{2H_2} \times 100\%$$

不同于镜头的其他像差，畸变只引起像的变形，对像的清晰度并无影响。但对于高精度测量应用，图像畸变的影响就非常重要，它直接影响测量精度。一般情况下，改善畸变有两种办法：一种是通过软件算法把镜头的畸变系数计算出来并校正；另一种是通过光路设计，

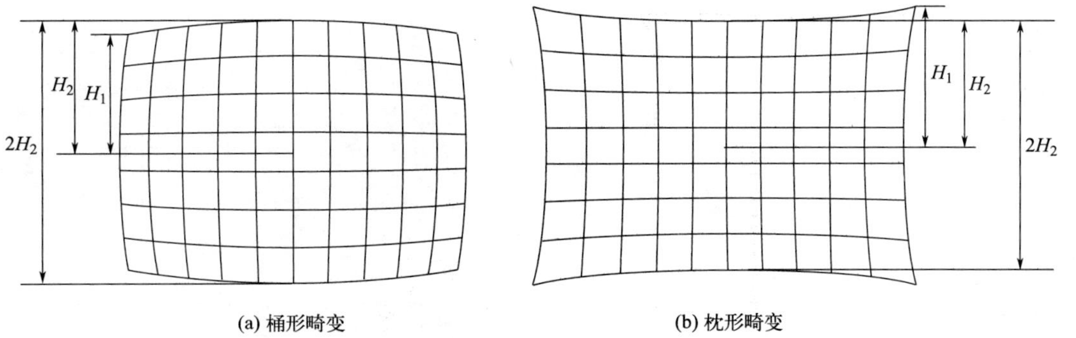

图 2-34　TV 畸变

从镜头本身减小畸变的影响，如采用畸变值很小的远心镜头。

（9）景深

景深（DOF）定义为在传感器上获得清晰像的物空间深度，如图 2-35 所示。在光学系统中，物平面（对焦平面）上的点在与之共轭的像平面（感光平面）上成点像，在其他非共轭的物平面上，其在像平面所成的像均为一定直径的弥散斑。而传感器的像素都是有一定尺寸的，只要弥散斑的直径足够小，弥散斑可以落在一个像素内，传感器就会将弥散斑误认为是一个点，则认为弥散斑对应的物方平面成像也是清晰的。

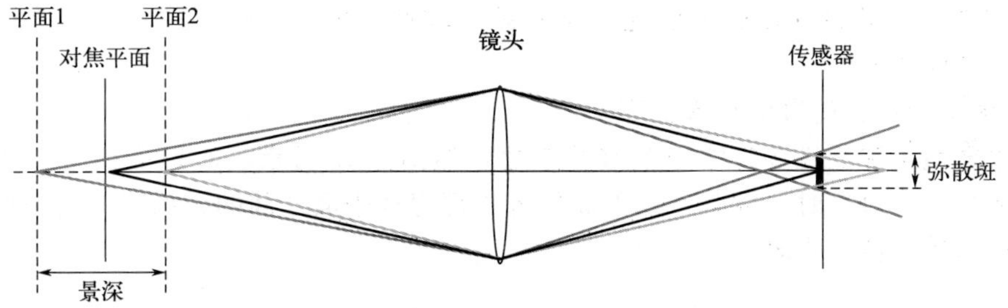

图 2-35　景深

$$\mathrm{DOF}=2\times\frac{\text{允许弥散斑的直径}\times(F/\#)_{\mathrm{w}}}{\beta^2}$$

式中，β 为系统的光学放大倍率；$(F/\#)_{\mathrm{w}}$ 为工作 $F/\#$。

根据上面公式，使用固定焦距镜头时有以下三种方法增大景深：第一种，调节镜头光圈调节环来增大 $F/\#$；第二种，增大工作距离来获得较小放大倍率；第三种，直接更换使用短焦距的镜头（相同工作距离下，短焦距镜头的放大倍率一般较小）。

（10）相对照度

相对照度定义为像平面不同坐标点的照度和中心点照度之比，用于量化传感器内的照度分布，如图 2-36 所示。典型的相对照度曲线如图 2-36(a) 所示，x 轴表示传感器中某一点到传感器中心的距离，纵坐标表示该点的照度值与中心照度的比值（一般用灰度值表示）。图 2-36(b) 为传感器上的实际照度分布。

影响镜头相对照度的因素主要有以下几个：

① 镜头设计靶面是否和传感器尺寸相适配。当镜头的设计靶面小于传感器尺寸时，传感器的边缘照度会显著降低。

② 镜头的 $F/\#$。当镜头 $F/\#$ 较小（光圈较大）时，镜头边缘视场成像更容易出现渐

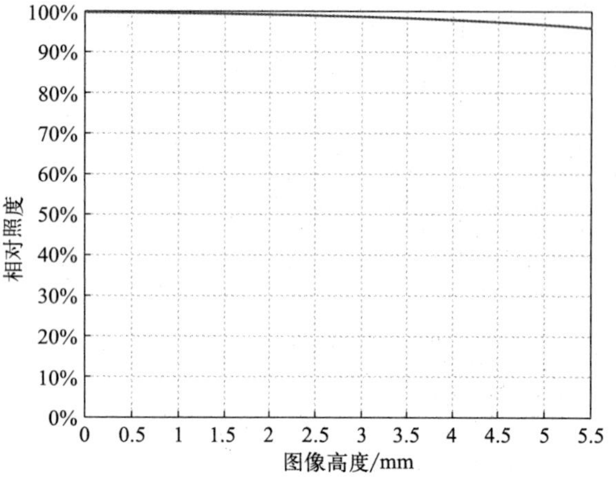

(a) 照度曲线

(b) 实际照度分布

图 2-36　相对照度

晕现象，导致边缘照度降低。

③ 像方主光线角度 θ（像方主光线与光轴的夹角）。对于无渐晕的镜头，镜头的相对照度还受主光线角度 $\cos^4\theta$ 的限制。可以通过镜头设计来减小主光线角度，当主光线角度为 0 时，即像方远心光路，镜头能够产生均匀的照明。

④ 传感器对主光线角度较大的光束接收效率较低，导致图像的相对照度曲线会低于镜头的相对照度曲线。

（11）镜头接口、转接环和延长环

法兰距是镜头和相机接口的一个重要参数，如图 2-37 所示。对镜头而言，法兰距是指镜头对无限远距离对焦时，镜头卡口平面到镜头理想像平面之间的距离。对机身而言，法兰距是指卡口到传感器的距离。

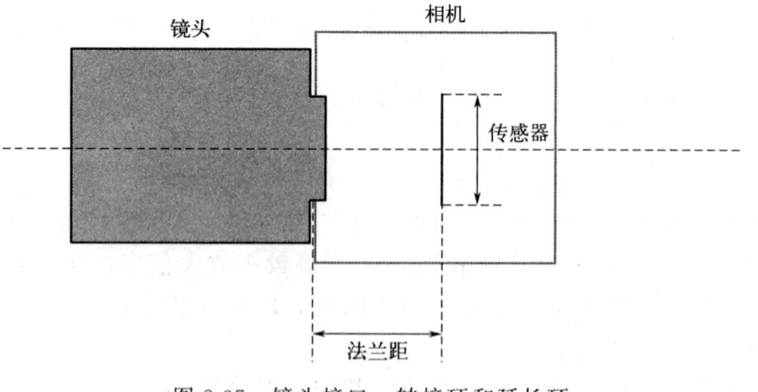

图 2-37　镜头接口、转接环和延长环

法兰距决定了镜头的转接性能，小法兰距卡口相机可以转接大法兰距镜头，反之则不行（会出现无限远不合焦的问题）。在选型时还要考虑镜头与相机的接口对应问题，应保持相机与镜头的接口一致或者选择合适的转接环，不然就无法安装。接口类型的不同和工业镜头性能及质量并无直接关系。工业镜头和工业相机之间的接口有许多不同的类型，工业相机常用的包括 C 接口、CS 接口、F 接口、V 接口、EF 接口、M42 接口等，配合接口参数见表 2-7。

表 2-7　配合接口参数

接环名称	固定结构	法兰距/mm
C 接口	螺纹	17.526
CS 接口	螺纹	12.526
F 接口	卡口	46.5
EF 接口	卡口	44
V 接口	卡口	厂家定制
M42 接口	螺纹	厂家定制
M58 接口	螺纹	厂家定制
M72 接口	螺纹	厂家定制

转接环是一种转接工具，两端为不同的卡口或螺口，让非原生卡口的镜头得以适配到相应的机身上。简单来说，这是为了不同卡口（或螺口）间适配使用的一种转接工具，从而让原本无法互通的不同卡口镜头变得通用起来。如图 2-38 所示，镜头接口为 V38 接口，相机接口为 M58 接口，可以通过 V38 转 M58 的转接环将镜头和相机配合起来使用。

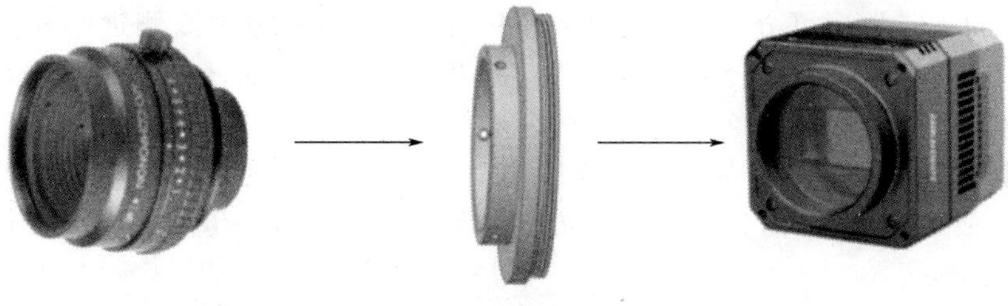

图 2-38　转接环

2.2.3 远心镜头

远心工业镜头主要是为纠正传统工业镜头的视差而特殊设计的。普通工业镜头目标物体越靠近镜头（工作距离越短），所成的像就越大。而远心镜头可以在一定的物距范围内，使得到的图像放大倍率不会随物距的变化而变化，如图 2-39 所示。这对被测物不在同一物面上的情况是非常重要的应用。

（1）特点

相较于普通的工业（FA）镜头，远心镜头有如下特点：

① 远心度值小，透视误差为零或极小。

② 固定的工作距离和放大倍率。远心镜头针对固定的工作距离和放大倍率进行设计和优化，行业内常用的工作距离有 65mm、110mm、150mm、250mm 等。

③ 畸变较小。远心镜头一般应用于高精度测量场景，对畸变要求也较高。

④ 只有平行光线才能进入光学系统，对补光的要求高。测量范围越大，镜头的口径就需要越大。

⑤ 可装配同轴落射光源，采用无限远平行光入射时，可实现无阴影照明。同轴落射照明结构可使入射光照射分布更均匀。

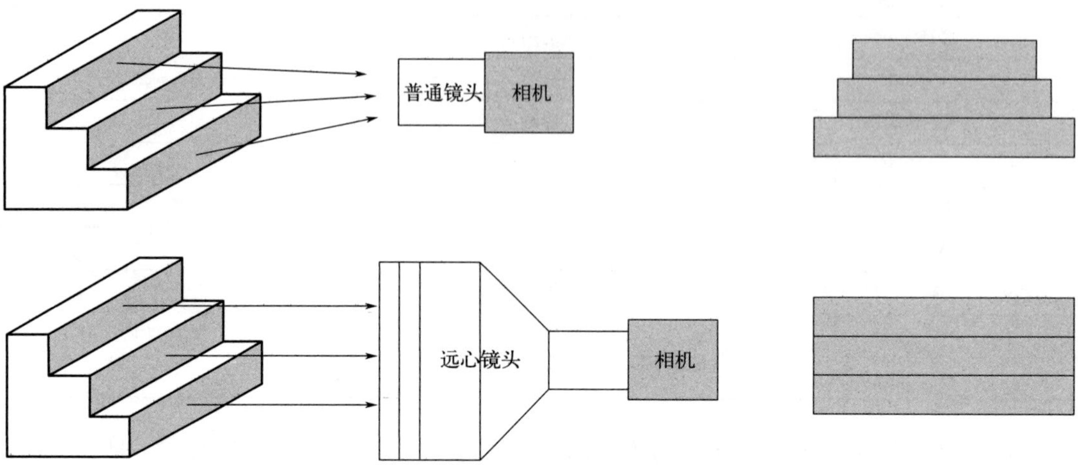

图 2-39　远心镜头

（2）参数

① 远心光路。

远心镜头的光路类型可分为物方远心光路、像方远心光路和双侧远心光路，如图 2-40 所示。在物方远心光路中，孔径光阑位于前组镜片的像方焦平面上，物方主光线平行于光轴且交点位于物方无限远，如图 2-40 所示。这意味着物方远心光路的入瞳在无限远处，镜头的视场恒定且视场角为 0°，即在一定工作距离范围内，光学放大倍率不会随着工作距离改变。如图 2-40 所示，A_1 平面和 A_2 平面位置同等高度的物体在传感器上的成像高度也是相等的。

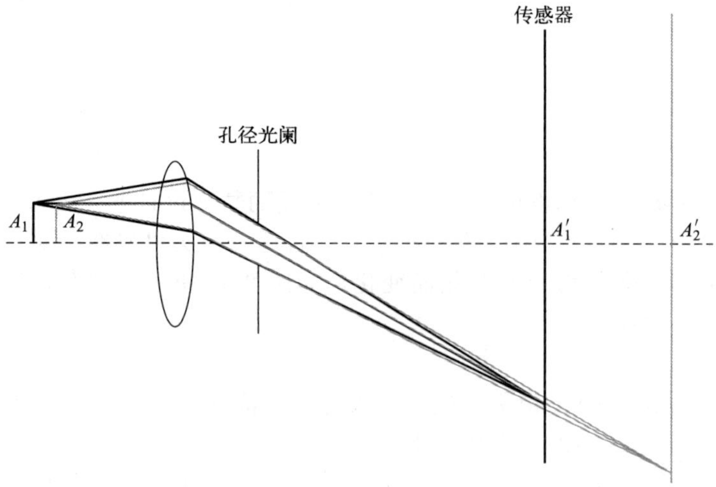

图 2-40　物方远心光路

如图 2-41 所示，在像方远心光路中，孔径光阑位于后组镜头的物方焦平面上，像方主光线平行于光轴且交点位于像方无限远。像方远心镜头能给传感器位置带来更大的允差，光学放大倍率不会随着传感器平面位置的改变而改变。如图 2-41 所示，传感器在 B'_1 和 B'_2 位置对 B 位置的物体成像，成像高度是相等的；同时，由于像方主光线与光轴夹角为 0，像方远心镜头相对照度不会受到 $\cos^4\theta$ 的限制，能够产生更加均匀的相对照度。

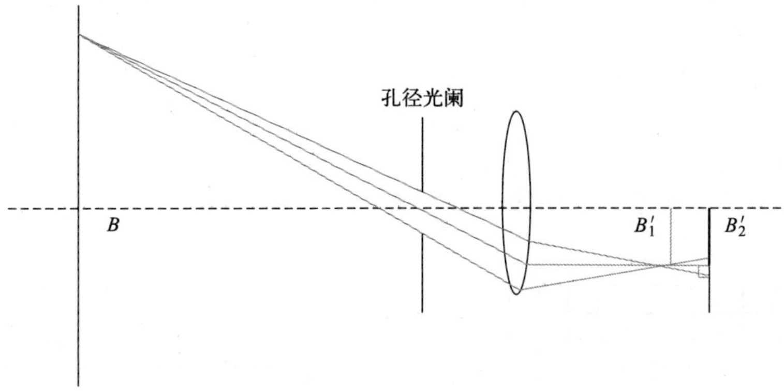

图 2-41　像方远心光路

双侧远心镜头兼具了物方远心镜头和像方远心镜头的特点，物方主光线和像方主光线均与光轴平行（如图 2-42 所示）。同时由于光路设计的对称性，双侧远心镜头的畸变具有更好的畸变特性（一般小于 0.1%）。这意味着双侧远心镜头具有远远优于普通工业镜头的测量准确性，在传感器也能获得均匀的相对照度。

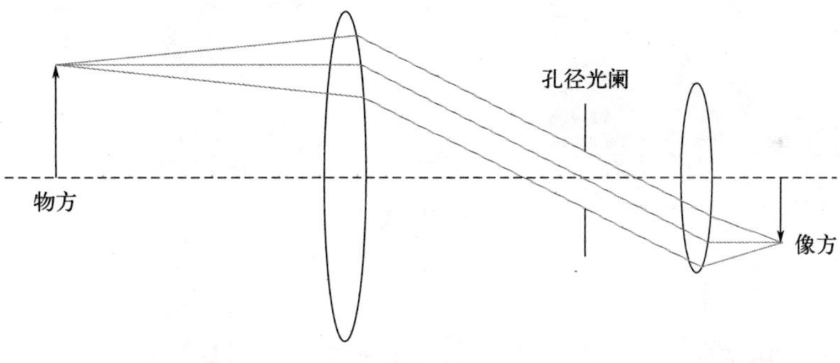

图 2-42　双侧远心镜头

② 远心度。

由于不同镜头的远心度有差异，镜头消除视差的能力也是有差异的。远心度定义为主光线与光轴的夹角 θ，如图 2-43 所示。由远心度引起的位置偏移可以通过下式计算。

$$\delta = \Delta WD \times \tan\theta$$

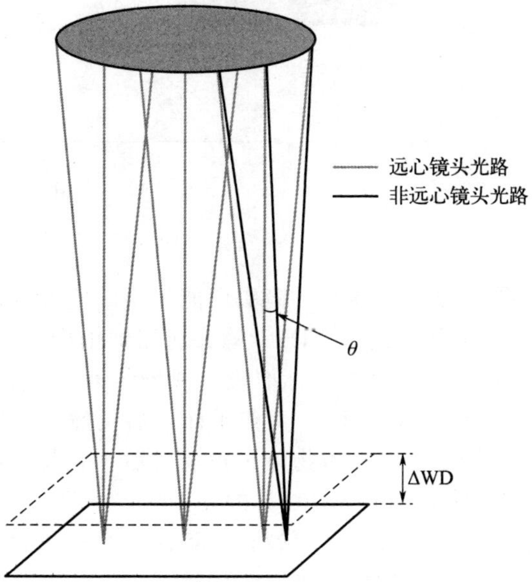

图 2-43　远心度

2.2.4 CCD 摄像机

目前 CCD 摄像机以其小巧、可靠、清晰度高等特点在商用与工业领域都得到了广泛的使用。如图 2-44(a) 所示，CCD 摄像机按照其使用的 CCD 器件可以分为线阵式（卷帘快门）和面阵式（全局快门）两大类。

线阵 CCD 摄像机一次只能获得图像的一行信息，被拍摄的物体必须以直线形式从摄像机前移过，才能获得完整的图像。它主要用于检测条状、筒状产品，例如布匹、钢板、纸张等。面阵摄像机可以一次获得整幅图像的信息。

CCD 摄像机由于其具有灵敏度高、抗强光、畸变小、体积小、寿命长、抗振动等优点而得到了广泛的使用。

CCD 摄像机基本参数主要有图 2-44(b) 所示的几个。

(a) CCD摄像机

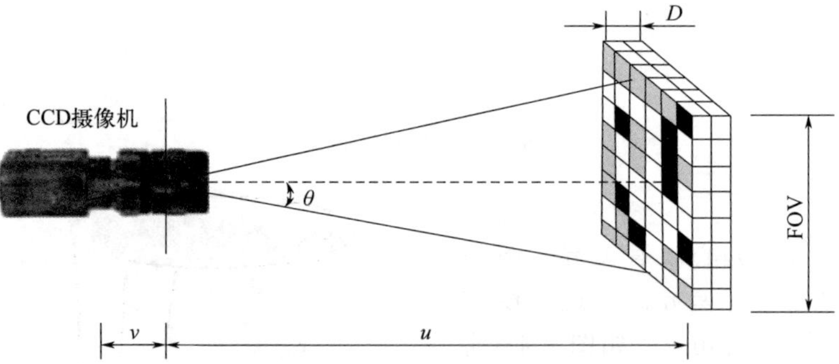

(b) 基本参数

图 2-44　CCD 摄像机及基本参数

① 视野（FOV）　镜头所能拍摄的实际物理范围。

② 工作距离（WD）　镜头前端到拍摄平面的距离 u。

③ 视场角（θ）　标准镜头视场角为 45°左右，一般焦距越短的镜头视场角越大。

④ 景深（DOF）　聚焦平面前后仍然有一段可以清晰成像的距离，这段距离叫作景深。

景深是指在被摄物体聚焦清楚后，在物体前后一定距离内，其影像仍然清晰的范围，如图 2-45 所示。景深随镜头的光圈值、焦距、拍摄距离而变化。光圈越大，景深越小；光圈越小，景深越大。焦距越长，景深越小；焦距越短，景深越大。距离拍摄物体越近，景深越小；距离拍摄物体越远，景深越大。

景深通常由物距、镜头焦距，以及镜头的光圈值所决定。固定光圈值时，增加放大率，

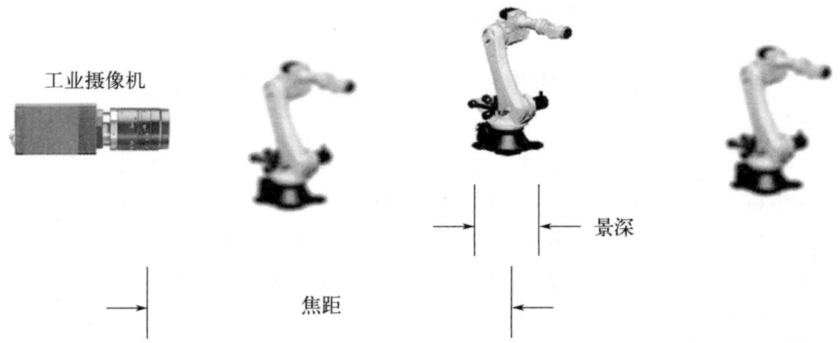

图 2-45　景深

不论是更靠近拍摄物或是使用更长焦距的镜头，都会减少景深；减少放大率时，则会增加景深。如果固定放大率，增加光圈值则会增加景深；减小光圈值则会减少景深，如图 2-46 所示。

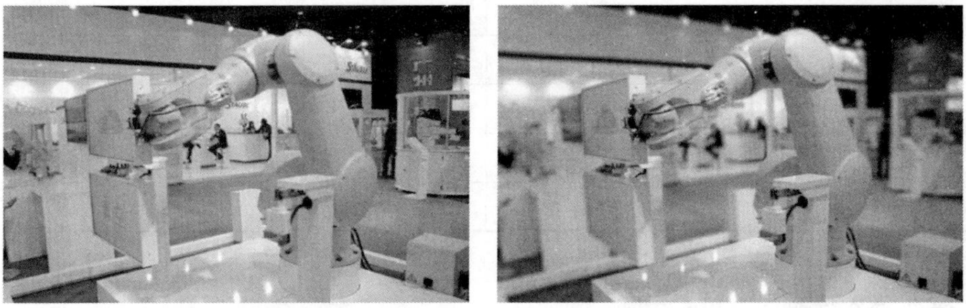

(a) f/32(小光圈，景深深)　　(b) f/8(大光圈，景深浅)

图 2-46　景深与光圈的关系

2.2.5　镜头选型

(1) 镜头初步选型

在许多工作场景下，能够允许的工作距离和所需的视场都是已知的。可以认为镜头在物方空间对被测物体的张角与在像方空间对传感器的张角是相等的，如图 2-47 所示。通过公式来确认镜头的视场角，即

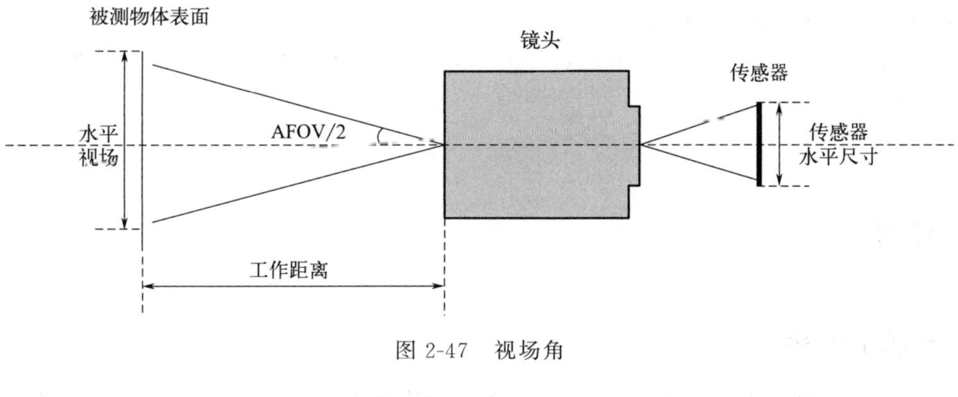

图 2-47　视场角

$$AFOV(°)=2\arctan\left[\frac{FOV_{horizontal}(mm)}{2\times WD(mm)}\right]$$

式中，AFOV 为镜头的水平视场角；$FOV_{horizontal}$ 为水平视野范围；WD 为被观测物体到镜头前端的距离。

在镜头选型时，不仅要考虑在水平方向上是否满足需求，还要考虑在竖直方向上视野是否满足需求；镜头的靶面尺寸也应与传感器尺寸相适配。当镜头的靶面尺寸小于传感器尺寸时，会产生传感器的边缘解像不良和边缘相对照度过低的问题；当镜头的设计像高尺寸远大于传感器尺寸时，会导致镜头性能的浪费。表 2-8 是常用传感器的尺寸。

表 2-8 常用传感器的尺寸

传感器类型	对角线长度/mm	传感器宽度/mm	传感器高度/mm
1/3"	6.000	4.800	3.600
1/2.5"	7.182	5.760	4.290
1/2"	8.000	6.400	4.800
1/1.8"	8.933	7.176	5.319
2/3"	11.000	8.800	6.600
1"	16.000	12.800	9.600
4/3"	22.500	18.800	13.500
全画幅-35mm	43.300	36.000	24.000

注：影像参数中 1" =16mm。

(2) 镜头综合选型

① 检测要求

a. 检测任务：尺寸测量。

b. 产品大小：60mm×50mm。

c. 相机靶面：5.7mm×4.8mm。

d. 工作距离：小于 500mm。

② 选型

a. 视野大小可以设定为 80mm×60mm（考虑每次机械定位的误差，将视野比物体大小适当放大）。

b. 假设工作距离为 450mm。

c. 放大倍率$=h/H=f/WD$。

d. 定焦镜头：$f=450\times5.7/80\approx32.06$（mm）；选择焦距为 35mm 的定焦镜头，并适当增大工作距离。

e. 定倍镜头：倍率$=5.7/80\approx0.07$。

2.3 光源

2.3.1 光源的作用

一张理想的效果图像，直接决定了软件算法的快速性及稳定性，而图像质量的高低又取决于合适的照明方式，如图 2-48 所示。在目前的机器视觉应用系统中，好的光源与照明方案往往是整个系统成功的关键，起着非常重要的作用，并不是简单地照亮物体而已。因此光源是机器视觉系统中不可忽略的一个重要组件。针对不同的检测内容、不同的检测物体，需要选用不同的光源和不同的打光方式来达到最佳的检测效果。

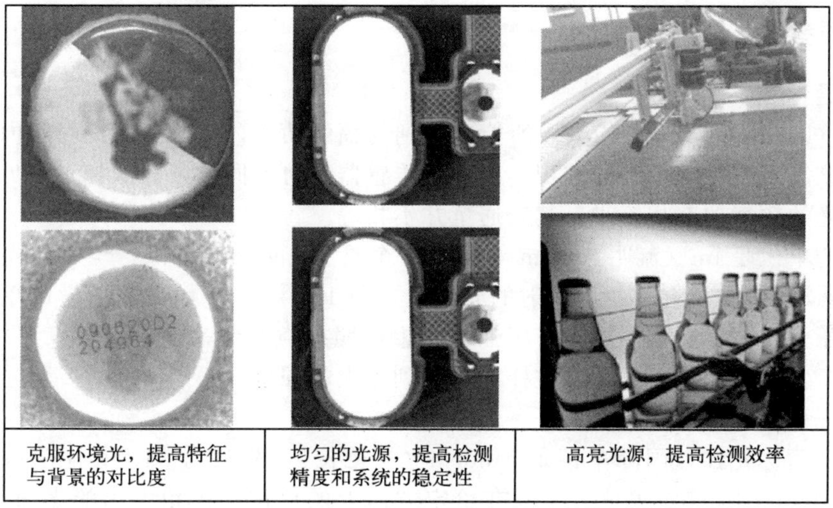

图 2-48　光源的作用

光源设备的选择必须符合所需的几何形状，照明亮度、均匀度、发光的光谱特性也必须符合实际的要求，同时还要考虑光源的发光效率和使用寿命。表 2-9 列出了几种主要光源的相关特性。

表 2-9　主要光源的相关特性

光源	颜色	寿命/h	发光亮度	特点
卤素灯	白色，偏黄	5000～7000	很亮	发热多，较便宜
荧光灯	白色，偏绿	5000～7000	亮	较便宜
LED 灯	红、黄、绿、白、蓝	60000～100000	较亮	发热少，固体，能做成很多形状
氙灯	白色，偏蓝	3000～7000	亮	发热多，持续光
电致发光管	由发光频率决定	5000～7000	较亮	发热少，较便宜

综合比较来看，LED 光源因其显色性好，光谱范围宽，能覆盖可见光的整个范围，且发光强度高，稳定时间长，近年来随着 LED 制造工艺和技术的不断发展，价格逐步降低，其在机器视觉领域正得到越来越广泛的应用。LED 光源相比于其他光源，在能效和寿命上有较大优势。除此之外，LED 光源还有以下优点。

（1）多色选择

涵盖远红外、可见光、紫外光。可根据被测物不同的显色特性和检测要求选择不同波段（颜色）的 LED 光源。

（2）响应速度快

单个 LED 响应时间可达到纳秒级。

（3）可触发和频闪

可被触发点亮或者频闪照明，提高光源利用率或瞬间亮度，解决在线拍摄照明不足的问题。

（4）结构设计灵活

可根据被测物形状特征，设计相应的发光角度和结构，对于空间不足的设备，有显著优势。

2.3.2 光源参数

（1）光通量

光通量（luminous flux）指人眼所能感觉到的辐射功率，它等于单位时间内某一波段的辐射能量和该波段相对视见率的乘积。人眼（传感器）对不同波长光的相对视见率不同，所以不同波长光的辐射功率相等时，其光通量并不相等。

光通量的单位是 lm（流明），1lm 等于由一个具有 1cd（坎德拉）均匀发光强度的点光源在 1sr（球面度）单位立体角内发射的光通量，即 1lm＝1cd · sr。与力学的单位比较，光通量相当于压力，而发光强度相当于压强。要想被照射点看起来更亮，不仅要提高光通量，而且要聚光，实际上是减少面积，这样才能得到更大的强度。

（2）发光强度

发光强度简称光强，国际单位是 candela（坎德拉），简写为 cd，其他单位有烛光、支光。1cd 即 1000mcd，是指单色点光源在给定方向上的单位立体角发出的光通量。可以说，这个量是表明发光体在空间发射的汇聚能力的。

（3）光照强度

光照强度是指单位面积上所接收光的光通量，简称照度，用于表示光照的强弱和物体表面被照明程度。其单位为 lx（勒克斯），1lx 相当于 1m^2 被照面上光通量为 11m 时的照度。在高速运动条件下拍摄图像，曝光时间很短，只有高亮度的光源才能得到足够亮度的图像。

（4）颜色/波长

光的波长在 380～760nm 之间，能被人眼所感知，称为可见光，每种颜色对应一种波长。在光波中，波长＜400nm 的光称为紫外光，＞780nm 的光称为红外光。

自然界中各种物体所表现出的不同色彩，都是由蓝色、绿色和红色光线按适当比例混合起来，即作用不同的吸收或反射而呈现在人们眼中的。所以，蓝色、绿色和红色是组成各种色彩的基本成分。因此这三个感色单元被称为光学三原色。

如图 2-49 所示，光学三原色的光谱波长如下：435.8nm，波长约 400～500nm 属蓝光范围；546.1nm，波长约 500～600nm 属绿光范围；700nm，波长约 600～700nm 属红光范围。

（5）色温

色温表示光源包含的光谱成分。从理论上讲，色温是指绝对黑体从绝对零度（－273℃）开始加温后所呈现的颜色。黑体在受热后，逐渐由黑变红，转黄，发白，最后发出蓝色光，如图 2-50 所示。当加热到某个温度，黑体发出的光所含的光谱成分，就称为这一温度下的色温，计量单位为 K（开尔文）。色温越低，颜色就越红。黑体的温度越高，光谱中蓝色的成分则越多，而红色的成分则越少。例如，白炽灯的光色是暖白色，其色温为 2700K 左右；而日光色荧光灯的色温则是 6400K 左右；钠灯的色温在 2000K 左右。

（6）显色性

显色性是指不同光谱的光源照射在同一颜色的物体上时，所呈现不同颜色的特性，如

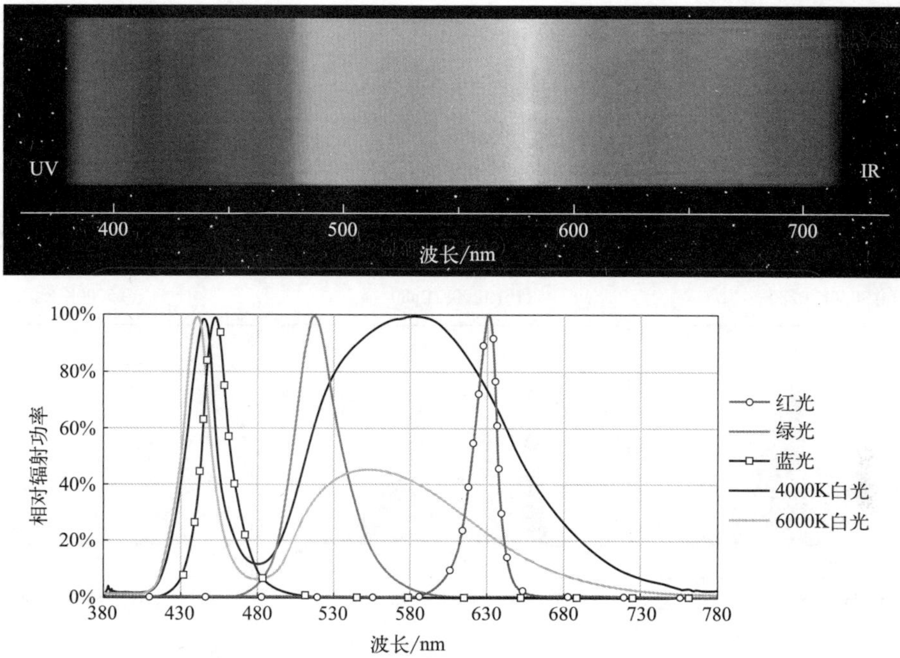

图 2-49 三原色

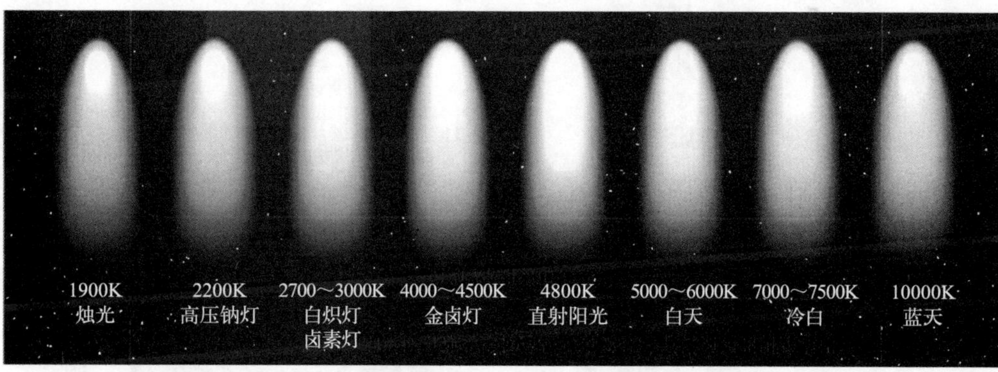

图 2-50 色温

图 2-51 所示。通常用显色指数（Ra）来表示光源的显色性，正确表现物质本来的颜色需使用显色指数高的光源，其数值越接近 100，所呈现的效果就越接近自然光，显色性越好；光源显色性差，必定照射到物体上反射的颜色也差。

2.3.3 打光方式

（1）正向光

光源位于被测物的上方，光线照射在被测物表面，根据光源的发光角度可分为高角度光、低角度光，以及包含高、低角度的无影光。

① 高角度光。

光路描述：光线与水平面角度＞45°的光称为高角度光，如图 2-52 所示。

效果分析：高角度照射，光线经被测物表面平整部分反射后进入镜头，图像效果表现为

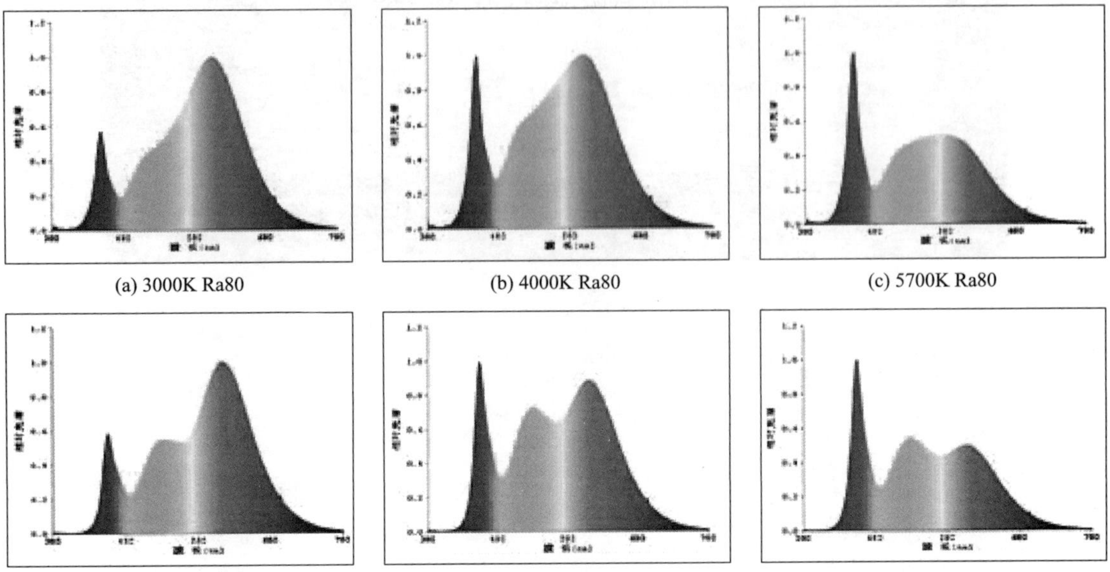

(a) 3000K Ra80　(b) 4000K Ra80　(c) 5700K Ra80

(d) 3000K Ra90　(e) 4000K Ra90　(f) 5700K Ra90

图 2-51　显色性

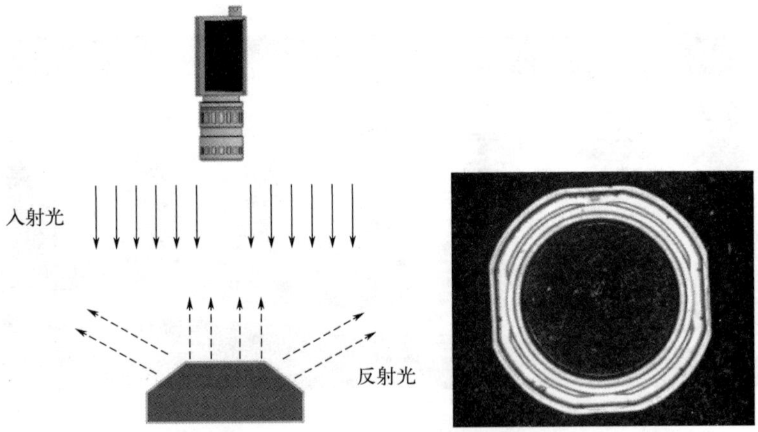

图 2-52　高角度光打光方式及成像

灰度值较高；不平整部分反射光进入不了镜头，图像效果表现为灰度值较低。

主要应用：定位、字符检测、轮廓检测、划伤检测、尺寸测量。

常用光源：高角度环形光、条形光、面光、同轴光、点光等。

② 低角度光。

光路描述：光线与水平面角度＜45°的光称为低角度光，如图 2-53 所示。

效果分析：低角度照射，被测物表面平整部分的反射光无法进入镜头，图像效果表现为灰度值较低；不平整部分的反射光进入镜头，图像效果表现为灰度值较高。

主要应用：定位、字符检测、轮廓检测、划伤检测、尺寸测量。

常用光源：低角度环形光、条形光、线光等。

③ 无影光。

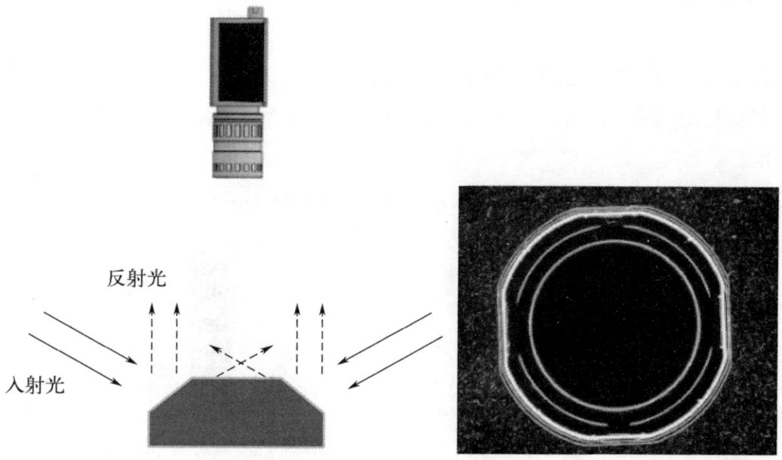

图 2-53　低角度光打光方式及成像

光路描述：通过结构或漫射板改变光路，最终发光角度包含了高角度和低角度，如图 2-54 所示。

效果分析：兼具了高角度光和低角度光的效果，使被测物得到了多角度的照射，表面纹理、皱褶被弱化，图像上整体均匀。

主要应用：定位、尺寸测量、弧形产品表面检测。

常用光源：圆顶光、环形无影光、方形无影光、灯箱等。

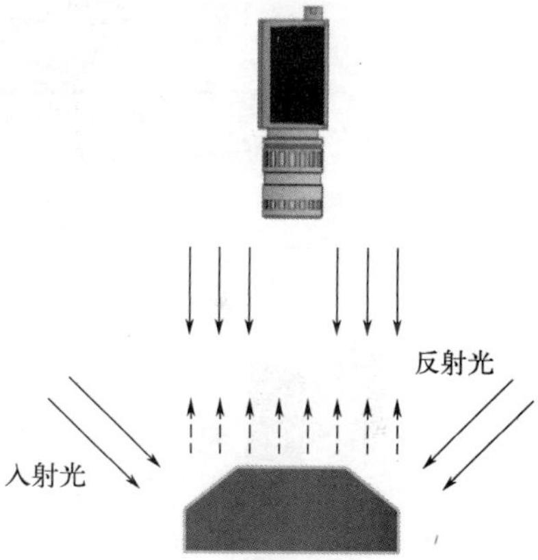

图 2-54　无影光打光方式

④ 同轴光。

光路描述：反射光线与镜头平行，称为同轴光，如图 2-55 所示。

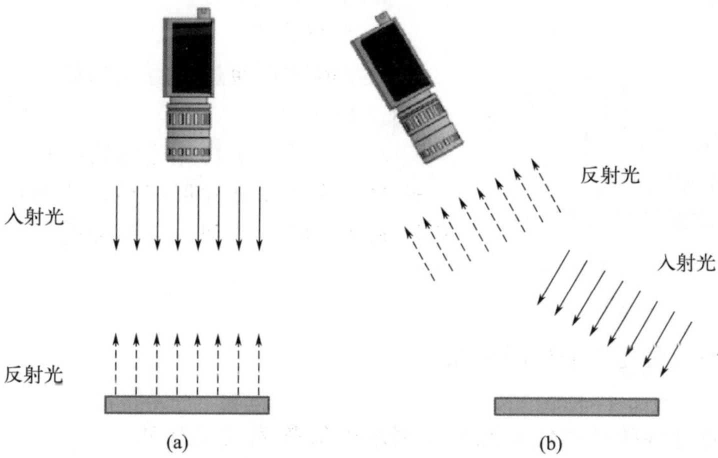

图 2-55　同轴光打光方式

效果分析：光线经过平面反射后，与光轴平行地进入镜头。此时被测物相当于一面镜子，图像体现的是光源的信息，当“镜子”出现凹凸不平时，将格外地明显。

主要应用：划痕、压印、凹凸点检测，轮廓检测。

常用光源：同轴光、平行同轴光、面光、线光。

(2) 背光

光源位于被测物的下方，无遮挡时，光线直接进入镜头，图像灰度值很高；由于被测物遮挡了光线，图像上灰度值很低，所以能得到被测物的轮廓信息。

① 漫射背光。

光路描述：光源经过漫射板散射发光，如图 2-56 所示。

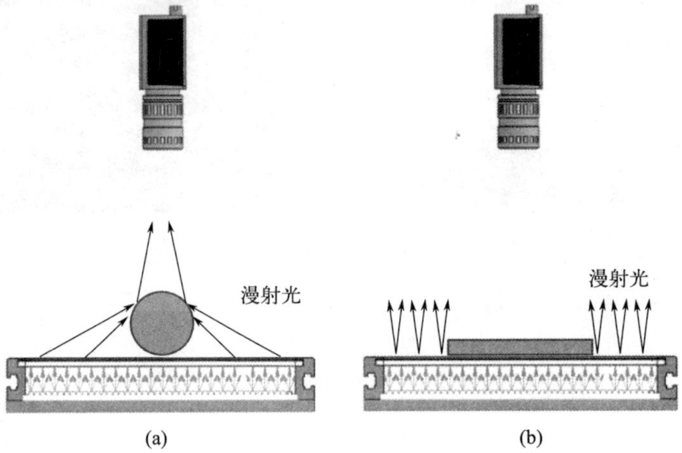

图 2-56　漫射背光打光方式

效果分析：提取轮廓时，对于有厚度、有弧度的产品，图像上边缘发虚，不够锐利；而对于扁平的产品，图像效果稳定，性价比高。

主要应用：定位、尺寸测量、有无检测、缺陷检测。

常用光源：面光。

② 平行背光。

光路描述：通过平行结构使光源发出平行光，如图 2-57 所示。

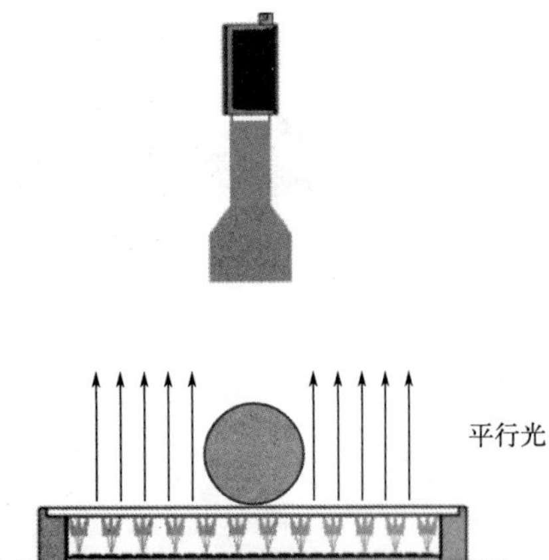

图 2-57　平行背光打光方式

效果分析：平行光能够精确得到不规则被测物的外轮廓，使诸如圆柱形产品，或有倒角、圆角的产品边缘成像清晰、锐利。一般配合远心镜头使用，精度很高。

主要应用：尺寸测量。

常用光源：平行面光、平行同轴光。

(3) 结构光

光路描述：通过特殊结构使光源发出清晰的线阵列或点阵列。

效果分析：光源投射到被测物上，缺陷会使得光斑阵列图案发生扭曲。

主要应用：平整度检测，如图 2-58 所示。

(4) 亮场

背景灰度值高，特征灰度值低，如图 2-59 所示。

(a) 后视镜平整度检测

(b) 手机中框缺陷检测

图 2-58　平整度检测

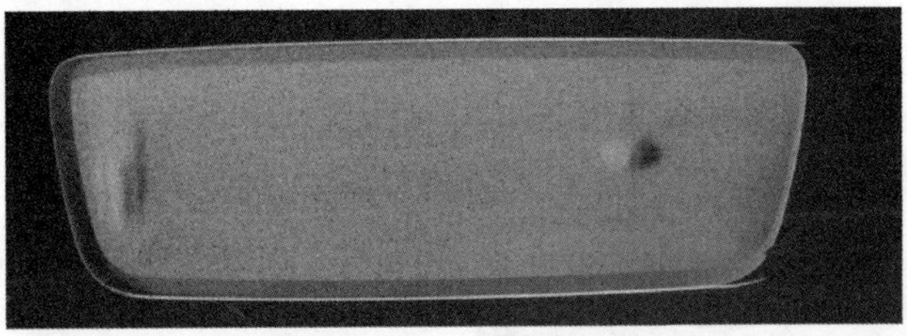

图 2-59　亮场示意

(5) 暗场

背景灰度值低，特征灰度值高，如图 2-60 所示。

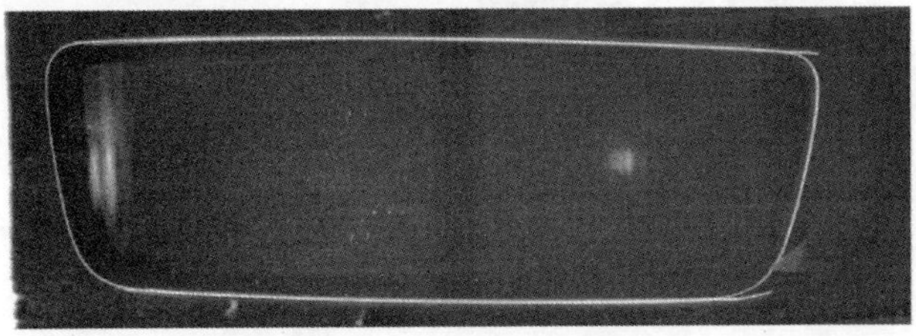

图 2-60　暗场示意

(6) 颜色打光法

根据被测物本身的颜色特征，提取对应的波长来提高对比度。常直接采用对比色光源照射（如红光跟蓝光）与使用白光加上单色带通滤镜两种方法，如图 2-61 所示。

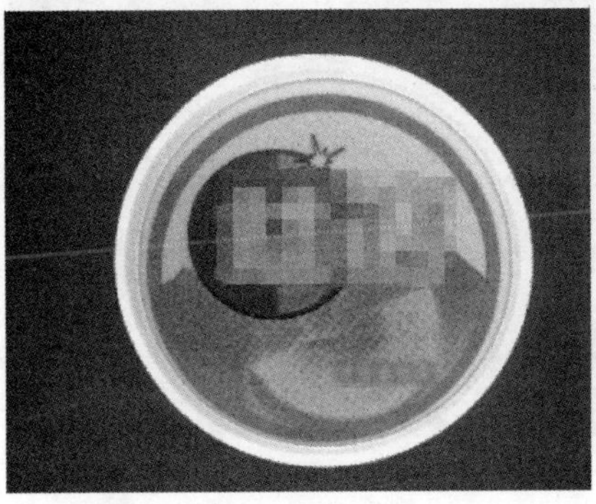

(a) 本色

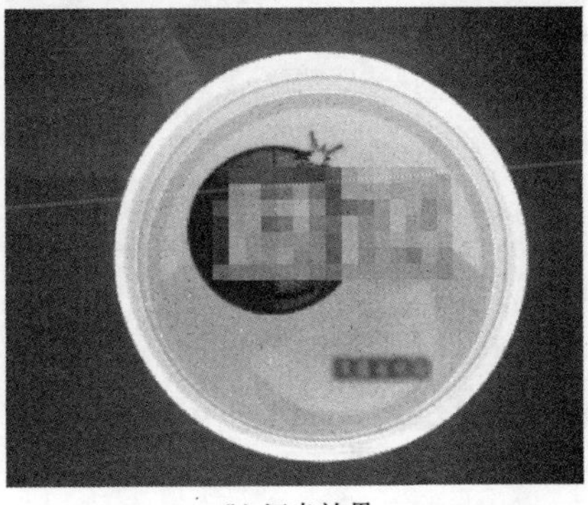

(b) 红光效果

图 2-61

(c) 蓝光效果　　(d) 绿光效果

图 2-61　颜色打光法示例

(7) 红外光

利用红外光的良好穿透性，可以过滤被测物表面的大分子干扰，如图 2-62 所示。

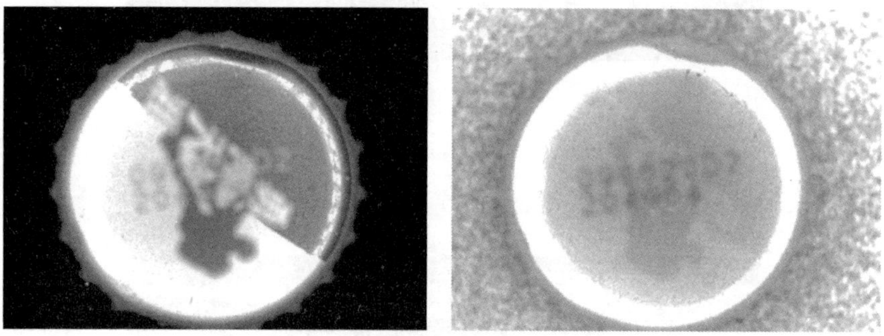

(a) 可见光　　(b) 红外光

图 2-62　可见光和红外光效果

(8) 紫外光

一方面，利用荧光效应检测 UV 胶和隐形码；另一方面，与红外光相反，其弱穿透性可用于检测透明产品中的隐形特征，如图 2-63 所示。

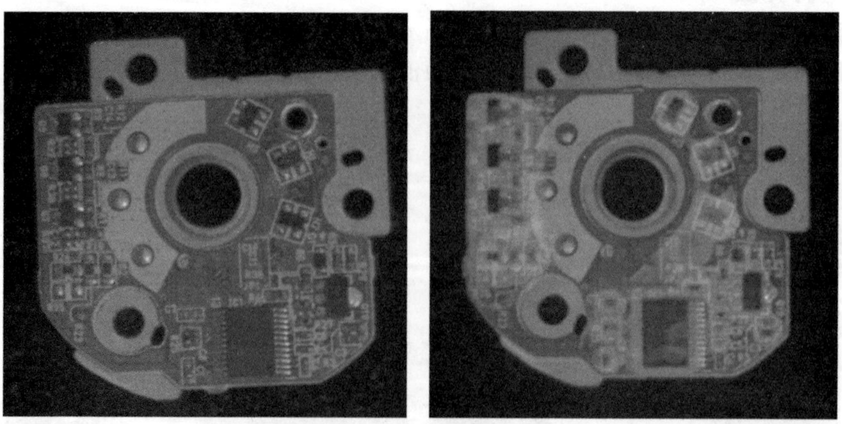

(a) 可见光　　(b) 紫外光

图 2-63　可见光和紫外光效果

(9) 偏光

使用偏光光源消除部分反光，如图 2-64 所示。

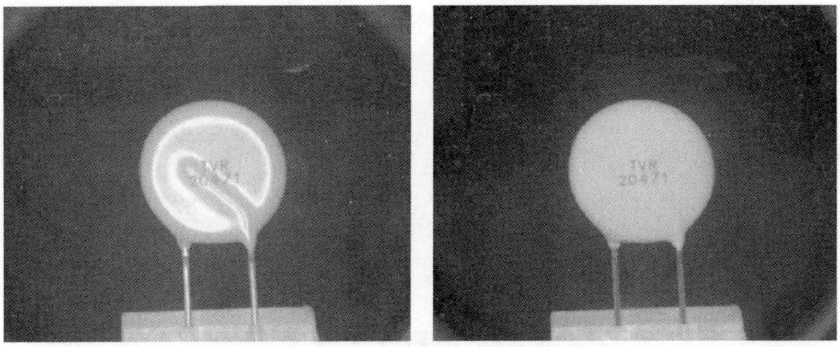

(a) 普通光源图像效果　　(b) CST偏光光源图像效果

图 2-64　有无偏光效果图

2.3.4　常见的光源颜色

光源的颜色也对图像的成像有影响。LED 光源有多种颜色可以选择，包括红光、绿光、蓝光、白光，还有红外光、紫外光。针对不同检测物体的表面特征和材质，选用不同颜色，也就是不同波长的光源，能够达到更加理想的拍摄效果。

每一种光源都有自己的光谱，而相机的图像都会受到光谱的影响。不同的波长，对物质的穿透力（穿透率）不同。波长越长，光对物体的穿透力越强；波长越短，光在物质表面的扩散率越大。图 2-65 以白色光、红色光、绿色光和蓝色光举例说明在单色相机成像时，光源颜色对成像结果的影响。

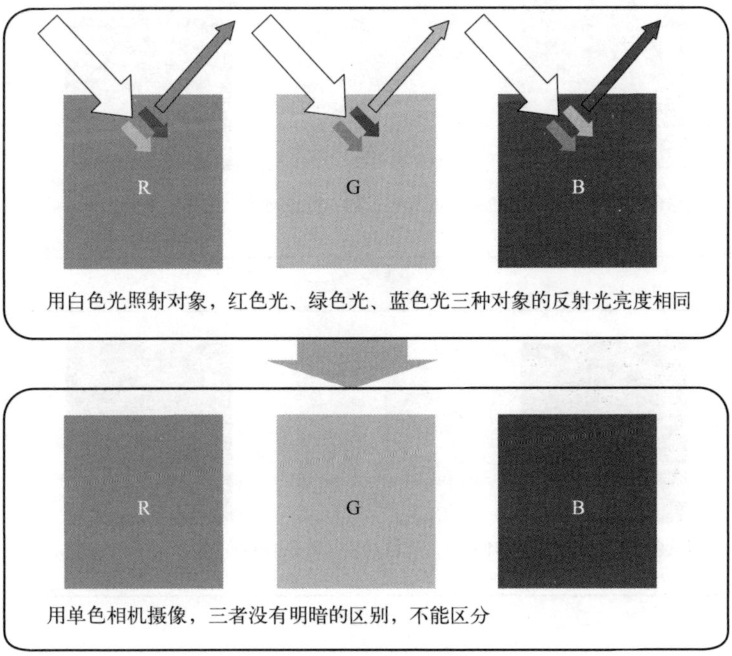

(a) 白色光成像

图 2-65

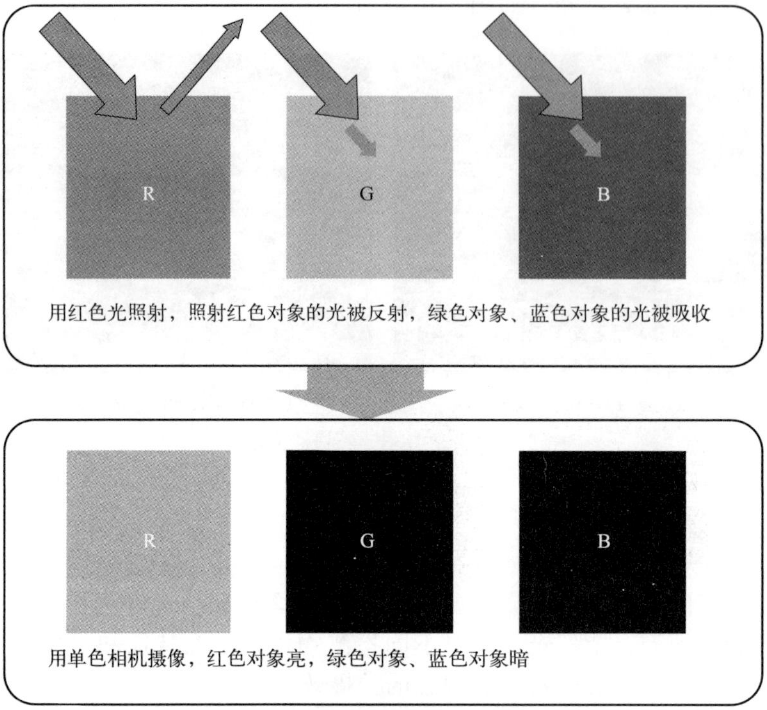

(b) 红色光成像

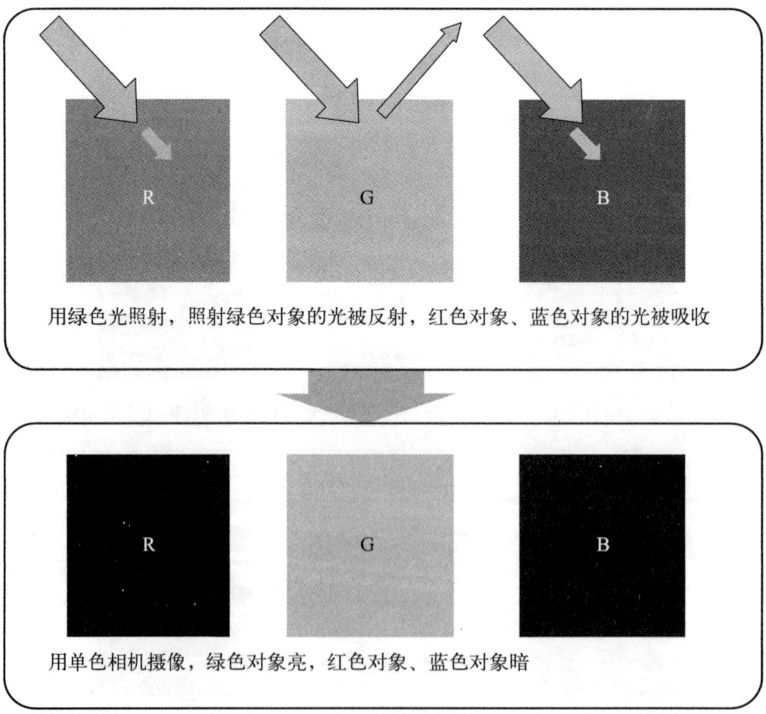

(c) 绿色光成像

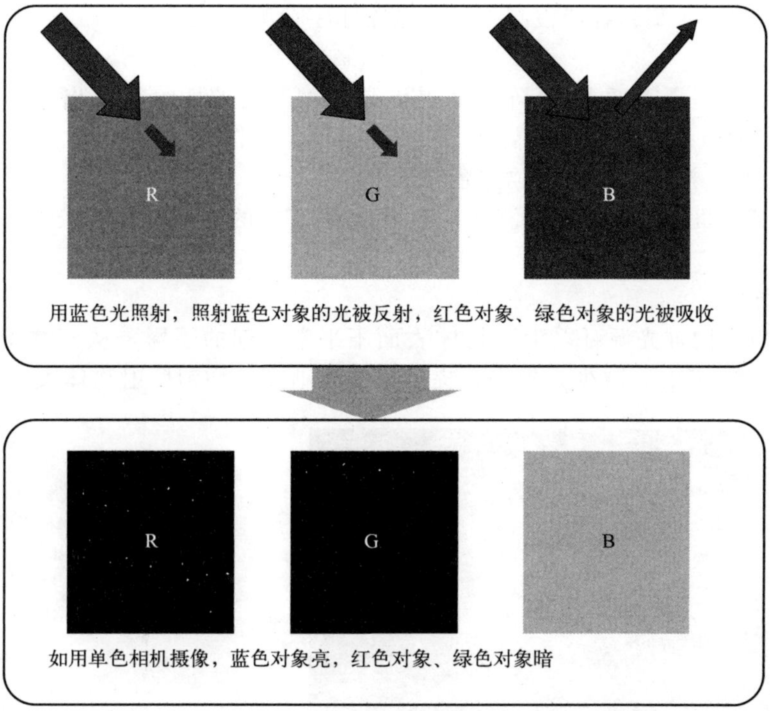

(d) 蓝色光成像

图 2-65　单色相机成像时，光源颜色对成像结果的影响

从上面不同颜色光源的特征可以发现，某种颜色的光源照射在同种颜色的物体时，视野中的物体是发亮的。应用此特征可以过滤掉检测中的无用信息，比如使用红色的光源可以过滤掉红色的文字。同时可以应用互补色增加图像的对比度，例如红色背景使用绿色光源等。不同颜色光源的适用范围见表 2-10。

表 2-10　不同颜色光源的适用范围

光源颜色	适用范围
白色	适用性广，亮度高，拍摄彩色图像时使用较多
红色	可以透过一些比较暗的物体，如底材为黑色的透明软板孔、绿色电路板线路检测、透光膜厚度监测
绿色	红色背景产品、银色背景产品
蓝色	银色背景产品（钣金、车加工件等）、薄膜上金属印制品

2.3.5　机器视觉光源的种类

（1）环形光源

① 类型特点　环形光源提供不同照射角度、不同颜色组合，更能突出物体的三维信息。高密度 LED 阵列（如图 2-66 所示）亮度高；品种多，设计紧凑，能节省安装空间；解决对角照射阴影问题；可选配漫射板导光，光线均匀扩散。

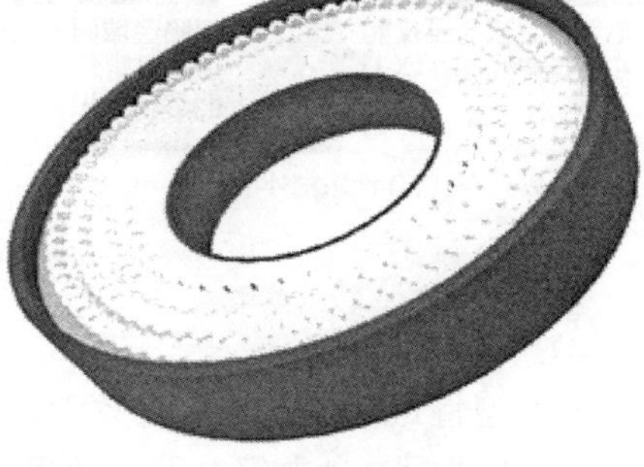

图 2-66　环形光源

② 应用领域　PCB 基板检测、IC 元件检测、显

微镜照明、液晶校正、塑胶容器检测、集成电路印字检测。

（2）背光源

① 类型特点　用高密度LED阵列面提供高强度背光照明，能突出物体的外形轮廓特征，尤其适合作为显微镜的载物台，如图2-67所示。红白两用背光源、红蓝多用背光源，能调配出不同颜色，满足不同被测物多色要求。

② 应用领域　机械零件尺寸的测量，电子元件、IC的外形检测，胶片污点检测，透明物体划痕检测等。

（3）同轴光源

① 类型特点　同轴光源可以消除物体表面不平整引起的阴影，从而减少干扰；部分采用分光镜设计（图2-68），减少光损失，提高成像清晰度，均匀照射物体表面。

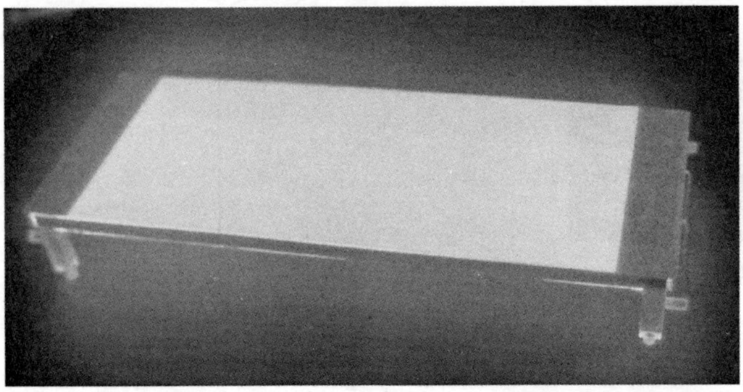

图2-67　背光源

图2-68　同轴光源

② 应用领域　使用同轴光源照明时，光线照射到工件后进入相机，在工件表面凹凸不平的部分产生漫反射，可以从被测物的不光滑表面上获得带有少量阴影的稳定图像。同轴光源能够凸显物体表面不平整，克服表面反光造成的干扰，主要用于检测物体平整光滑表面的碰伤、划伤、裂纹和异物。同轴光源最适宜用于反射度极高的物体，如金属、玻璃、胶片、镜片等表面的划痕检测、芯片和硅晶片的破损检测、条码包装识别等，如图2-69所示。

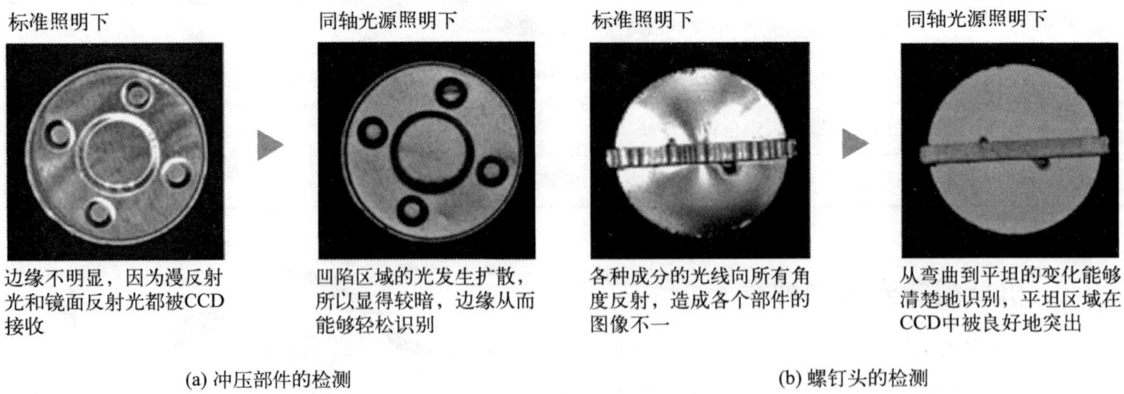

图2-69　同轴光源应用领域

（4）条形光源

① 类型特点　条形光源是较大方形结构被测物的首选光源，如图2-70所示。光源颜色可根据需求搭配，自由组合照射角度，安装随意可调。

② 应用领域　金属表面检查、图像扫描、表面裂缝检测、LED 表面检测等。

（5）线形光源

① 类型特点　超高亮度，采用柱面透镜聚光，适用于各种流水线连续检测场合，如图 2-71 所示。

图 2-70　条形光源

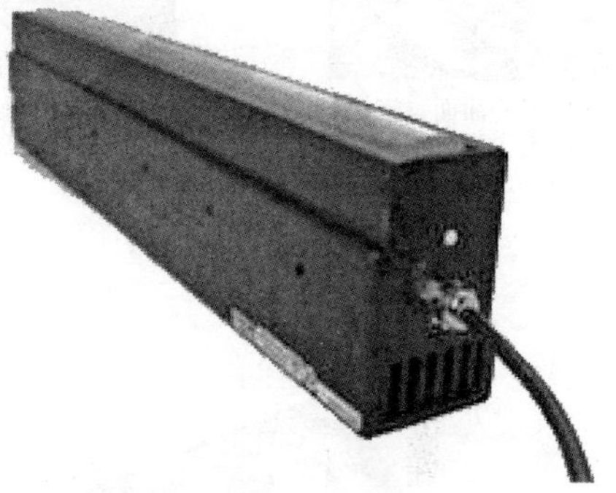

图 2-71　线形光源

② 应用领域　线阵相机照明专用、AOI 专用。

（6）RGB 光源

① 类型特点　如图 2-72 所示，不同角度的三色光照明，照射凸显焊锡三维信息；外加漫射板导光，减少反光。

② 应用领域　专用于电路板焊锡检测。

（7）球积分光源（圆顶光源）

① 类型特点　如图 2-73 所示，具有积分效果的半球面内壁，均匀反射从底部 360°发射出的光线，使整个图像的照度十分均匀。

图 2-72　RGB 光源

图 2-73　球积分光源

② 应用领域　适用于曲面、凹凸表面、弧面表面检测，金属、玻璃表面反光较强的物体表面检测。圆顶光源适用于各种形状复杂的工件，通常可用于以下情况：饮料罐上的日期文字检查，手机按键上的文字检查，金属、玻璃等反光较强的物体表面的检测，弹簧表面的裂缝检测等，如图 2-74 所示。

（8）条形组合光源

① 类型特点　四边配置条形光，每边照明独立可控，可根据被测物要求调整所需照明角度，适用性广，如图 2-75 所示。

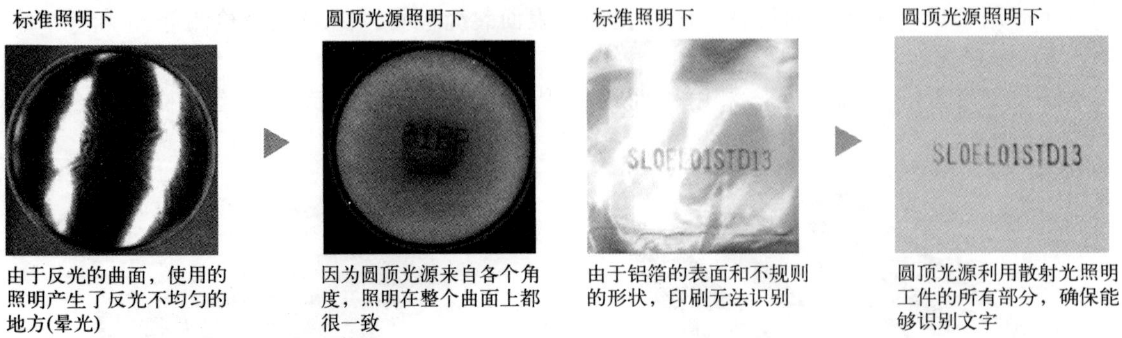

(a) 罐头底部文字的检测　　(b) 铝箔包装上的文字检测

图 2-74　球积分光源应用领域

图 2-75　条形组合光源

② 应用领域　PCB 基板检测、焊锡检测、Mark 点定位、显微镜照明、包装条码照明、IC 元件检测。

（9）对位光源

① 类型特点　对位速度快，视场大，精度高，体积小，亮度高，如图 2-76 所示。

图 2-76　对位光源

② 应用领域　全自动电路板印刷机对位。

（10）点光源

① 类型特点　大功率 LED，体积小，发光强度高，光纤卤素灯的替代品，尤其适合作为镜头的同轴光源；具有高效散热装置，能大大提高光源的使用寿命，如图 2-77 所示。

② 应用领域　适合远心镜头使用；用于芯片检测、Mark 点定位、晶片及液晶玻璃底基校正。

图 2-77　点光源

2.3.6　光源选择的因素

（1）被测物体的特征

照明的目的是突出被检测物体，提高对比度，所以被测物体的特征是最重要的。这需要大量的试验和经验积累。例如，光滑表面上的划痕需要用低角度的掠射，使表面反射的光线不能进入镜头，而划痕等瑕疵会改变光线的方向，从而形成黑色背景上的突出特征，对比度高，处理起来很容易。

（2）工作距离

5mm 和 500mm 的距离采用的光源显然是不一样的，光源到被测物体的距离决定了光源的很多指标。对于 LED 颗粒，光照度和距离的平方成反比，一般情况下，照度可以用这个规律来近似。

（3）视场大小

形成一个 50mm 直径和一个 500mm 直径的均匀视场所采用的光源是不可能一样的。而且同样的视场大小，测量目标不同，选择也不同。如果只是测量一个环形上面的目标，那么可能环形光源就可以；而如果想测量一个面上的目标且要均匀照明，那么四面无影光源可能是一个比较好的选择。

（4）安装方式

需要考虑如何安装到机械结构上，有多大的安装空间给光源。因为有一些项目，其机台可能是先设计的，或者是一些老式的设备改造添加视觉功能，这时就需要考虑光源的安装了。

（5）光源颜色

一般来讲，机器视觉项目是以黑白相机为主，因为对灰度、二值图像的处理函数要远远多于彩色图像。一些项目对于相机颜色是没有太多要求的，因此，如果没有特别需要，使用黑白相机即可满足要求时，则考虑使用如红色、绿色、蓝色等单色光源。因为单色光源频谱单一，色差几乎被消除，所以其成像要好于彩色相机使用白色光源。

2.4 3D 机器视觉技术与深度学习

2.4.1 3D 测量技术的基本原理

随着机器视觉在工业领域的应用逐渐深入，传统的 2D 视觉方案已经趋向成熟，应用局限性也已经显现出来。2D 视觉方案易受照明条件影响，一致性和稳定性难以保证，且无法实现三维高精度测量和定位，3D 视觉方案应运而生，解决了工业自动化场景中的 3D 测量和定位难题。

相比于 2D 视觉方案，3D 视觉具备的优势是：3D 视觉可以输出 $X/Y/Z$ 三维数据，2D 视觉只能输出 X/Y 二维数据；3D 视觉不依赖被测物表面颜色和对比度，而 2D 视觉通常需要专用的打光方案来提升特征对比度；3D 视觉不需要高精度的工装夹具辅助定位；3D 视觉可以从复杂场景中准确提取目标物，2D 视觉成功率相对较低；3D 视觉可以实现高速在线扫描，2D 视觉受传感器机理、图像亮度等因素限制，较难实现高速扫描；2D 视觉无法彻底实现机器人自动化，必须依赖 3D 视觉。

(1) 基本原理

① 双目视觉法 如图 2-78 所示，双目立体视觉是机器视觉的一种重要形式，它是基于视差原理并由多幅图像获取物体三维几何信息的方法。双目立体视觉系统一般由双摄像机从不同角度同时获得被测物的两幅数字图像，或由单摄像机在不同时刻从不同角度获得被测物的两幅数字图像，并基于视差原理恢复出物体的三维几何信息，重建物体三维轮廓及位置。双目立体视觉系统在机器视觉领域有着广泛的应用前景。

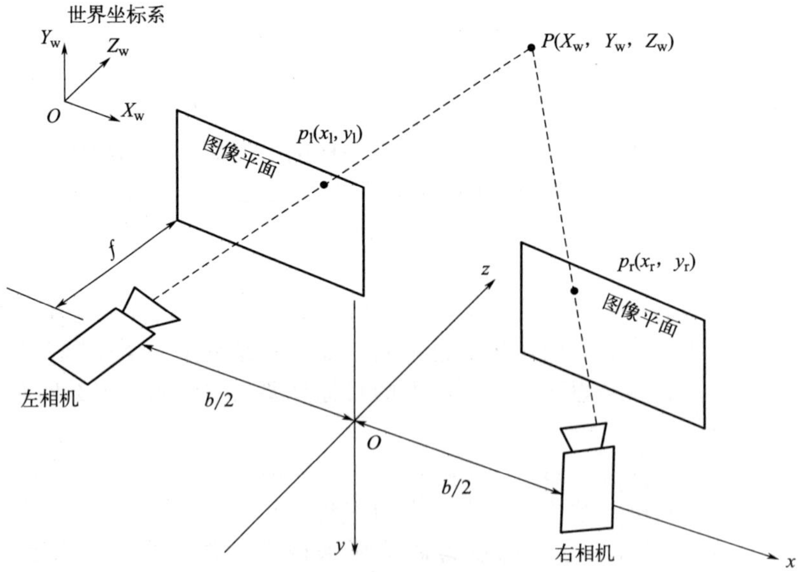

图 2-78 双目视觉法

双目立体视觉相机所能测量的距离取决于两个内置传感器之间的距离，也就是基线距离，如图 2-79 所示。基线距离越宽，相机可测试的距离就越远。

传统双目立体视觉相机除图像采集系统外，无其他补光模块，属于被动式双目视觉，对于外界环境光线的强度和被测物表面纹理要求较高。在实际产品中，通常会增加补光模块，

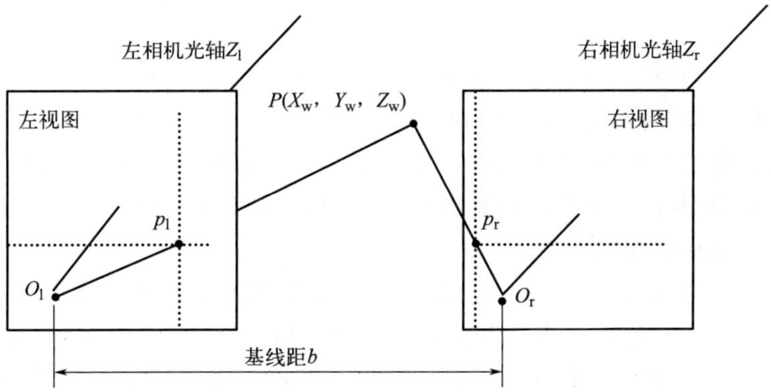

图 2-79　基线距离

升级为主动式双目视觉，在增强被测物表面纹理的同时，提升其在低照度环境下的性能，提升产品场景适应能力。总的来说，双目视觉技术因其算法复杂，帧率一般较低，只适用于静态或超低速获取三维空间信息的场景。

② 激光三角法　激光三角法是一种通过图像采集系统采集被测物表面漫反射的激光轮廓，进而基于设备已知的相对位置通过算法处理，获得被测物表面的三维轮廓数据，进而还原目标物体三维空间信息的方法。

激光三角法位移测量的原理是：用一束激光以某一角度聚焦在被测物体表面，然后从另一角度对物体表面上的激光光斑进行成像，物体表面激光照射点的位置高度不同，所接受散射或反射光线的角度也不同，用 CCD 光电探测器测出光斑像的位置，就可以计算出主光线的角度，从而计算出物体表面激光照射点的位置高度。当物体沿激光线方向发生移动时，测量结果将发生改变，从而实现用激光测量物体的位移。由于激光出射光线和反射（散射）光线构成一个三角形，对光斑位移的计算，几何三角和激光器运用其中，所以称此方法为激光三角法测距。

采用激光三角法原理和回波分析原理进行非接触位置、位移测量的精密传感器，广泛应用于位置、位移、厚度、半径、形状、振动、距离等几何量的工业测量。如图 2-80 所示，半导体激光器 1 被镜片 2 聚焦到被测物体 6。反射光被镜片 3 收集，投射到线性 CCD 阵列 4 上；信号处理器 5 通过三角函数计算线性 CCD 阵列 4 上的光点位置得到与物体的距离。

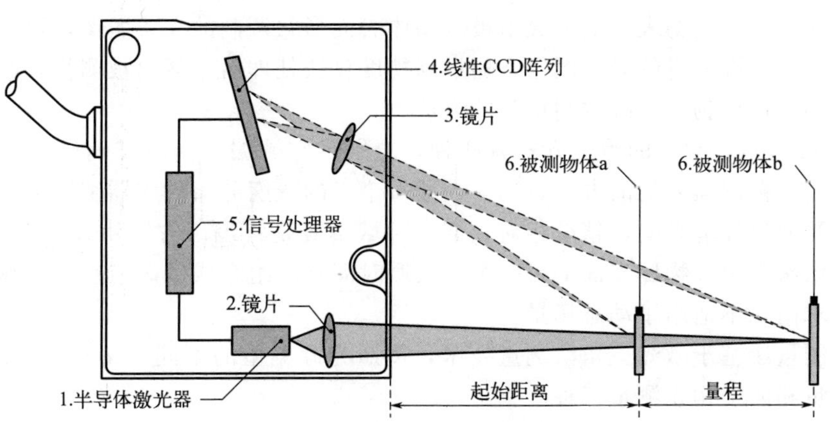

图 2-80　激光三角法位移测量

按照入射激光光束和被测物体表面法线的角度关系，一般分为直射式和斜射式两种测量方式。

a. 直射式测量。如图 2-81 所示，激光器发出的光线，经会聚透镜聚焦后垂直入射到被测物体表面上，物体移动或者其表面变化，会导致入射点沿入射光轴的移动。入射点处的散射光经接收透镜入射到光电探测器（PSD 或 CCD）上，散射光经接收透镜会聚后在 PSD 或 CCD 上成像。移动物体前后采集的两幅图像，经过软件处理求出其间距，根据推导得出的公式可求得物体实际移动距离。

b. 斜射式测量。如图 2-82 所示，激光器发出的光线和被测面法线成一定角度入射到被测面上，同样地，物体移动或其表面变化，将导致入射点沿入射光轴的移动。入射点处的散射光经接收透镜入射到光电探测器上。斜射法使入射光线与测量物表面法线成一定的夹角，避免了直射式中要求的入射光向物体表面垂直的要求。由于直射式测量法散射后的光线只有很少一部分被 CCD 接收到，因此不能测量反射性很好的物体表面。斜射法不用限制物体表面反射率，只要物体表面平整即可。

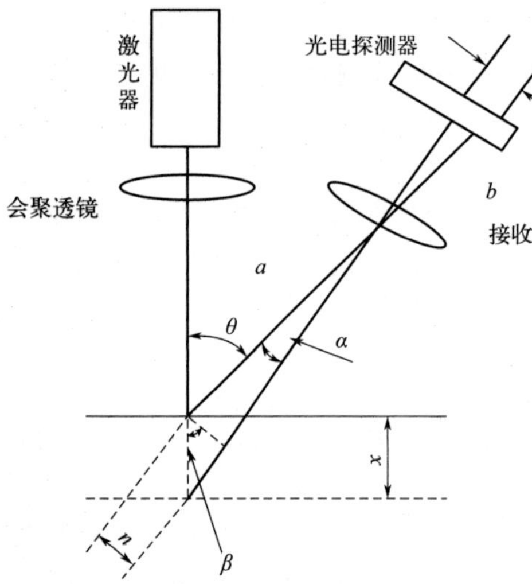

图 2-81　直射式测量

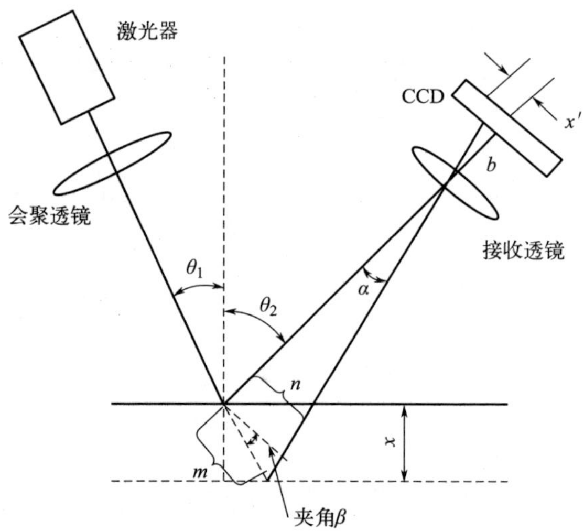

图 2-82　斜射式测量

③ 结构光测量法　结构光测量法是一种通过光学投射模块将具有编码信息的结构光投射到物体表面，在被测物表面上形成由被测物体表面形状调制的光条图像，再由图像采集系统采集被测物表面漫反射的光条图像，通过高精度算法处理后，得出被测物表面的三维轮廓数据，进而还原目标物体三维空间信息的方法。

如图 2-83 所示，常规的编码方式有两种，分别是空域编码和时域编码。空域编码是将编码方案通过一幅图案表达的方法，物体表面每个点的灰度分布对应器编码值。空域编码解码复杂，易受外界环境影响，精度相对较低。时域编码是将编码方案用投影图案序列表达，在不同时刻依次投影，物体表面上每一个点按照时间顺序组合成编码值。时域编码对结构光投影速度要求高，不适用于动态场景。

结构光测量法基于激光三角法测量技术，按照光源类型的不同，又分为点结构光测量、线结构光测量和面结构光测量三种。

a. 点结构光测量。如图 2-84 所示，在点结构光测量中，激光器射出的激光光源是点光源，该点光源投射到待测物体表面后形成光点，通过分析由光学探测器获得的光点图像信

(a) 空域编码　　(b) 时域编码

图 2-83　编码方式

息，就可以获得被测物体在这一点上的三维信息。但是由于点结构光每次测量仅能获取待测物表面一个点的三维坐标，所获得的信息量太少，所以如需测量整个待测物体表面，所需的时间较长，极为不便。

b. 线结构光测量。如图 2-85 所示，在线结构光测量中，由激光器射出的激光光束透过柱面透镜扩束，再经过准直，产生一束片状光。这片光束像刀刃一样横切在待测物体表面，因此线结构光法又被称为光切法。线结构光测量常采用二维面阵 CCD 作为接收器件，因此只要通过增加垂直于面阵探测器的第三维度方向，就可以实现对三维物体的测量。

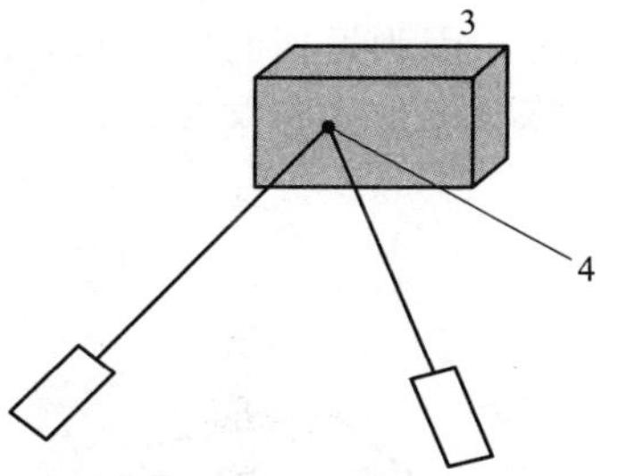

图 2-84　点结构光测量

1—激光器；2—相机；3—被测物体；4—光点

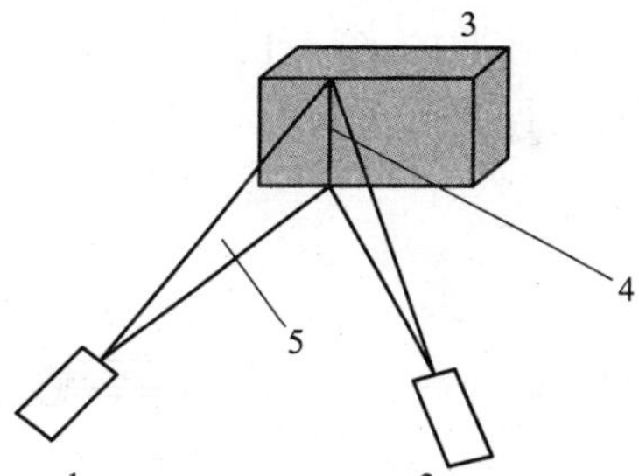

图 2-85　线结构光测量

1—激光器；2—相机；3—被测物体；4—光带；5—光平面

由于待测物表面高低不同，上述片状光束投射到待测物表面形成一条被待测物表面轮廓调制的投影光带。在另外的某个方向上，CCD 相机对该投影光带进行获取，该光带在 CCD 相机上形成一条与之对应的投影曲线。然后通过 CCD 相机坐标系和世界坐标系的变换关系，就可以将这条投影在 CCD 探测器二维成像平面上的投影曲线坐标转换为物体表面的实际坐标。这样，与点结构光测量相比较，线结构光测量每次处理得到的信息量几百倍甚至上千倍地增加，能客观地提高对轮廓信息提取和测量的效率，更有助于减小复杂操作的误差，提升测量精度。

c. 多线结构光测量。如图 2-86 所示，多线结构光测量在测量方式上类似线结构光测量，但是两者也有着一些明显的差别。多线结构光测量，也常常被称为面结构光测量。激光器发出点光源通过光栅的调制产生多个切片光束，这些切片光束照射到待测物体表面后形成多条光带。由线结构光测量的原理可知，从这样一次测量所得的光条图案中，就可以获得大量待测点的三维坐标信息。只是，这种测量方法对相机的景深要求特别高，并且会导致相机标定复杂化，在提高工作效率的同时，也会很大程度上增加工作量。

d. 网格结构光测量。网格结构光测量也常常被称为面结构光测量。如图 2-87 所示，它首先需要用投影器件产生符合条件的网格状投射光，并投射到待测物表面，由于网格上的光条具有两个方向，因此该方法可以通过两个测量方向分析待测物表面的三维坐标信息，理论上更加精确。但是相比前几种结构光测量方法，该方法明显在结构上更加复杂，对相机的性能和后期的数字图像分析都有很大的考验。

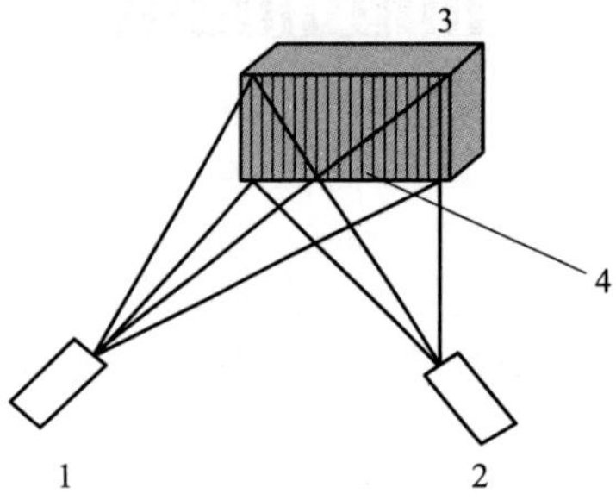

图 2-86 多线结构光测量

1—激光器；2—相机；3—被测物体；4—光带

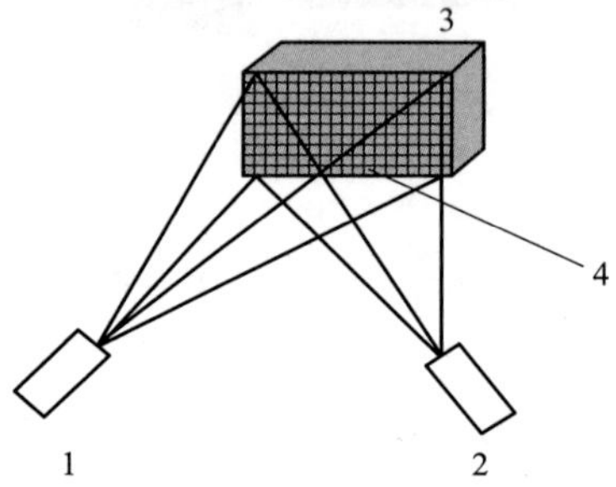

图 2-87 网格结构光测量

1—激光器；2—相机；3—被测物体；4—光带网格

④ ToF（time of flight）测量法 ToF 测量法又被称作飞光时间测量法。如图 2-88 所示，是通过给目标连续发射激光脉冲，然后用传感器接收从被测平面上反射回来的光脉冲，通过计算光脉冲的飞行往返时间来计算得到确切的目标物距离。因为返回时间很短，通过直接法测光飞行时间不可行，一般会使用经过调制后的光波计算其相位偏移来实现。

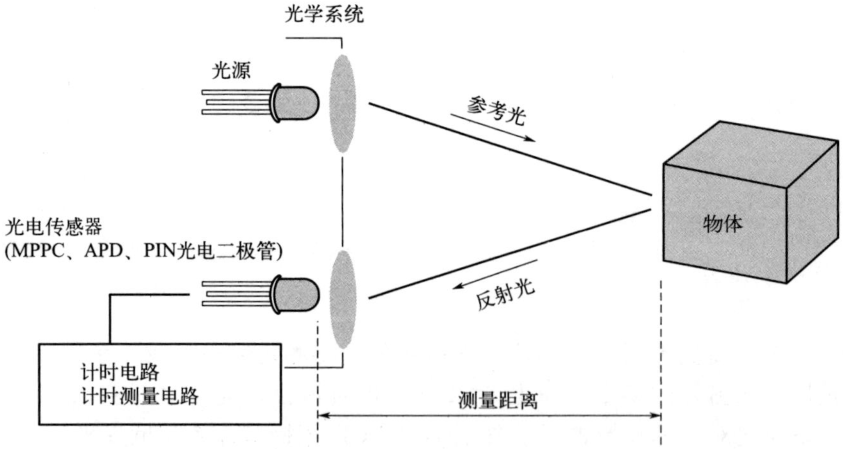

图 2-88 ToF 测量法

(2) 技术对比

从上述四种主流的 3D 测量技术来看，其优点和缺点都很明显，没有单独一种技术可以适用于所有的三维测量场景，从实际应用来看，双目视觉法与结构光测量法在人脸识别、拆码垛定位、静态尺寸测量等上应用最为广泛。激光三角法因其适用于高速动态场景的特点，在流水线场景下的三维测量中独占鳌头。而 ToF 测量法因其高鲁棒性的特点，主要应用于距离估计、视觉导航和动态识别/跟踪。随着三维测量技术的发展，四种方案也开始有相互融合的趋势，如结构光测量法＋双目视觉法等类型的方案逐渐丰富，相互之间取长补短，适用的场景也不断增多。表 2-11 为四种测量方法之间的横向对比。

表 2-11　四种测量方法之间的横向对比

项目	双目视觉法(主动式)	结构光测量法	激光三角法	ToF 测量法
精度水平	cm～mm	cm～μm	cm～μm	cm～mm
算法复杂度	高	高	低	低
扫描速度	中	慢	快	快
低照度性能	好	好	好	好
抗干扰能力	中	差	高	中
成熟度	高	中	高	高
硬件成本	中	高	中	低

2.4.2　测量技术参数

(1) 摄像指标

净距离、视场、测量范围、扫描帧率等是认识和理解立体相机的基本摄像指标，了解它们有助于相机的选型和架设。

① 测量范围（measurement range，MR）　传感器在深度方向的测量范围。如果目标超出了该区域，将无法获得有效三维数据。

② 净距离（clearance distance，CD）　传感器的最近工作距离。如果目标与传感器之间的距离小于该值，将无法获得三维数据。

③ 视场（field of view，FOV）

a. 近视场：传感器最近工作距离（CD）对应的视野大小。

b. 远视场：传感器最远工作距离（CD＋MR）对应的视野大小。

④ 扫描帧率（frame rate，FR）　扫描帧率是传感器在单位时间内获取的三维数据数量，单位为 f/S。

(2) 性能指标

① 分辨率　分辨率表示能够通过成像系统分辨的物体最小特征尺寸。

双目/结构光/ToF 立体相机的 X/Y 方向分辨率是指位于视野范围中某一确定高度位置，各数据点沿 X/Y 方向的水平间距，即在 X-Y 平面的最小横向/纵向测量精度，如图 2-89 所示。此规格取决于位于该高度位置的 FOV 大小和所使用摄像机的传感器像素数。

线激光立体相机的 X 轴分辨率是沿激光线方向的单像素精度；Y 轴分辨率定义为运行方向的轮廓间隔，取决于被测物与相机的相对速度和扫描帧率。

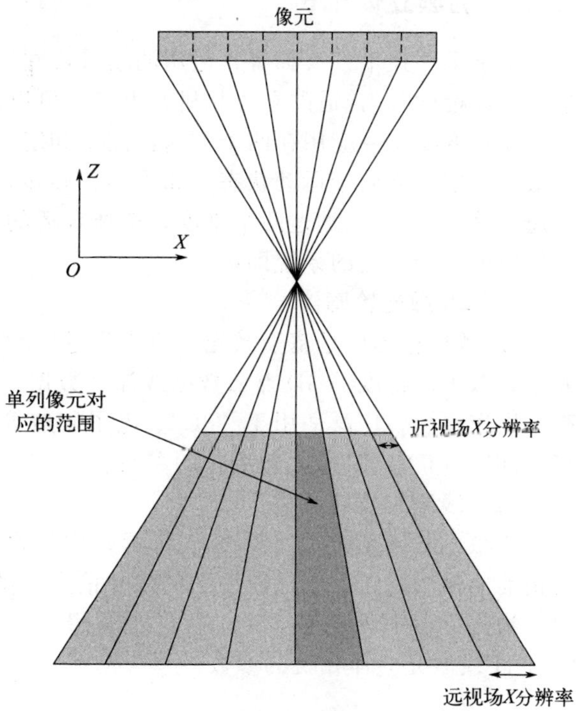

图 2-89　分辨率

Z 方向分辨率指示各点处可检测的最小高度差，如图 2-90 所示。该精度由相机架构（基线距或视野范围）和图像处理算法（是否采用亚像素）决定。视野范围内离传感器越近的位置，Z 方向分辨率越高。

② Z 方向线性度　立体相机的输出和测量距离成正比，两者的关系表示出来几乎是一条直线，但其与理想的直线相比依然存在微小的偏差，如图 2-91 所示。Z 方向线性度指传感器输出和测量距离之比与理想直线的偏差范围，通常用满量程的百分比表示。

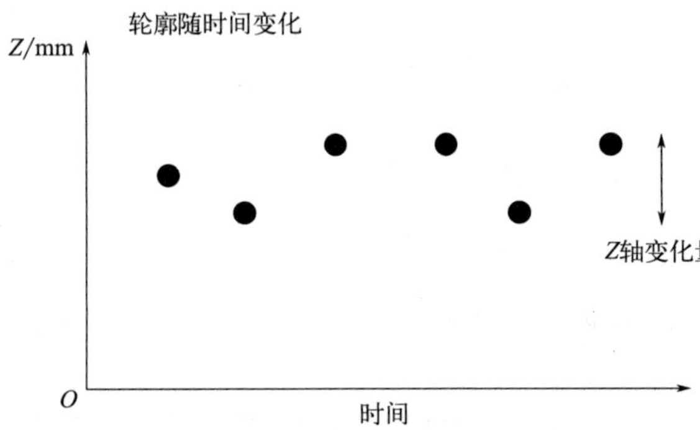

图 2-90　Z 方向分辨率

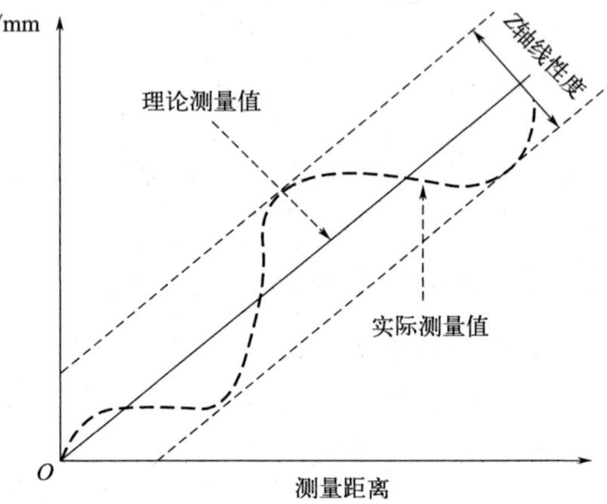

图 2-91　Z 方向线性度

③ Z 方向重复精度　Z 方向重复精度是在整个测量范围内，对同一目标区域进行反复测量时，测量结果的最大偏差值。Z 方向重复精度指标体现了设备的测量稳定性能。

2.4.3　挑选立体相机

鉴于不同技术方案都有其适用的场景，立体相机选型讲究的原则为“先看用途，再看场景，终评精度”。合适的立体相机在方案中可以起到事半功倍的效果。从用途上来进行划分，三维视觉方案主要应用在两个方向：测量和定位；从场景上来划分主要为：动态（指物体在拍摄过程中始终处于运动状态，如平移、旋转）、静态（指物体在拍摄过程中处于静止或者慢速平移运动）。依据这两个维度，选择合适的立体相机方案，最终依据测量精度和视野范围的要求选择合适的系统即可。

（1）3D 激光轮廓仪

3D 激光轮廓仪是基于激光三角法测量原理，通过硬件内置的高精度算法，实时输出高帧率、微米级精度的 3D 点云数据或深度数据，如图 2-92 所示。该传感器结构紧凑、集成度高、操作便捷，广泛适用于“3C”、电子制造等行业中的动态 3D 信息获取应用。表 2-12 是 MV-DP090-02B 3D 激光轮廓仪的参数。

（2）线激光立体相机

线激光立体相机（如图 2-93 所示）内置高精度测量算法，结合宽动态算法优化策略，更精准地输出物流、仓储应用中的尺寸信息，动态范围更宽，鲁棒性更强。其广泛适用于快递、物流行业中的动态 3D 信息获取应用。表 2-13 是 MV-DL2040-04B-H 和 MV-DL2025-04H-H 线激光立体相机的参数。

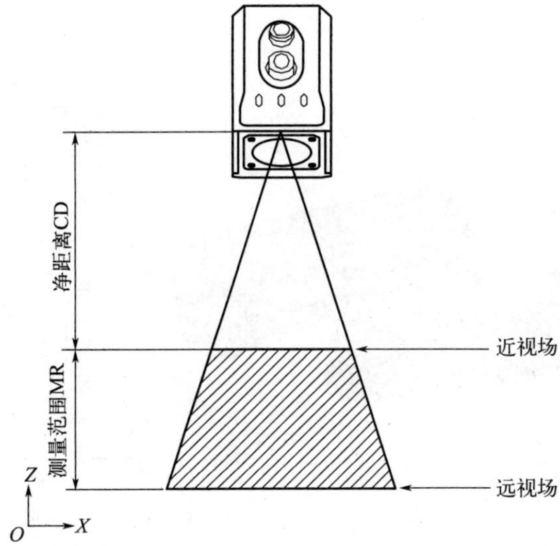

图 2-92　3D 激光轮廓仪

表 2-12　MV-DP090-02B 3D 激光轮廓仪参数

项目	参数
单条轮廓点数	1920
近视场	77mm
远视场	112mm
净距离(CD)	119mm
测量范围(MR)	76mm
分辨率(*X* 轴)	0.048～0.071mm
分辨率(*Z* 轴)	0.016～0.032mm
重复精度(*Z* 轴)	3μm(传感器在光学平台上测试标准量块的数据)
扫描帧率	60～700Hz
数据类型	深度数据、3D 点云数据
同步信号模式	外触发信号、编码器信号
数据接口	Gigabit Ethernet
GPIO	1 路光耦隔离输入、1 路光耦隔离输出，1 路双向可配置非隔离 I/O
典型功耗	<10W(12VDC)
激光安全等级	3R
尺寸	202.3mm×48mm×93.5mm
质量	<900g
温度/湿度	工作温度 0～50℃，储藏温度 −30～80℃；20%～85%RH 无凝结

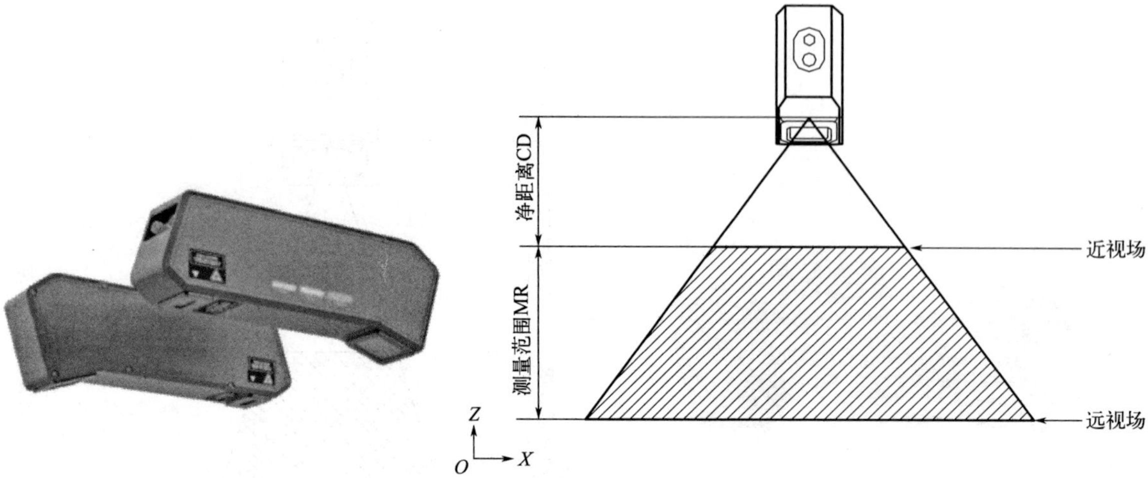

图 2-93　线激光立体相机

表 2-13　常见线激光立体相机的主要参数

项目	参数	
	MV-DL2040-04B-H	MV-DL2025-04H-H
近视场/mm	1000	1000
远视场/mm	2235	2600
净距离(CD)/mm	750	650
测量范围(MR)/mm	1000	1000
检测精度/mm	±5	±5(规则件)
检测速度	2.5m/s(±5mm 检测精度)	3m/s(±5mm 检测精度)
扫描帧率	300Hz($1m^3$ 测量范围)	600f/s($1m^3$ 测量范围)
数据类型	点云数据、体积(长宽高、积分体积)	原始图、点云数据、体积(长宽高、积分体积)、定位坐标
同步信号模式	外触发,编码器输入	外触发,编码器触发(最高支持 15kHz 触发信号接入)
数据接口	Gigabit Ethernet	Gigabit Ethernet
GPIO	12-pin M12 接口提供 I/O,包括 1 路光耦隔离输入,1 路光耦隔离输出,1 路串口输入	12-pin M12 接口提供 I/O,包含 3 路光耦隔离输入(0、3、6),3 路光耦隔离输出(1、4、7),1 路 RS-232 串口
典型功耗/W	＜10.0(12VDC)	＜8(12VDC)
激光安全等级	3B(500mW)	
尺寸/(mm×mm×mm)	549.4×65×160	354.1×65×123.4
质量/kg	＜5	1.6
温度/湿度	工作温度−10～50℃,储藏温度−30～80℃;20%～85%RH 无凝结	工作温度 0～50℃,储藏温度−30～70℃;20%～85%RH 无凝结

(3) 双目立体相机

双目立体相机（如图 2-94 所示），采用工业级芯片，结合近红外激光模块和窄带通滤光片，在抑制环境光干扰的同时提高设备的动态范围。设备内置高精度测量算法、深度图或体积数据，广泛适用于静态体积测量、机械臂定位引导等应用。表 2-14 为海康双目立体相机的参数。

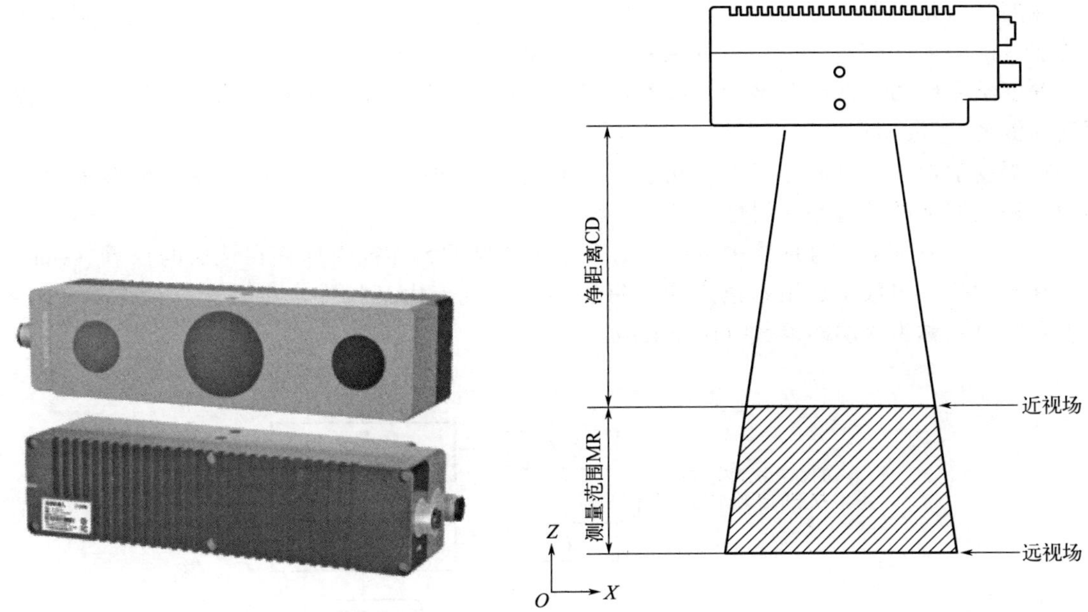

图 2-94　双目立体相机

表 2-14　海康双目立体相机的主要参数

项目	参数		
	MV-DS135-06GM-L	MV-DB1308-05H	MV-DB1612-05H
近视场 mm×mm	640×540	500×500	1100×950
远视场 mm×mm	1040×840	1000×1000	2050×1750
净距离(CD)/mm	900	500	1000
测量范围(MR)/mm	500	500	800
检测精度/mm	8	5	±5(规则物体)
扫描帧率	深度图 14f/s	深度图 14f/s	深度图 9f/s(1280×960)； 体积数据 4f/s
数据类型	原始图、深度图、体积数据		
数据接口	Gigabit Ethernet		
GPIO	12-pin M12 接口提供供电和 1 路 RS-232		
典型功耗	<8W(12VDC)		
安全等级	3R	3R	3R
尺寸 mm×mm×mm	45×140×58	45×140×61	46×181.6×58.2
质量/g	<600	<700	<800
温度/湿度	工作温度 0～50℃，储藏温度 －30～80℃；20%～85%RH 无凝结		

2.4.4 深度学习

深度学习是机器学习的一个分支领域，它是从数据中学习表示的一种新方法，强调从连续的层（layer）中进行学习，这些层对应于越来越有意义的表示。

深度学习中的“深度”是指一系列连续的表示层，即数据模型中包含的层数，这被称为模型的深度（depth）。

在深度学习中，这些分层表示几乎总是通过神经网络（neural network）模型来学习得到的，神经网络的结构是逐层堆叠的。

如图 2-95 所示，神经网络中每层对输入数据所做的具体操作保存在该层的权重（weight）中，其本质是一串数字。用术语来说，每层实现的变换由其权重来参数化（parameterize），权重有时也被称为该层的参数（parameter）。

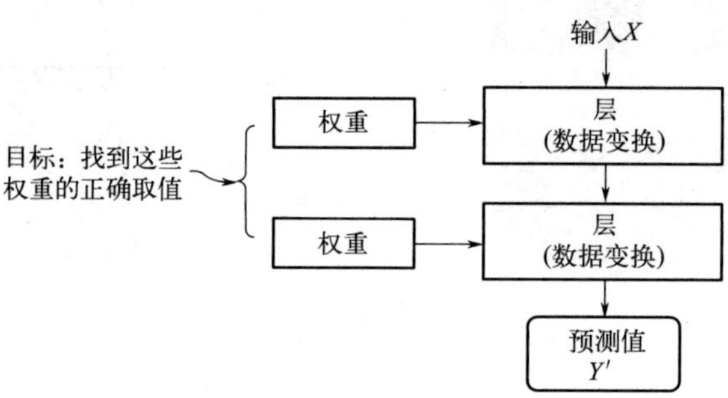

图 2-95　深度学习

“学习”的意思是为神经网络的所有层找到一组权重值，使得该网络能够将每个示例输入与其目标正确地一一对应。一个深度神经网络可能包含数千万个参数，找到所有参数的正确取值可能是一项非常艰巨的任务，特别是考虑到修改某个参数值将会影响其他所有参数的行为。

想要控制神经网络的输出，就需要能够衡量该输出与预期值之间的距离，这是神经网络损失函数（loss function）的任务，该函数也叫目标函数（objective function）。

损失函数的输入是网络预测值与真实目标值，然后计算出一个距离值（如图 2-96 所示），衡量该网络在这个示例上的效果好坏，即损失函数用来衡量网络输出结果的质量。

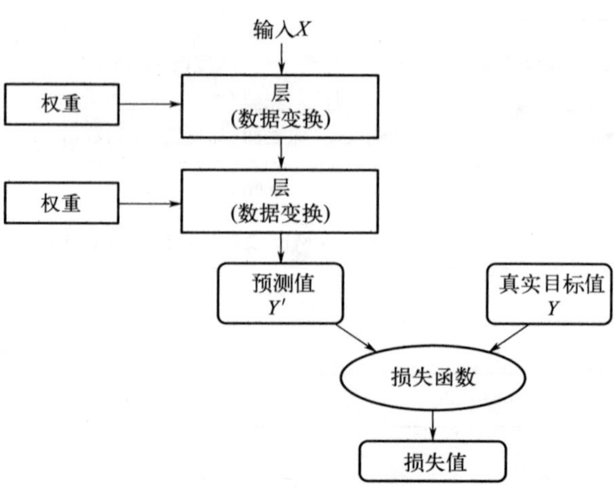

图 2-96　距离值

深度学习的基本技巧是利用这个距离值作为反馈信号来对权重值进行微调，以降低当前示例对应的损失值。这种调节由优化器（optimizer）来完成，它能实现所谓的反向传播（back propagation）算法，这是深度学习的核心算法，如图 2-97 所示。

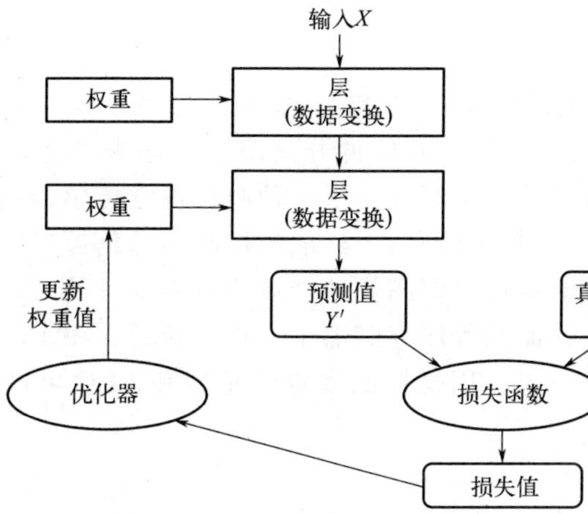

图 2-97　核心算法

2.5 视觉系统方案设计

2.5.1 图像采集卡

图像采集卡又称为图像卡，如图 2-98 所示。它将摄像机的图像视频信号送到计算机的内存，供计算机处理、存储、显示和传输等使用。其主要模块组成及功能如下：

① A/D 转换模块。将图像信号放大和数字化。

② 相机控制模块。负责提供相机的设置及实现异步重置拍照、定时拍照。

③ 总线接口及控制模块。主要通过 PCI 总线完成数字图像数据的传输。

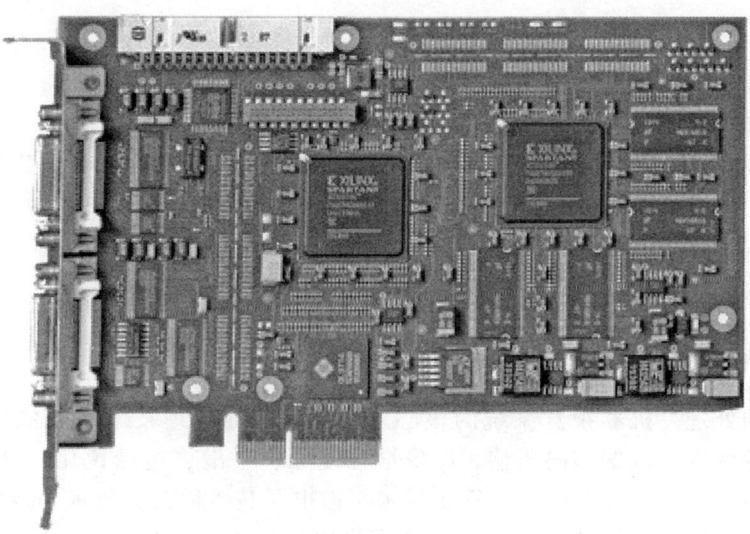

图 2-98　图像采集卡

④ 数字输入/输出模块。该模块允许图像采集卡通过 TTL 信号与外部装置进行通信，用于控制和响应外部事件。

2.5.2 视觉传感器

（1）传感器

基于 PC 机的机器视觉系统结构没有模块化，安装不方便，可移植性差，特别是与工业广泛使用的 PLC 接口比较麻烦。从软件和硬件开发两个方面来考虑，都需要一种更适合工业需求的机器视觉组件。目前国外已经开发出了一种叫作视觉传感器的模块化部件。这种视觉传感器集成了光源、摄像头、图像处理器、标准的控制与通信接口，自成为一个智能图像采集与处理单元，内部程序存储器可存储图像处理算法，并能使用 PC 机，利用专用组态软件编制各种算法下载到视觉传感器的程序存储器中。视觉传感器将 PC 的灵活性、PLC 的可靠性、分布式网络技术结合在一起。用这样的视觉传感器和 PLC 可以更容易地构成机器视觉系统。

（2）软件平台

① VC：最通用，功能最强大；用户多，和 Windows 搭配，运行性能较好，可以自己写算法，也可以用工具包，而且基本上工具包都支持 VC 的开发；是主要选择的平台。

② C＃：比较容易上手，特别是完成界面等功能比用 VC＋MFC 难度低了很多，已经逐渐成为流行的使用平台，算法可调用标准的库或者使用 C＃＋C＋＋混合编程。目前很多相机厂商的 SDK 都已经开始使用 C＃做应用程序了。

③ LabVIEW：NI Vision 的工具图形化开发平台，开发软件快，特别是做工控行业或者自动化测试行业的很多工程师，由于使用 LabVIEW 进行测试测量的广泛性，所以都有 LabVIEW 的基础，再调用 NI Vision 的 Vision 图像工具包开发，开发周期短，维护较为容易。

（3）工具包

① HALCON：出自德国 MVTec。底层的功能算法很多，运算性能快，用其开发需要一定软件功底和图像处理理论。

② VisionPro：美国康耐视的图像处理工具包。大多数算法性能都很好，开发上手比 HALCON 容易。

③ NI Vision：NI Vision 的特点是自动化测试大多数需要的软硬件都有解决方案；优点是软件图形化编程，上手快，开发周期快；缺点是并不是每个软件都非常厉害。

④ MIL：加拿大 Matrox 的产品。MIL 是 Matrox Image Library 的简写。用于定位的较多。

⑤ CK Vision：创科公司的软件包，相对前面几个工具包来说价格优势比较明显，另外机器视觉需要的功能也基本都有，所以在国内自动化设备，特别是对批量设备同时需要保护版权的企业而言，较为适合。

⑥ OpenCV：OpenCV 更多用在计算机视觉领域。

2.5.3 图像信号处理

图像信号的处理是机器视觉系统的核心。视觉信息的处理技术主要依赖于图像处理方法，它包括图像变换、数据编码压缩、图像增强复原、平滑、边缘锐化、分割、特征抽取，以及图像识别与理解等内容。随着计算机技术、微电子技术以及大规模集成电路的发展，为了提高系统的实时性，图像处理的很多工作都可以借助硬件完成，如 DSP 芯片、专用图像信号处理卡等。在处理时间上，要求处理速度必须大于等于采集速度，才能保证目标图像无遗漏，完成实时处理。

（1）常用数字图像工具软件

① MATLAB。

MATLAB 是 MathWorks 公司开发的一款工程数学计算软件。MATLAB 是对数学操作进行直接的描述，MATLAB 是一个交互式系统，其基本数据元素是矩阵。这就允许我们用公式化方法求解许多技术计算问题，特别是涉及矩阵表示的问题。有时，MATLAB 可调用如 C 语言这类非交互式语言所写的程序。MATLAB 图像处理工具箱（Image Processing Toolbox，IPT）封装了一系列针对不同图像处理需求的标准算法，它们都是通过直接或间接调用 MATLAB 中的矩阵运算和数值运算函数来完成图像处理任务的。

MATLAB 是 matrix laboratory（矩阵实验室）的缩写，其设计初衷是成为处理矩阵和线性代数的软件，在此之前主要通过 FORTRAN 语言来完成。如今，MATLAB 已成为强大的数值计算软件，适用于现代处理器和存储器架构。

MATLAB 在数字图像处理领域的强大作用是：提供了一个宽泛的处理多维阵列的函数集合，而图像（二维数字阵列）不过是多维阵列的一种特殊情况。正如已经指明的那样，图像处理工具箱是一个把 MATLAB 数值计算环境扩展到图像处理的函数集合。

② Python。

Python 是一种跨平台的计算机程序设计语言，是一个高层次的结合了解释性、编译性、互动性和面向对象的脚本语言。Python 在设计上坚持了清晰划一的风格，这使得 Python 成为一门易读、易维护，并且被大量用户欢迎的、用途广泛的语言。其最初被设计用于编写自动化脚本（shell），随着版本的不断更新和语言新功能的添加，更多地被用于独立的、大型项目的开发。由于 Python 语言的简洁性、易读性以及可扩展性，在国外用 Python 做科学计算的研究机构日益增多。例如著名的计算机视觉库 OpenCV、三维可视化库 VTK、医学图像处理库 ITK。

而 Python 专用的科学计算扩展库就更多了，例如 NumPy、SciPy 和 matplotlib 3 个十分经典的科学计算扩展库，它们分别为 Python 提供了快速数组处理、数值运算以及绘图功能。因此 Python 语言及其众多的扩展库所构成的开发环境十分适合工程技术人员、科研人员处理实验数据、制作图表，甚至开发科学计算应用程序。

③ OpenCV。

OpenCV 是 Open Source Computer Vision 的缩写，它是计算机视觉中经典的专用库，其支持多语言、跨平台，功能强大。OpenCV 由英特尔公司于 1999 年推出。它最初是用 C/C++编写的，所以可能会看到更多用 C 语言而不是 Python 编写的教程。但现在 Python 也被广泛用于计算机视觉。

OpenCV 是一个基于 BSD 许可（开源）发行的跨平台计算机视觉和机器学习软件库，可以运行在 Linux、Windows、Android 和 Mac OS 操作系统上。它轻量级而且高效，由一系列 C 函数和少量 C++类构成，同时提供了 Python、Ruby、MATLAB 等语言的接口，实现了图像处理和计算机视觉方面的很多通用算法。

④ Java。

Java 是一门面向对象的编程语言，不仅吸收了 C++语言的各种优点，还摒弃了 C++里难以理解的多继承、指针等概念，因此 Java 语言具有功能强大和简单易用两个特征。

Java 语言作为静态面向对象编程语言的代表，极好地实现了面向对象理论，程序员可进行复杂的编程。Java 具有简单性、面向对象、分布式、健壮性、安全性、平台独立与可移植性、多线程、动态性等特点。Java 可以编写桌面应用程序，Web 应用程序，以及分布式系统和嵌入式系统应用程序等。

⑤ C++。

C++是C语言的继承，它既可以进行C语言的过程化程序设计，又可以进行以抽象数据类型为特点的基于对象的程序设计，还可以进行以继承和多态为特点的面向对象的程序设计。C++在擅长面向对象程序设计的同时，还可以进行基于过程的程序设计，因而C++就适应的问题规模而论，大小由之。C++不仅拥有计算机高效运行的实用性特征，同时还致力于提高大规模程序的编程质量与程序设计语言的问题描述能力。

C++语言的程序因为要体现高性能，所以都是编译型的。但其开发环境，为了方便测试，将调试环境做成解释型的。即在开发过程中，以解释型的逐条语句执行方式来进行调试，以编译型的脱离开发环境而启动运行的方式来生成程序最终的执行代码。生成程序是指将源码（C++语句）转换成一个可以运行的应用程序的过程。如果程序的编写是正确的，那么通常只须按一个功能键，即可搞定这个过程。

⑥ HALCON。

HALCON是德国MVTec公司开发的一套完善的标准机器视觉算法包，拥有应用广泛的机器视觉集成开发环境。它能节约产品成本，缩短软件开发周期。HALCON灵活的架构便于机器视觉、医学图像和图像分析应用的快速开发。其在欧洲以及日本的工业界已经是公认的具有最佳效能的机器视觉软件。

HALCON源自学术界，它有别于市面一般的商用软件包。事实上，它是由一千多个各自独立的函数，以及底层的数据管理核心构成。其中包含了各类滤波、色彩以及几何、数学转换、形态学计算分析、校正、分类辨识、形状搜寻等基本的几何以及影像计算功能。由于这些功能大多并非针对特定工作设计的，因此只要用得到图像处理的地方，就可以用HALCON强大的计算分析能力来完成工作。其应用范围几乎没有限制，涵盖医学、遥感探测、监控、工业上的各类自动化检测等。

(2) 视觉处理结果的输出对象与输出内容

视觉检测的结果由视觉系统的存储单元发出，结果输出的对象通常分为两种：显示设备（如显示屏）和上位机。显示屏显示的内容往往是软件界面、相机捕捉画面等内容，以方便用户操作和监控视觉系统。通常应用在工业机器人视觉系统中的上位机有PLC、PC和工业机器人控制器。

对视觉系统而言，通信非常重要，它是共享数据、支持决策和实现高效率一体化流程的一种方式。联网后，视觉系统可以向PC传输检测结果以进行进一步分析。工业中更常见的是直接传输给集成过程控制系统的PLC、机器人和其他工厂自动化设备。

不同品牌的视觉控制系统有其支持的不同通信方式，不同品牌的PLC及工业机器人控制器也有不同的接口。要把视觉系统集成到工厂的PLC、机器人或其他自动化装置上，需要找到一种二者相互支持的通信方式或协议。常见的通信方式和协议如图2-99所示。

① 并行通信。通过并行接口，在视觉系统和外部装置之间进行通信。

② 串行通信。通过RS-232或RS-485串行接口，可以用于与绝大多数的机器人控制器通信。

③ 工业以太网协议。允许通过以太网网线连接PLC和其他装置，无需复杂的接线方案和价格高昂的网络网关。

常见的以太网协议如下。

a. TCP/IP：客户机/服务器让视觉系统能够轻易通过以太网与其他系统和控制装置共享数据，无须开发代码。

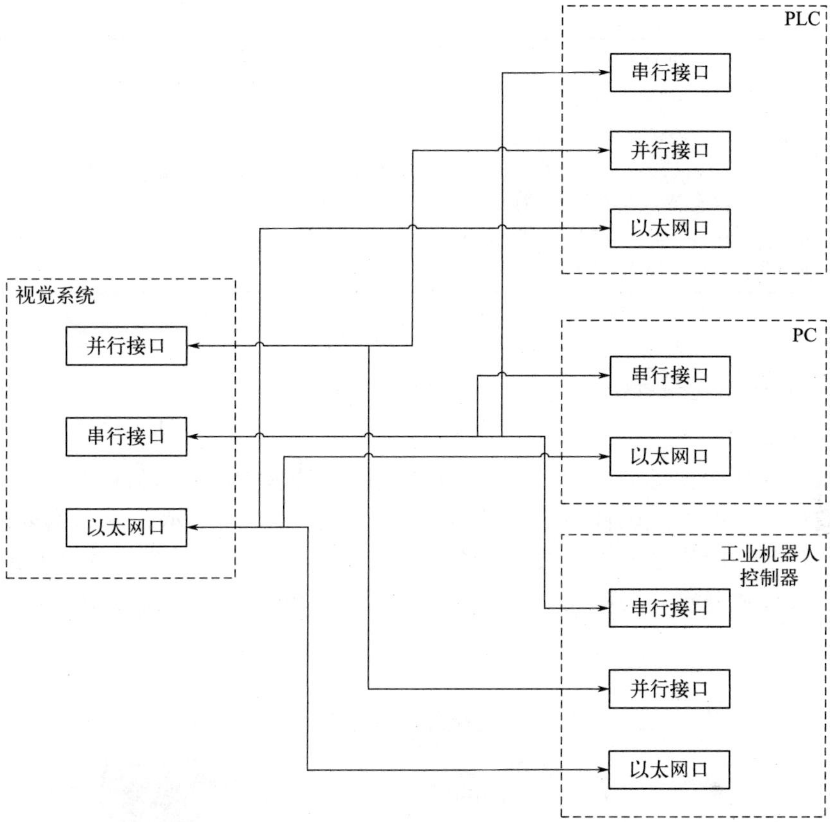

图 2-99 常见的通信方式和协议

b. 现场总线网络：通常需要一个协议网关附件将视觉系统添加到现场总线网络，往往不同品牌的产品会使用不同协议的网络通信协议，但它们本质上都是以太网通信，例如西门子常用的 PROFINET、OMRON 常用的 EtherCAT、施耐德的 MODBUS TCP/IP，可根据现场实际情况来选用合适的品牌。

EtherCAT（Ethernet Control Automation Technology）以以太网系统为基础，是一种可实现更高速、更高效通信的高性能工业用网络系统。

EtherNet/IP 是一种使用以太网的工业用多厂商网络。

PROFINET 是一个开放式的工业以太网通信协定，由 PROFIBUS & PROFINET 国际协会所提出。

视觉控制器与外部上位机根据接口的不同通过不同的通信电缆连接，并根据各种通信协议进行通信。三种通信方式各自的特点见表 2-15。

表 2-15 三种通信方式各自的特点

项目	并行通信	串行通信	工业以太网通信
优势	因为可以多位数据一起传输，所以传输速度很快	使用的数据线少，在远距离通信中可以节约通信成本 在高速传输状态下，串行只有一根数据线，不存在信号线之间的串扰，而且串行通信还可以采用低压差分信号，可以大大提高它的抗干扰性，实现更高的传输速率	实时性强。也就是说，一定的时间内发送一个指令一定要被处理，不然系统就会失败

续表

项目	并行通信	串行通信	工业以太网通信
缺点	内存有多少位，就要用多少数据线，所以需要大量的数据线，成本很高 在高速传输状态下，并行接口的几根数据线之间存在串扰，而并行接口需要信号同时发送、同时接收，任何一根数据线的延迟都会引起问题	因为每次只能传输一位数据，所以传输速度比较低	区别于其他的运行环境，工业以太网对温度、干扰要求会更高

2.5.4 设计视觉系统方案

(1) 系统选型

智能图像处理技术在机器视觉中占有举足轻重的位置，典型的机器视觉系统主要包含相机、镜头、光源、图像处理软件系统和执行机构，如图 2-100 所示。而图像处理控制单元，可以说是最“智慧”的控制，直接关系到系统运行稳定。机器视觉系统对核心的图像处理要求算法准确、快捷和稳定，同时还要求系统的实现成本低，升级换代方便，因此合适的系统选型非常重要。

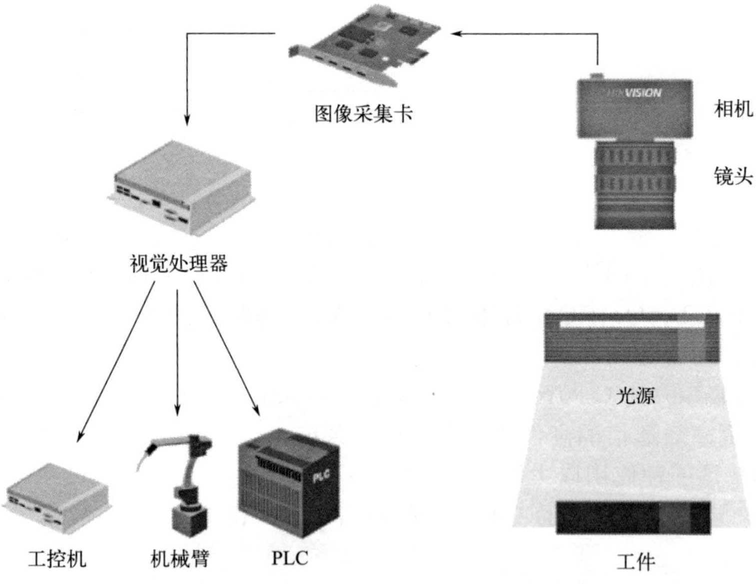

图 2-100 典型机器视觉系统

机器视觉系统从大的方面划分，可分为进行图像处理的子系统算法软件＋控制器，以及捕捉检测对象的相机＋镜头＋照明构成。用人来做比较，这个系统相当于人的大脑和眼睛，如图 2-101 所示。为了实际应用，选定一套稳定的机器视觉系统方案，需要考量较多方面因素，如图 2-102 所示。

(2) 具体实例

例 2-1 开放平台系统：SI 系列。

① 选型分析。

一体化平台方案硬件成本低，多种芯片分辨率可选（1280×1024、1920×1200、2592×2048、3072×2048）；平台升级、组件更迭简单易操作，可通过海康工业相机 SDK、HAL-

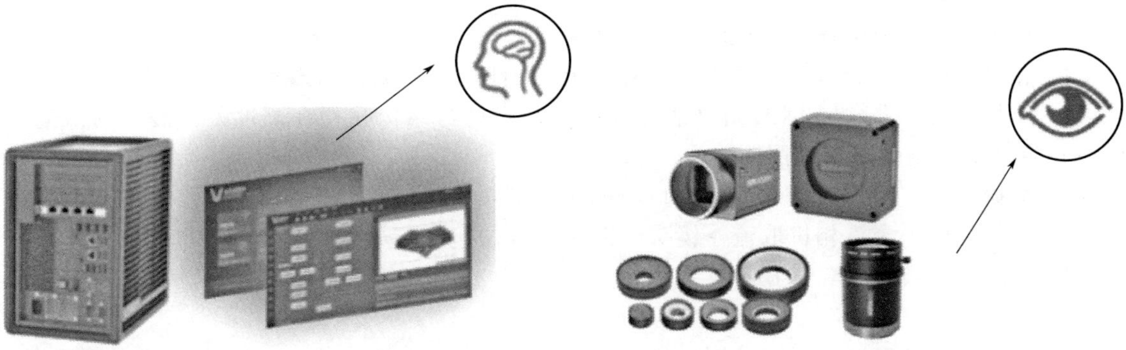

图 2-101　图像处理与捕捉检测

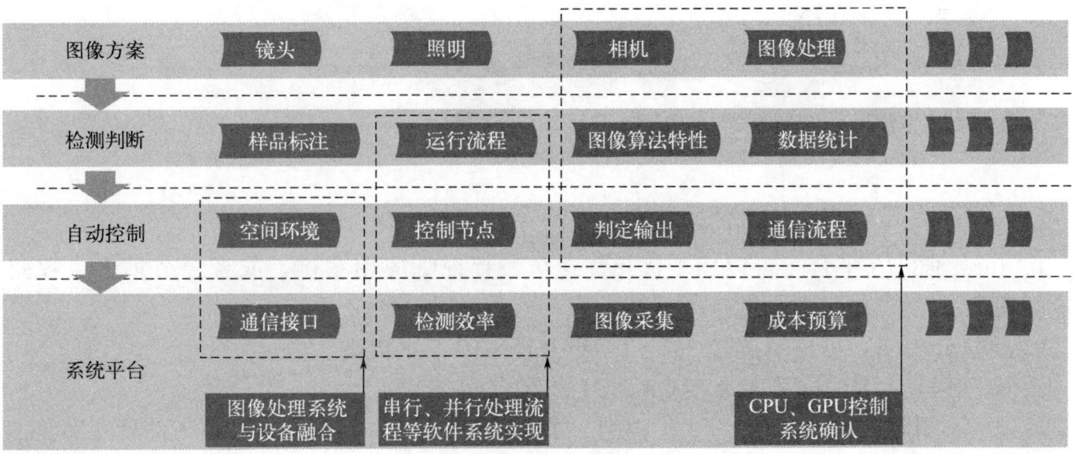

图 2-102　考量因素

CON、VisionPro、NI Vision 等软件连接设备，如图 2-103 所示；系统组成简单，1 个 X86 开放平台，2～3 根线缆，无须单独配备光源、光源控制器、工业相机、PC、大量线缆；系统稳定性高，采集、处理一体化，不再通过网络或 USB 传输数据，受网络环境和工控机性能影响小；通信扩展丰富，支持 VGA、RS-232、USB、GPIO 等接口。

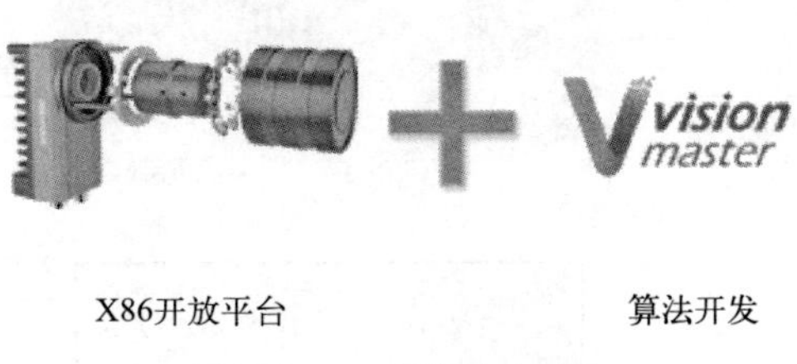

图 2-103　开放平台系统

② 需求分析。

a. 需要采用一体化的智能硬件，布置简洁。

b. 可以实现 IO 触发和 IO 结果反馈，硬件高效率。

c. 严格控制生产中补光灯珠有无防呆检测。

d. 可以实现摄像头的最大尺寸 5cm 的兼容。

e. 视觉时间节拍≤50ms。

③ 方案选定。

a. 算法应用：定位查找→灰度分析→结果处理→VisionMaster 算子 SDK。

b. 相机成像：视野大小→最小码→算法 PPM 性能→数据传送效率→1.3MP。

c. 光源照明：投射到 LED 灯杯表面反射→补光灯与结构孔存在高度差→漫反射照射最佳→自带光源控制光路角度照明。

d. 数据接口：相机链接→千兆网口→相机 SDK。

e. X86 开放平台：相机取流→镜头、照明→算法包运行→硬件接口→SI600。

例 2-2 经济型系统：VB2000 系列。

① 选型分析。

a. 标准千兆网口：可以链接网口相机，组成“一拖一”“一拖二”“一拖三”视觉系统，如图 2-104 所示。

图 2-104 经济型系统

b. Intel E3845 平台：可以用于优化高速单流程视觉应用案例，或者慢节拍多流程的视觉应用案例。

c. 相机分辨率：可拖动链接 30～600W 分辨率的工业相机。

d. 流程通信：RS-232、IO、TCP、UDP 等。

e. 典型应用：二维码识别、OCR 识别、单/双相机定位、简易检测、单工件尺寸测量。以 FPD 生产追溯二维码识别为例，依靠算法平台二维码（VC、DM、QR）识别算法，此视觉系统主要应用于 TFT-LCD、AMOLED 等产品生产加工的所有工艺流程追溯，如图 2-105 所示。

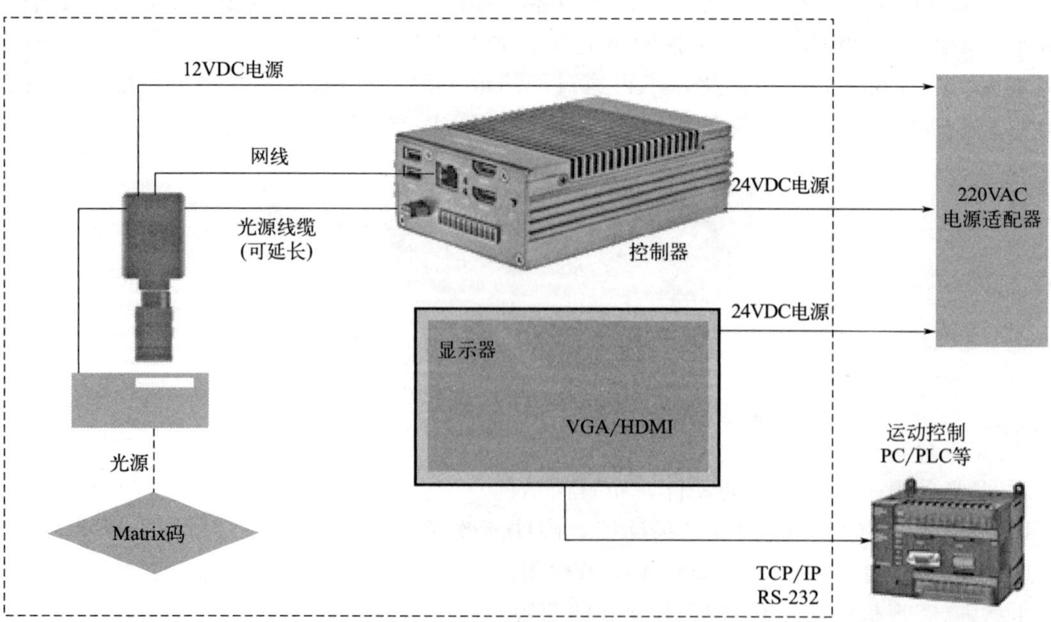

图 2-105 追溯二维码识别

② 需求分析。

a. 需要实现行业内最小尺寸0.28mm×0.28mm的Matrix码（DM、VC）的识别，读码率100%。

b. 需要兼容镜像翻转、大小、极性、多自由度。

c. 能够实现智能纠错识别，如脏污过滤、20%缺损补正、畸变矫正。

d. 环境适应性：支持一定程度的倾斜、扭曲、振动等环境下Matrix码的识取。

e. 支持通信方式：IO、RS-232、TCP/IP等通信模块。

f. 充分考虑安装空间限制。

g. 视野长边大于6.5mm，读码效率小于200ms。

③ 方案选定。

a. VisionMaster算法包：二维码识别→VC/DM/QR→多流程，如图2-106所示。

b. 工业相机：视野大小→最小码→算法PPM性能→数据传送效率→1.3MP→CA013。

c. 光源照明：投射到玻璃表面反射→明确玻璃与背景差异→垂直于工件照射最佳→确保工件上的空间→兼容振动景深→同轴落射光组合，FA镜头同轴光源或者微距镜头光源。

d. VB控制系统：通信链接→IO、RS-232、TCP/IP等硬件接口→相机链接→千兆网口→显示器HDMI→VisionMaster授权加密→VB2000。

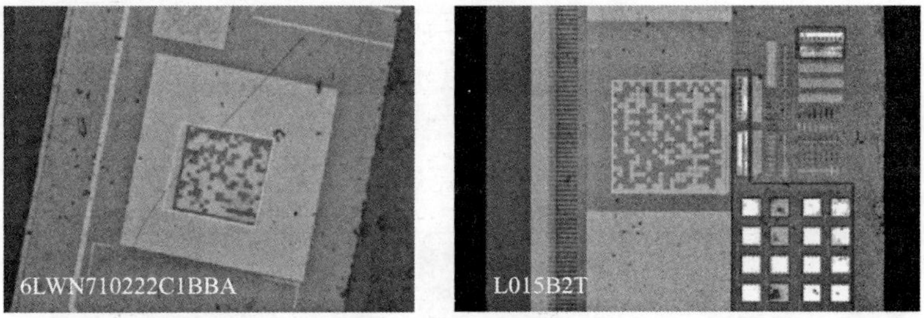

图2-106 读码效果图

例2-3 旗舰型系统：VC3000系列。

① 选型分析。

a. 标准千兆网口：2～6个，可以链接网口相机，组成“一拖二”到“一拖六”的视觉系统，如图2-107所示；根据CPU性能从低到高，G5400T、i3-8100T、i5-8500T分别对应三款型号，即VC320X、VC330X、VC350X。

b. PCI-E×16扩展卡槽：可扩展CXP、CL图像采集卡，链接线阵相机。

c. USB3.0接口：4个，可以链接USB3.0相机。

d. 光源接口：4个，可实现1～4个光源单独控制。

e. 相机分辨率：可拖动链接30～600W分辨率工业相机。

f. 流程通信：可实现RS-232、IO、TCP、UDP等多种协议。

g. 典型应用：多相机定位、缺陷检测、尺寸测量。

以元器件封装检测系统为例，如图2-108所示。

机器视觉系统广泛存在于半导体行业，典型应用如元器件外观缺点、尺度巨细、数量、平整度、距离、定位、校准、焊点质量、弯曲度等的检测和丈量，依据图画数据判别找出缺点商品等。

② 需求分析。

a. 算法：应用简洁智能，通信实现与PLC的IO对接。

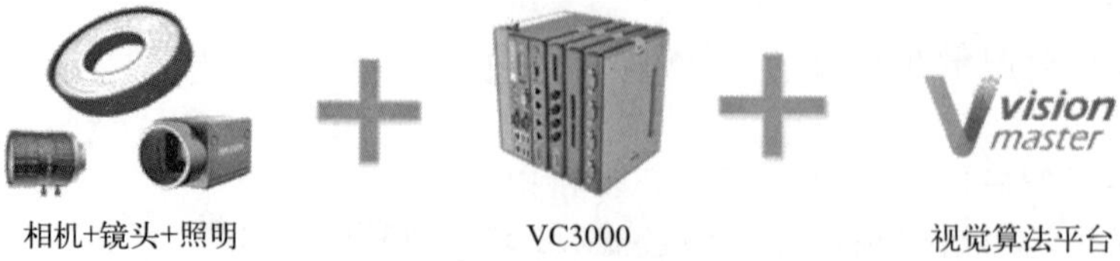

图 2-107 旗舰型系统

b. 结构光学设计：实现 6mm 的产品景深差。

c. 测量算法：实现动态标准 GRR≤10%，静态标准 GRR≤2%。

d. 智能化操作：实现 OCV 字符自动分割，准确率>99.7%。

e. 检测精度：0.03mm。

f. 视觉时间节拍≤60ms。

③ 方案选定。

a. VisionMaster 算法包：高精度测量→定位→标定→Blob 分析，检测算法自动分割，定位。

b. 高亮照明成像：测量端子金属材质、凹凸→使用透过光，边缘更加突出→背面具备安装空间→平行背面光源。

c. 漫反射产品表面，垂直照射→小光圈→高亮环形光→表面反射→偏振器组合。

d. 景深 6mm→小光圈调节→接环缩小空间→FA 镜头。

e. 相机：产品尺寸→检测精度→千兆网口→MV-CA013。

f. 视觉控制系统：相机分辨率→相机个数→千兆网口→视觉节拍→IO 点位→VC350X。

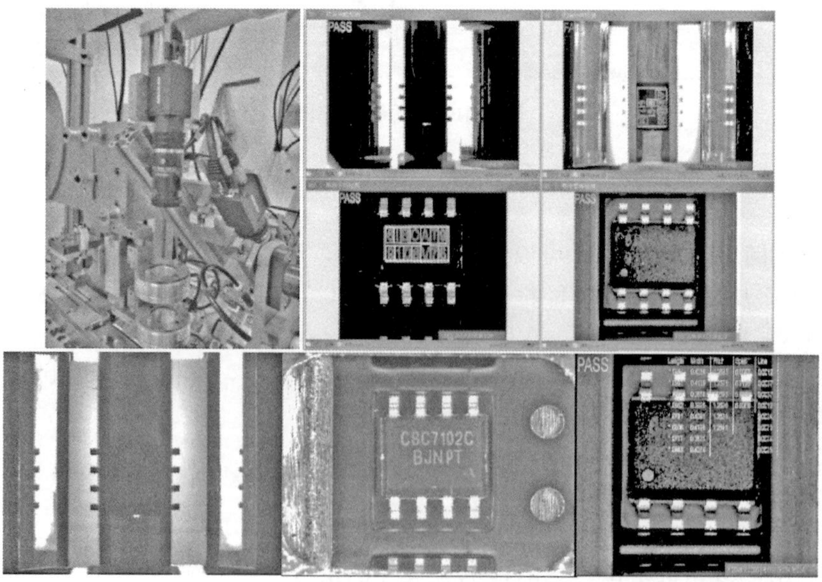

图 2-108 元器件封装检测系统及检测效果图

第3章 数字图像处理

3.1 数字图像处理系统

3.1.1 图像的概念

“图”是物体投射或反射光的分布，“像”是人的视觉系统对图的接收在大脑中形成的印象或反映，是客观和主观的结合，如图 3-1 所示。

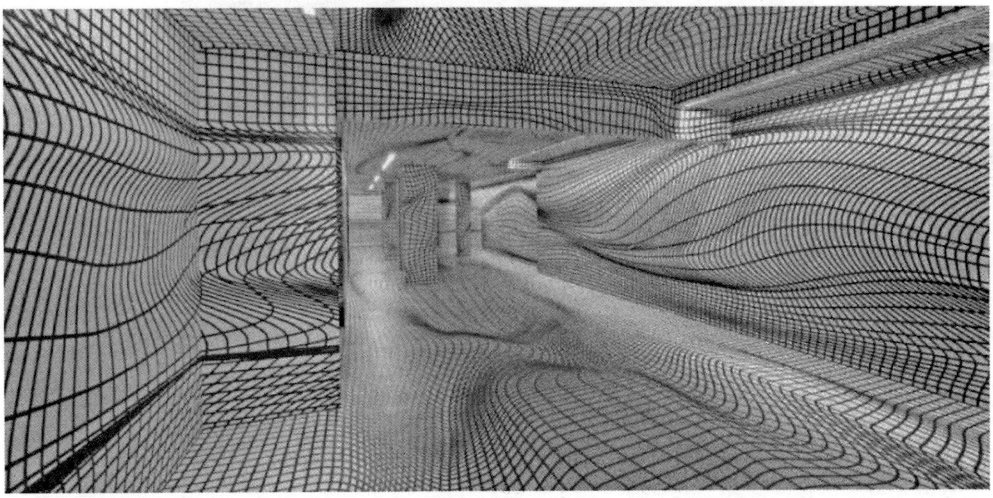

图 3-1 图像

（1）数字图像

数字图像是指由被称作像素的小块区域组成的二维矩阵。将物理图像行列划分后，每个小块区域称为像素（pixel）。每个像素包括两个属性：位置和灰度。

对于单色即灰度图像而言，每个像素的亮度用一个数值来表示，通常数值范围在 0 到 255 之间，即可用一个字节来表示。0 表示黑，255 表示白，而其他表示灰度级别，如图 3-2 所示。

如图 3-3 所示，彩色图像可以用红、绿、蓝三元组的二维矩阵来表示。通常，三元组的每个数值在 0～255 之间，0 表示相应的基色在该像素中取得最小值，而 255 则代表相应的基色在该像素中取得最大值。这种情况下每个像素可用 3 个字节来表示。

（2）像素

像素是图像显示的基本单位，通常被视为图像的最小完整取样。像素的英文单词是 pixel，

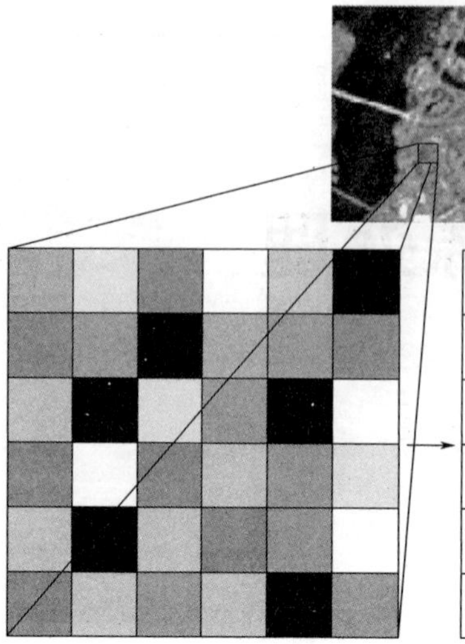

170	238	85	255	221	0
68	136	17	170	119	68
221	0	238	136	0	255
119	255	85	170	136	238
238	17	221	68	119	255
85	170	119	221	17	136

图 3-2　数字图像

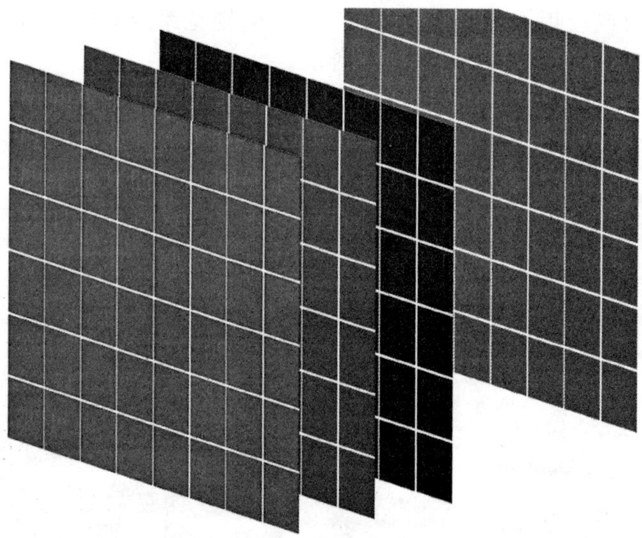

图 3-3　彩色图像

pix 为英文单词 picture 的常用简写，加上元素的英文单词 element，就得到了 pixel，故像素表示图像元素，有时亦被称为 pel（picture element）。每个像素都承载着图像中的信息。单从像素的概念来说，每个这样的信息元素并不能简单地看作是一个点或者一个方块，而是一个信息的抽象取样。但是在很多情况下，它们采用点或者方块显示。每个像素的信息可以有各自的颜色值，采用三原色显示时，分成红、绿、蓝三种子像素，如图 3-4 所示。

一个更加直观的例子是“像素画”，可以将其看作是放大的点阵式图像，如图 3-5 所示。将图中每一个小格看作一个像素，这些小格排列整齐，能够轻易构成图像矩阵，且每个小格中都只承载一种颜色信息。

（3）分辨率

分辨率泛指图像或显示系统对细节的分辨能力。日常用语中的分辨率多用于图像清晰度的表达，分辨率越高代表图像质量越好，越能表现出更多的细节。一般经常接触到的有屏幕分辨率和图像分辨率。

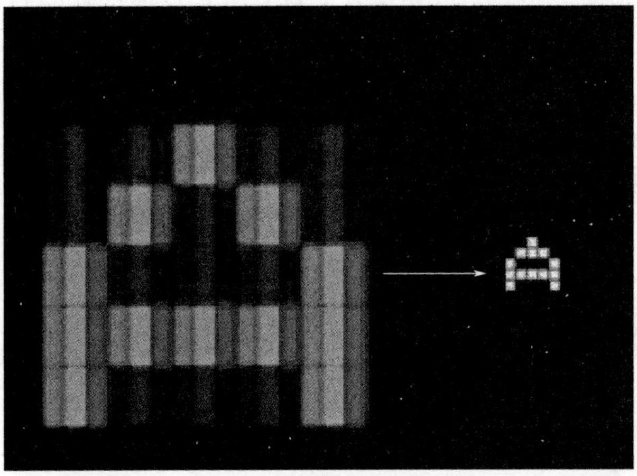

图 3-4　像素

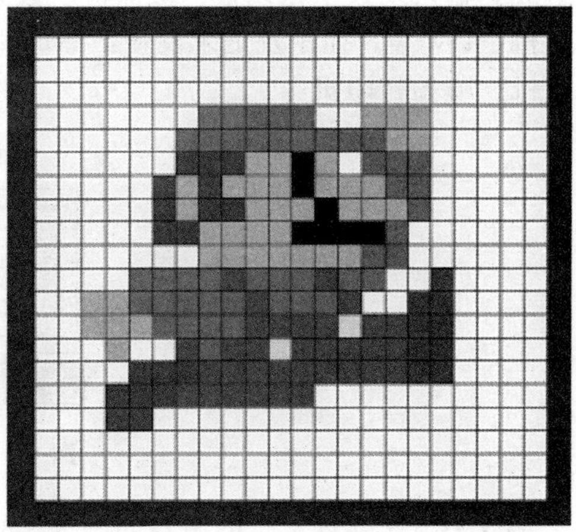

图 3-5　像素画

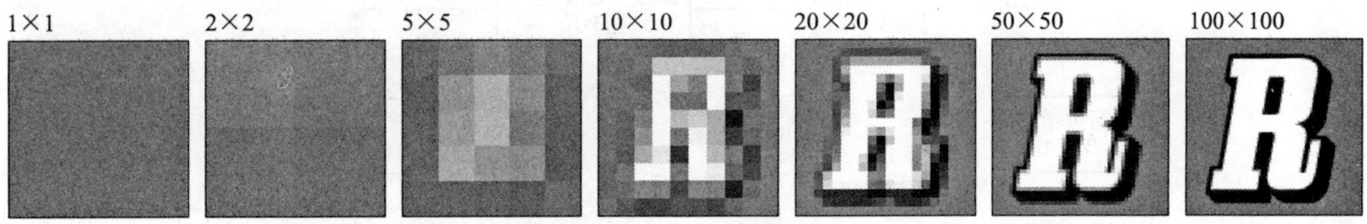

图 3-6　分辨率

屏幕分辨率是屏幕每行的像素点数×每列的像素点数。每个屏幕都有自己的分辨率，如图 3-6 所示。屏幕分辨率越高，所呈现的色彩越多，清晰度越高。这个概念常常被用在电脑显示器、电视、投影仪和手机上，比如选购显示器时所说的分辨率 1920×1080，是指这个显示器能够达到的最大分辨率。

图像分辨率是指每英寸图像内的像素点数。分辨率越高，像素的点密度越高，图像越逼真；但相对地，因为记录的信息过多，文件也就会越大。这就是为什么做大幅的喷绘时，要求图片分辨率要尽可能地高，就是为了保证每英寸的画面上拥有更多的像素点。

描述图像分辨率的单位有：DPI（点每英寸）、LPI（线每英寸）和 PPI（像素每英寸）。LPI 是描述光学分辨率尺度的，虽然 DPI 和 PPI 也同属于分辨率范畴内的单位，但是它们的含义与 LPI 不同，而且 LPI 与 DPI 无法换算，只能凭经验估算。

另外，PPI 和 DPI 经常都会出现混用现象。但是它们所用的领域也存在区别。从技术角度说，像素只存在于电脑显示领域，而点只出现于打印或印刷领域。很显然，适用于本书内容的分辨率单位是 PPI，其计算公式为

$$\text{分辨率(PPI)} = \frac{\sqrt{X^2 + Y^2}}{Z}$$

式中，X 表示长边像素数；Y 表示宽边像素数；Z 表示图像对角线长度。从此公式可以看出，如果保持图像的尺寸不变，将图像分辨率提高 1 倍，则图像的像素数变为了原来的 4 倍，即图像文件的大小也变为了原来的 4 倍。

3.1.2　数字图像处理系统及其内容

如图 3-7 所示，数字图像处理系统由图像数字化设备、图像处理计算机和图像输出设备

组成。输入及数字化设备：摄像机、鼓式扫描器、平台式光密度计、视频卡、扫描仪、数码相机、DV 等。显示及记录设备：图像显示器、鼓式扫描器、图像拷贝机、绘图仪、激光打印机、喷墨打印机等。

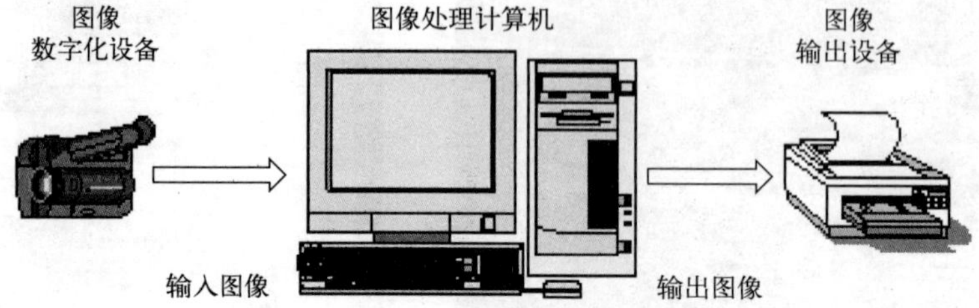

图 3-7　数字图像处理系统

数字图像处理系统的内容如图 3-8 所示。

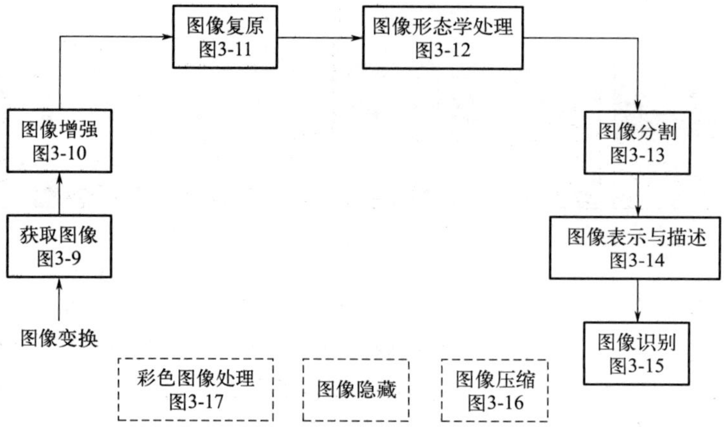

图 3-8　数字图像处理系统的内容

① 图像变换　采用各种图像变换方法对图像进行间接处理，有利于减少计算量并进一步获得更有效的处理。

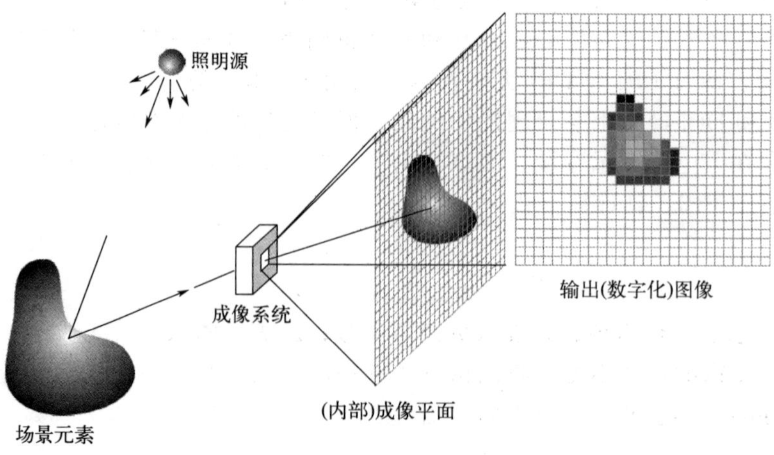

图 3-9　获取图像

② 图像的增强和复原　图像增强和复原的目的是改善图像的视觉效果，如去除图像噪

声，提高图像的清晰度等。图像增强不考虑图像降质的原因，突出图像中感兴趣的部分，如图 3-10 所示。图像复原要求对图像降质的原因有所了解，根据图像降质过程建立“退化模型”，然后采用滤波的方法重建或恢复原来的图像，如图 3-11 所示。

图 3-10　图像增强

图 3-11　图像复原

③ 图像形态学处理　如图 3-12 所示。

④ 图像分割（图 3-13）　图像分割是数字图像处理中的关键技术之一。图像分割将图像中有意义的特征（物体的边缘、区域）提取出来，它是进行进一步图像识别、分析和理解的基础。虽然目前已研究出了不少边缘提取、区域分割的方法，但还没有一种普遍适用于各种图像的有效方法。对图像分割的研究还在不断地深入中，是目前图像处理研究的热点方向之一。

⑤ 图像表示与描述　图像表示与描述是图像分析和理解的必要前提。图像表示与描述是用一组数字或符号（描述子）来表征图像中被描述物体的某些特征，如图 3-14 所示。

⑥ 图像识别　图像识别是人工智能的一个重要领域，是图像处理的最高境界。一幅完整的图像经预处理、分割和描述提取有效特征之后，进而由计算机系统对图像加以判决分类，如图 3-15 所示。

⑦ 图像压缩　图像压缩技术可以减少描述图像的数据量，以便节约图像存储的空间，减少图像的传输和处理时间，如图 3-16 所示。

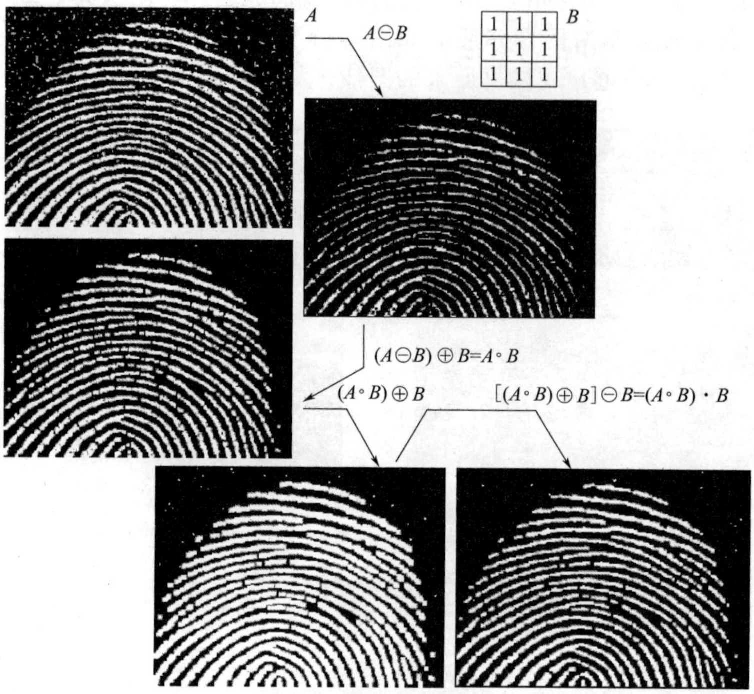

图 3-12　图像形态学处理

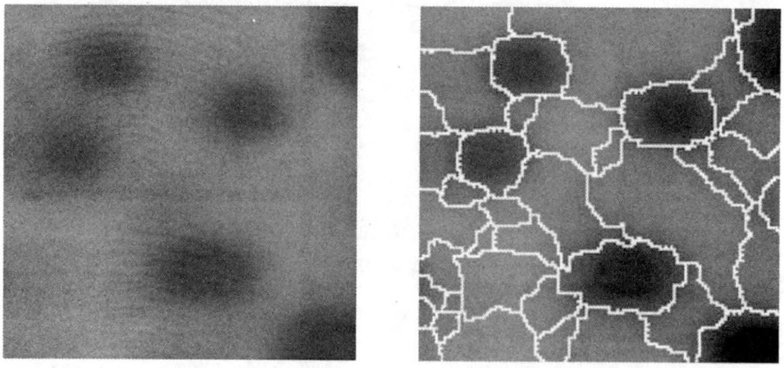

图 3-13　图像分割

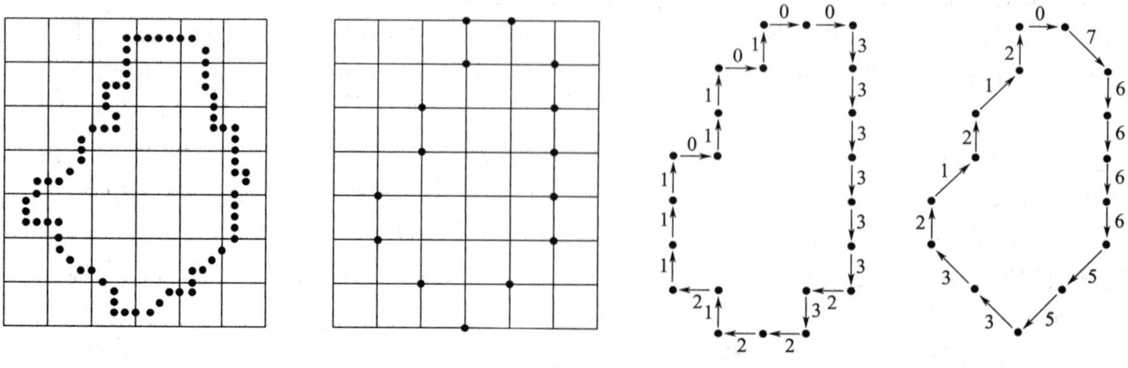

图 3-14　图像表示与描述

图 3-15　图像识别

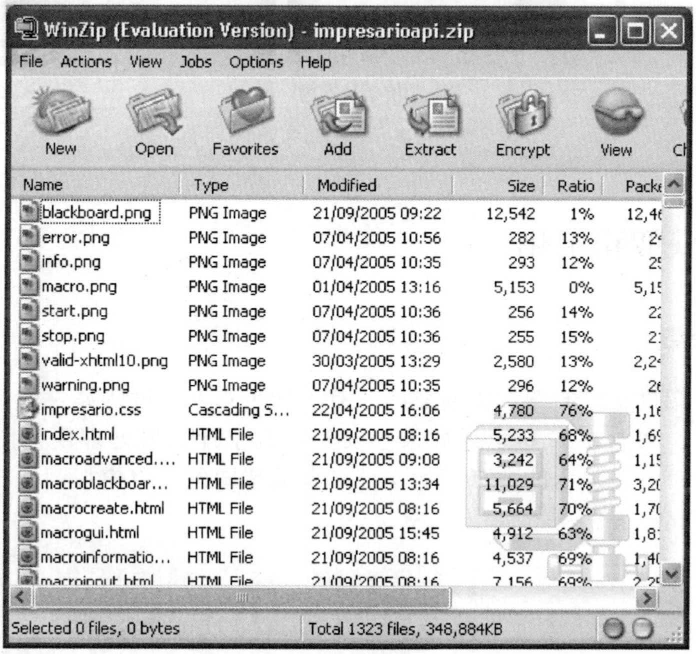

图 3-16　图像压缩

⑧ 图像隐藏　图像隐藏是指将秘密信息隐藏在图像格式文件中，使其在貌似正常的图像文件掩饰下，达到秘密信息的保存和传递。常见的方法有数字水印、图像的信息伪装等。

⑨ 彩色图像处理　如图 3-17 所示。

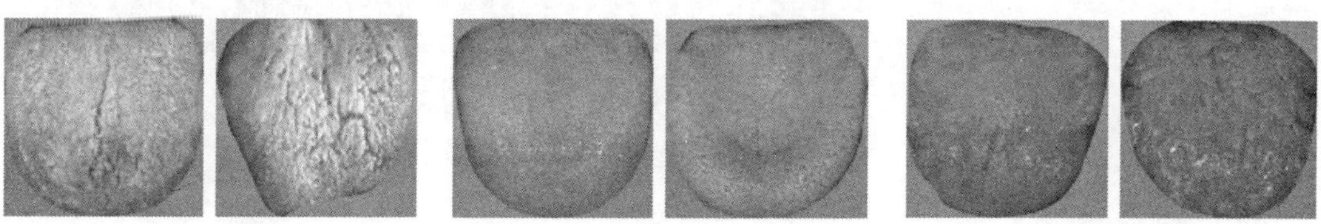

(a) 白色舌苔　　(b) 淡红舌质　　(c) 淡紫舌质

图 3-17

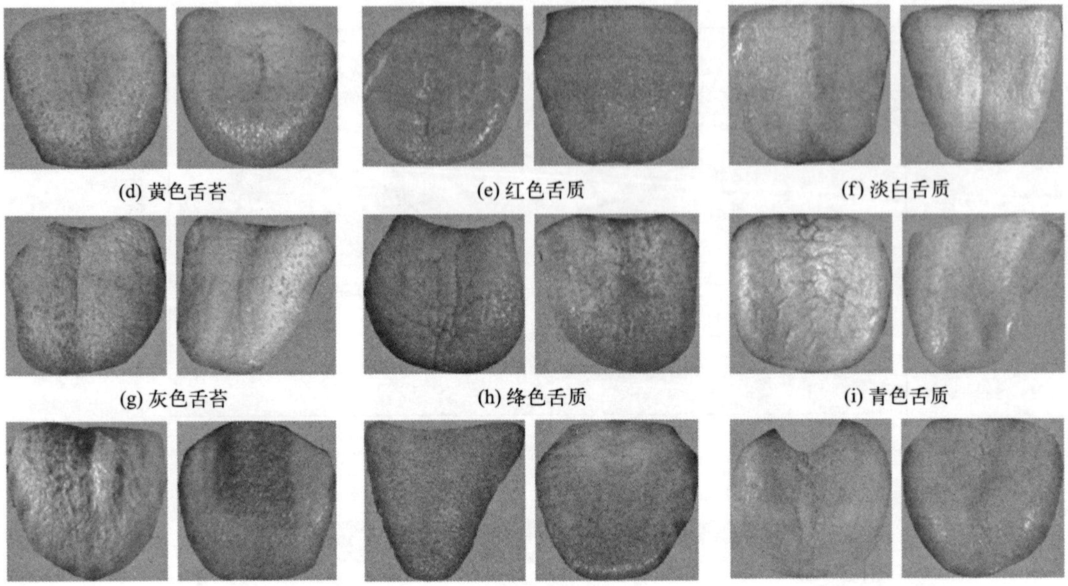

(d) 黄色舌苔　(e) 红色舌质　(f) 淡白舌质

(g) 灰色舌苔　(h) 绛色舌质　(i) 青色舌质

(j) 黑色舌苔　(k) 紫色舌质　(l) 蓝色舌质

图 3-17　彩色图像处理

3.2　图像的获取和量化

3.2.1　图像的获取

最初的工业摄像机获得的图像由连续的、有不同色彩及亮度等属性的颜色点组成，以模拟图像的形式存在，如图 3-18 所示。如果想要利用数字计算机处理模拟图像，就必须将模拟图像转换为用数字方式表示的数字图像文件，即数字图像。将模拟图像转换成数字图像的过程称为图像数字化过程。

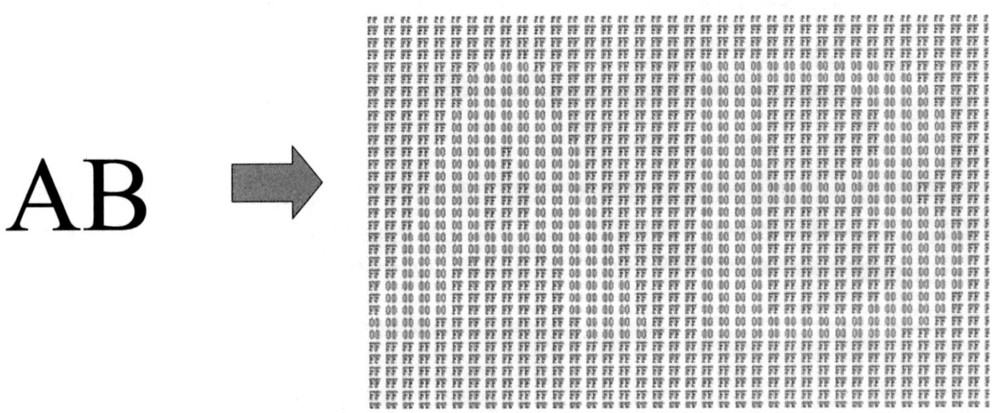

图 3-18　工业摄像机获取图像

数字图像的采集过程可以概括为：首先，光经过镜头聚焦在图像传感器上；然后图像传感器将光信号转变为电信号，传输给 A/D 转换器，由 A/D 转换器完成数字化变换；最后由图像采集卡输出到图像处理装置。图 3-19 为数字图像采集过程示意图。

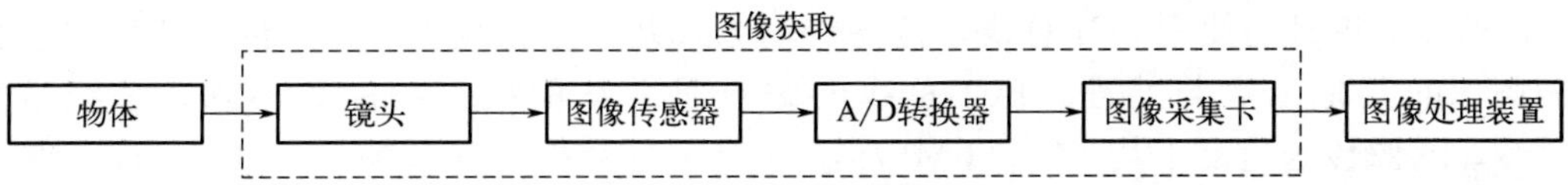

图 3-19　数字图像采集过程示意图

(1) A/D 转换

A/D 转换器的数字化过程又可以细分为采样和量化两个步骤。采样是将图像在空间上离散化，通常是将在二维空间上连续的图像在水平和垂直方向上等间隔地分割成矩形的网状结构，进而得到若干个被称为像素的方形小区域。经过采样后，图像在空间上离散为像素，但像素的颜色幅值仍为连续量。将采样所得的各像素颜色幅值进行离散化的过程，称为量化。

在取样时，若横向的像素数（列数）为 M，纵向的像素数（行数）为 N，则图像总像素数为 $M \times N$。

(2) 图像的采样

一张光学图像（模拟图像）是无法用计算机进行数据处理的，首先要将其进行数字转化。图像采样的作用是将模拟图像转换为数字图像，即采样是将二维坐标系中连续变化的图像转换为离散点的一系列操作。

一般来说，采样间隔越大，所得图像像素数越少，空间分辨率越低，质量差，严重时出现马赛克效应；采样间隔越小，所得图像像素数越多，空间分辨率越高，图像质量越好，但数据量大。同时采样的孔径形状、大小与采样方式有关，如图 3-20 所示。

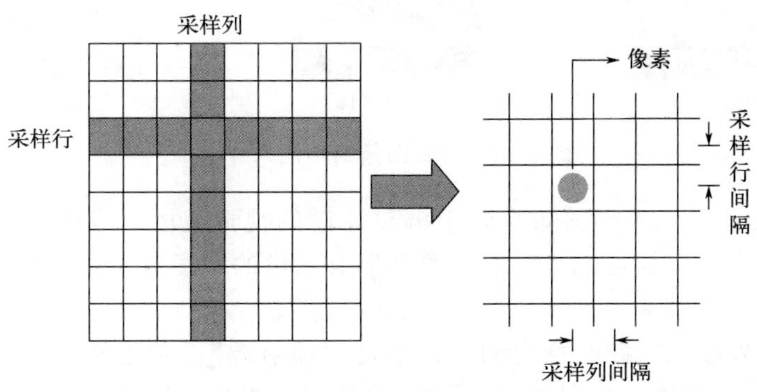

图 3-20　图像采样示意图

早期的工业摄像机多数使用 CCD 的线阵 TTL 工艺传感器，这种传感器成像后输出的是模拟信号，想要传输到计算机进行处理和存储，就需要通过图像采集卡进行 A/D 转换，再通过计算机总线实时传送到内存和显存。现今使用的 CCD 相机能够直接采集到数字图像，这时图像采集卡的作用就仅是将数字信号通过计算机总线传输到计算机内存或显存，方便计算机对现场采集的图像进行实时处理和存储。

图像采集卡实际上是一块板卡，如图 2-98 所示。其可以连接在 PC 的 PCI 扩展槽上（显卡旁边的插槽），其主要功能是图像数字化处理与传输。

不同型号图像采集卡的区别主要表现在输入信号、图像质量、总线形式、处理功能等方面。在选择图像采集卡时，首先需要考虑的是相机的输出信号（模拟信号还是数字信号），据此来选择不同的图像采集卡。图像质量由于不同板卡使用的芯片及设计的不同而有较大差异。同时，不同用途的图像采集卡图像质量及价格也有很大的差别。目前使用较多的总线有 PCI、PC/104-Plus、PCI-E、Mini PCI 及笔记本所用的 PCMCIA 总线。PCI 总线使用最多，多数 PC 机及工控机均使用 PCI 总线，这种传输方式几乎不占用 CPU，留给 CPU 更多的时间去做图像的其他运算与处理。PCI 总线的缺点是总线的抗振动能力不强，总线带宽限 133Mb/s，图像传送速度平均 50～90Mb/s，对于大量数据无法传输。PCI-Express 是近几年新发展的计算机总线，由于 PCI-Express 具有高带宽的优势，支持 PCI-Express 总线的主板越来越多。

① 采样点的选取　一幅图片的图形质量越高，其数据量也就越高，处理起来就越麻烦；反之，图形质量越低的图片，其数据处理起来相对轻松，但当分辨率低于一定程度时，会出现严重的马赛克效应，如图 3-21 所示。当采样率越来越低时，图片的质量也越来越差；当图片质量过低时，难以满足数字图像处理的需求。为平衡好处理速度与图像质量的关系，取样点的选取至关重要。

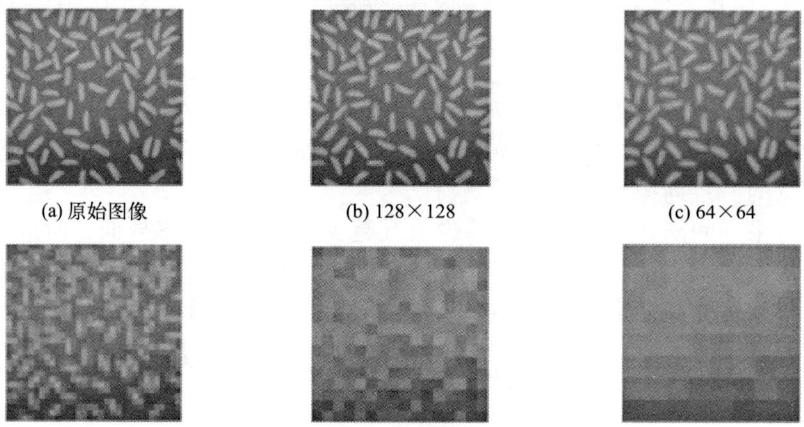

(a) 原始图像　(b) 128×128　(c) 64×64

(d) 32×32　(e) 16×16　(f) 8×8

图 3-21　一幅图像的不同采样率

② 数字图像的获得　人类感知只限于电磁波谱的视觉波段，成像机器则可以覆盖几乎全部电磁波谱。各类图像都是由“照射”源和形成图像的“场景元素”对光能的反射或吸收相结合而产生的。

以人眼看到室外绿色的四叶草为例，太阳是“照射源”，它是发光体；四叶草是“场景元素”，它是吸收＋反光体，如图 3-22 所示。之所以人眼看到四叶草是绿色的，是因为它把其他人眼可捕捉的电磁波都吸收了，只有绿光谱被它反射了。

图 3-22　场景元素

③ 图像的数字化　图 3-23 所示为将代表图像的连续（模拟）信号转变为离散（数字）信号的变换过程，即将图像分割成称为像素的小区域，将每个像素点的亮度或灰度值取一个整数表示。

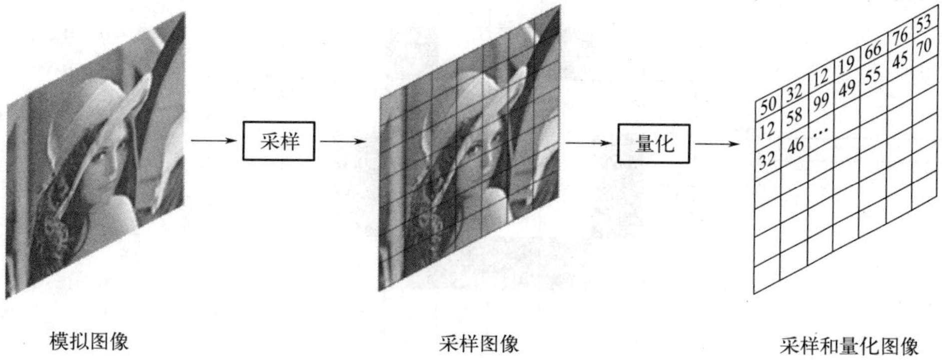

图 3-23　图像的数字化

3.2.2 图像的量化

(1) 二值图像

只有黑白两种颜色的图像称为黑白图像或单色图像，是指图像的每个像素只能是黑或者白，没有中间的过渡，故又称为二值图像。其特点是二值图像的像素值只能为 0 或 1，分别代表黑色和白色，图像中的每个像素值用 1 位存储。MATLAB 中可构建矩阵直接生成二值图像，显示图像如图 3-24 所示。

图 3-24　二值图像

二值化是进行图像分割前经常使用的一种颜色处理方法。在二值化图像的时候把大于某个临界灰度值（阈值）的像素灰度设为灰度极大值（255，即白色），把小于这个值的像素灰度设为灰度极小值（0，即黑色），从而实现二值化。

根据阈值选取的不同，二值化的算法分为固定阈值和自适应阈值。比较常用的二值化方法有：双峰法、P 参数法、迭代法和 OTSU 法等。

二值图像是图像二值化的结果，每个像素只有黑色与白色两个可能值而没有中间颜色，也就是说二值图像是一个对比清晰的、非黑即白的单色图像。人们经常用黑白、B&W、单色图像表示二值图像，但是其他领域也用上述这些词汇来表示每个像素只有一个采样值的任何图像，例如灰度图像等。

(2) 量化

量化是把采样点上对应的亮度连续变化区间转换为单个特定数码的过程。量化后，图像被表示成一个整数矩阵。每个像素具有两个属性：位置和灰度。位置由行、列表示。灰度是表示该像素位置上亮暗程度的整数。此数字矩阵 $M \times N$ 就作为计算机处理的对象。灰度级一般为 0～255（8bits 量化），如图 3-25 所示。

图像经过采样和量化后，每一幅图像都被离散化为一个个像素，成为一个由像素组成的二维矩阵，矩阵中的每个元素对应一个像素（如图 3-26 所示）。每一个像素里保存着该像素的颜色或亮度信息，其值可以为 RGB 图像的向量，也可以为灰度图像 0 到 255 之间的某一个数值，或者是二值图像的 0 或 1。

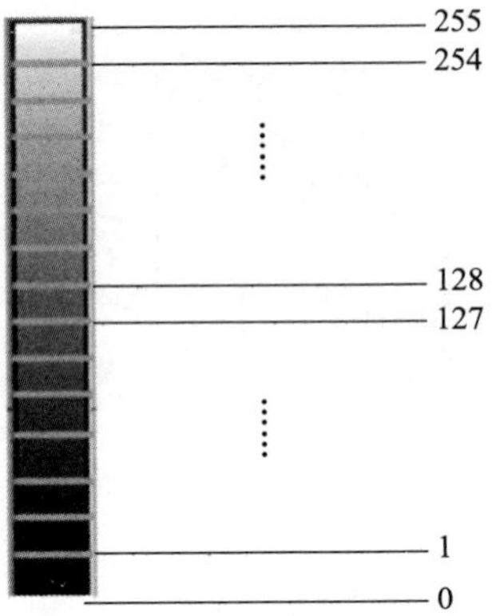

图 3-25　图像的量化

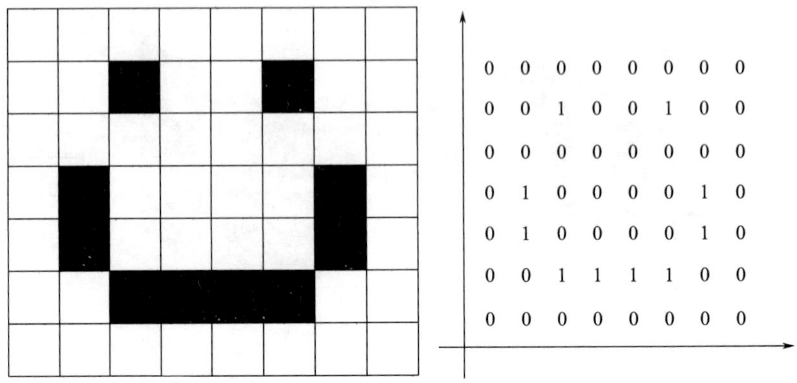

图 3-26　二维矩阵

(3) 灰度

灰度图像是每个像素只有一个采样颜色的图像，得到灰度图像的过程被称为灰度变换。灰度值为像素光强弱信息的表示，是真实世界图像量化的表现方法。通常灰度值从最黑到最白为 0～255。光线进入 CCD 感光元件，如果光强达到 CCD 感应的极限，此像素为纯白色，对应于内存中该像素灰度值为 255；如果完全没有光线进入 CCD 像素，此像素为纯黑色，对应于内存中该像素灰度值为 0。

灰度图像的每个像素通常由 8 bits 的二进制数来保存，这样就可以有 256 种灰度表示（0～255）。这种精度刚刚能避免可见的条带失真，并且非常易于编程。每一种颜色都可以由一个分别代表红、绿、蓝的三维向量表示，向量中每个分量都需要由 8bits 存储，那么每个像素点需要 24bits，因此彩色图像的信息量较大，灰度图像与 RGB 图相比，后续图像处理的计算量大大减少。

与黑白双色图像不同，灰度图像中的不同像素在黑色与白色之间还有许多级的颜色深度，这些颜色深度经常是在单个电磁波频谱（如可见光）内测量每个像素的亮度得到的。但要注意的是，在数字图像领域之外，“黑白图像”也表示“灰度图像”，就如灰度的照片通常叫作黑白照片。

在医学图像与遥感图像这些技术应用中，经常采用更多的存储级数以充分利用每个采样 10bits 或 12bits 的传感器精度，并且避免计算时的近似误差。在这样的应用领域流行使用 16bits 即 65536 个灰度（或 65536 种颜色）。

(4) 彩色图像

彩色图像除有亮度信息外，还包含有颜色信息。下面以最常见的 RGB（红绿蓝）彩色空间为例来简要说明彩色图像。

彩色图像可按照颜色的数目来划分，例如，256 色图像和真彩色图像（有 2^{24}，即 16777216 种颜色）等。通常 RGB 图像中每个像素都是用 24 位二进制数表示的，故也称为 24 位真彩色图像。

在 RGB 彩色空间中，一幅彩色数字图像的各个像素信息由 RGB 三原色信息构成，其中 R（红）、G（绿）、B（蓝）是由不同的灰度级来描述的，三者共同决定了像素的亮度和色彩。值得注意的是，RGB 三通道图像并非红绿蓝三色，而是三个灰度图像，如图 3-27 所示。

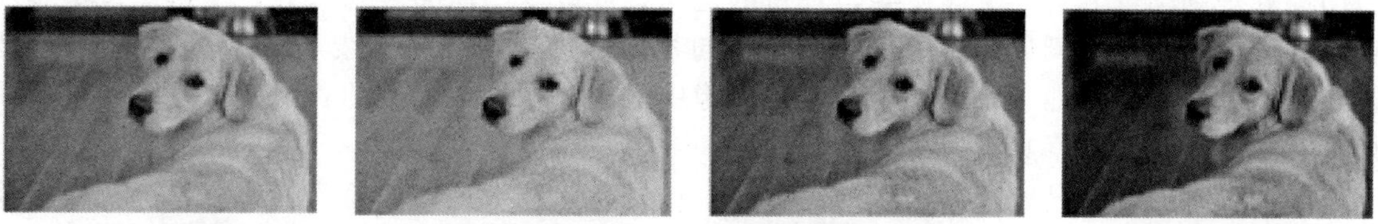

图 3-27　彩色图像的 RGB 通道分割

（5）矢量图像

矢量图也称为面向对象的图像或绘图图像，在数学上定义为一系列由线连接的点。矢量文件中的图形元素称为对象。每个对象都是一个自成一体的实体，它具有颜色、形状、轮廓、大小和屏幕位置等属性。矢量图是根据几何特性来绘制图形，矢量可以是一个点或一条线。矢量图只能靠软件生成，文件占用内在空间较小，因为这种类型的图像文件包含独立的分离图像，可以自由无限制地重新组合。它的特点是放大后图像不会失真，和分辨率无关，适用于图形设计、文字设计和一些标志设计、版式设计等。

矢量图格式很多，如 Adobe Illustrator 的 AI、EPS 和 SVG，AutoCAD 的 dwg 和 dxf，CorelDRAW 的 cdr 等。

（6）索引图像

索引图像是一种把像素值直接作为 RGB 调色板下标的图像。索引图像包括一个数据矩阵 ***X*** 和一个调色板矩阵 ***map***（也称为颜色映像矩阵）。其中，数据矩阵 ***X*** 中的元素可以是 8 位无符号整型、16 位无符号整型或双精度类型。调色板矩阵 ***map*** 是一个 $m\times3$ 的数据阵列，如矩阵元素值域为［0，255］，则 ***map*** 矩阵的大小为 256×3，其中每个元素的值均为［0，1］之间的双精度浮点型数据。***map*** 矩阵的每一行分别表示红色、绿色和蓝色的颜色值。

索引图像是从像素值到颜色映射表值的直接映射。像素颜色由数据矩阵 ***X*** 作为索引指向调色板矩阵 ***map*** 进行索引。例如，值 1 指向调色板矩阵 ***map*** 中的第一行，值 2 指向第二行，以此类推，如某一像素的灰度值为 64，则该像素就与调色板矩阵 ***map*** 中的第 64 行建立了映射关系，该像素在屏幕上的实际颜色由第 64 行的调色板矩阵 ***map*** 组合决定。

3.3　形状识别与图像分析

3.3.1　形状识别

形状识别是采用边界轮廓对比的方式（边缘检测）获取当前图像和模型的相似程度，产品色彩细微的差异不容易导致相似度的下降。

根据采用的方式不同，识别物体形状大致可以分为以下几类：基于局部图像函数的算法、图像滤波、多尺度算法、基于反应-扩散方程的方法、多分辨率方法、基于边界曲线拟合的方法、主动轮廓线方法等。

在实践时，由于形状检测处理的数据量较小，因此可以高速地进行检测。但若选中的模型（模板）太大，则检测速度会下降。

（1）图像分割

图像分割指的是将数字图像细分为多个图像子区域，并提取出感兴趣目标的过程。它是由图像处理到图像分析的关键步骤，其目的是简化或改变图像的表示形式，使得图像更容易理解和分析。图像分割通常用于定位图像中的物体和边界（线、曲线等），大量应用灰度变换和二值化。更精确地说，图像分割是对图像中的每个像素加标签的一个过程，这一过程使得具有相同标签的像素具有某种共同特性。

图像分割的结果是图像上子区域的集合，或是从图像中提取的轮廓线集合（例如边缘检测）。子区域中的每个像素在某种特性的度量下或是由计算得出的特性都是相似的，例如颜色、亮度、纹理；相邻区域在此种特性的度量下则有很大的不同。

图像分割是将目标分割出来，针对的是目标对象；而边缘检测是通过图像的梯度变化将图像中梯度变化明显的地方检测出来，针对的是边缘信息。二者虽然有包含关系，但针对的目标有所不同。

（2）边缘检测

边缘检测是图像处理中，尤其是特征检测中的一个研究领域，其目的是标识数字图像中亮度变化明显的点。图像属性中的显著变化通常反映了属性的重要事件和变化，如图 3-28 所示。这些变化包括深度上的不连续、表面方向不连续、物质属性变化和场景照明变化。

图 3-28　边缘检测

图像边缘检测能大幅度地减少数据量，并且剔除重要性较低的信息，保留图像重要的结构属性。实现边缘检测有许多方法，它们的绝大部分可以划分为两类：基于查找和基于零穿越。基于查找的方法通过寻找图像灰度值的一阶导数中的最大值和最小值来检测边界，通常是将边界定位在梯度最大的方向。基于零穿越的方法通过寻找图像二阶导数零穿越来寻找边界，通常是拉普拉斯算子过零点或者非线性差分表示的过零点。

3.3.2 图像分析

图像分析和图像处理关系密切，两者有一定程度的交叉，但是又有所不同。图像处理侧重于信号处理方面的研究，比如图像对比度的调节、图像编码、图像降噪等研究。但是图像分析的侧重点在于研究图像的内容，包括但不局限于使用图像处理的各种技术，它更倾向于对图像内容的分析、解释和识别。因而，图像分析和计算机科学领域中的模式识别、计算机视觉关系更密切一些。

图像分析一般利用数学模型并结合图像处理的技术来分析图像的特征和结构，从而提取特定的信息，达到智能化的效果。

（1）图像降噪

图像噪声是图像中一种亮度或颜色信息的随机变化（被拍摄物体本身并没有），通常是电子噪声的表现。它一般是由相机的传感器和电路产生的，也可能是受胶片颗粒或者图像传感器中不可避免的散粒噪声影响而产生的。图像噪声是图像拍摄过程中不希望存在的副产品，给图像带来了错误和额外的信息。

图像噪声的强度范围可以小至具有良好光照条件的数字图片中难以察觉的微小噪点，大到光学、天文学或射电天文学中几乎满画面的噪声，在这种情况下（图像中的噪声水平过高，以至于无法确定其中的目标是什么），只能通过非常复杂的手段获取到一小部分有用信息，如图 3-29 所示。

图 3-29　图像降噪

图像降噪是为了移除图像中不必要的噪声，保留图像中较为重要的细节等信息，使得到的图像看起来清晰且干净。不论是使用数码相机还是传统的底片，拍摄出的图像时常产生各种不同的噪声。现今的生活中有大量的数位影像拍摄的品质不尽良好，即便使用了良好的数码相机，图像降噪等后制的影像重建技术仍被广为利用，占有重要的一席之地。

（2）图像分析的其他功能

在制造装配等应用中，物体的位置起着十分重要的作用。在工业应用中，物体通常出现在已知表面（如工作台面）上，而且摄像机相对台面的位置也是已知的。在这种情况下，图像中物体的位置决定了它的空间位置。确定物体位置的方法很多，比如采用物体的外接矩形、物体矩心（区域质心）等来表示物体的位置，如图 3-30 所示。

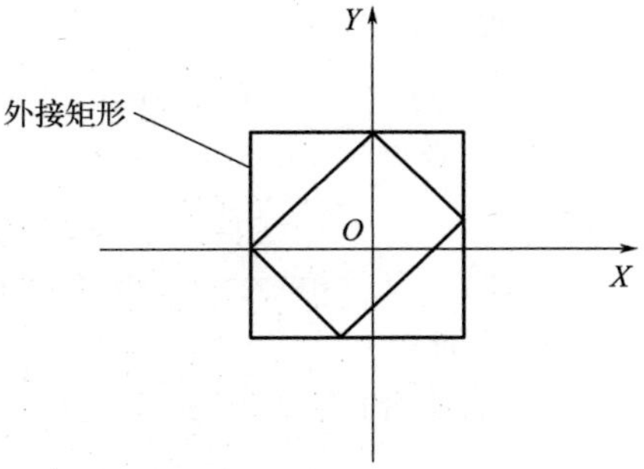

图 3-30　区域质心

当物体的边界已知时，可用其外接矩形的尺寸来刻画它的基本形状。求物体在坐标系方向上的外接矩形，只须计算物体边界点的最大坐标值和最小坐标值，就可以得到物体的水平跨度和垂直跨度。

在工件的分拣操作中，工件的位置信息通常采用质心坐标来表示，从而方便机械手臂抓取目标工件。一般情况下，图像中的物体并不是一个点，因此采用物体或区域面积的中心点作为物体的位置。区域质心是通过对图像进行全局运算得到的一个点，因此它对图像中的噪声相对来说是不敏感的，对于二值图像，物体的中心位置与物体的质心位置相同。

3.4 模板匹配与校准

3.4.1 模板匹配

模板匹配的本质是基于内容的检索，属于图像分析领域中最常用的技术之一。其目的是在给定查询图像的前提下，依据内容信息或指定查询标准，在图像数据库中搜索并查找出符合查询条件的相应图像。

互联网络上传统的搜索引擎，包括百度、Google都推出了相应的图片搜索功能，但是这种搜索主要是基于图片的文件名建立索引来实现查询功能（或许也利用了网页上的文字信息）。这种从查询文字、文件名，最后到图片查询的机制并不是基于图像内容的检索。基于内容的图像检索指的是查询条件本身就是一个图像，或者是对于图像内容的描述，它建立索引的方式是通过提取图像的底层特征，然后通过计算比较这些特征和查询条件之间的异同，来决定两个图片的相似程度。

（1）特征提取

从广义上讲，图像的特征包括基于文本的特征（如关键字、注释等）和视觉特征（如色彩、纹理、形状、对象表面等）两类。视觉特征又可分为通用的视觉特征和领域相关的视觉特征。前者用于描述所有图像共有的特征，与图像的具体类型或内容无关，主要包括色彩、纹理和形状，这些特征又被称为底层特征；后者则建立在对所描述图像内容的某些先验知识（或假设）的基础上，与具体的应用紧密有关，例如人的面部特征或指纹特征等。

可提取的图像特征可以包括颜色、纹理、平面空间对应关系、外形，或者其他统计特征。图像特征的提取与表达是模板匹配的基础。

（2）相似度测量

从图像中提取的特征可以组成一个向量，两个图像之间可以通过定义一个距离或者相似性的测量度来计算相似度。

（3）模板查询

模板查询有不同的查询方式，典型的三个查询方式为：

① 按例查询（query by example，QBE）：用户提供一个查询图像，在数据库中搜索相似图像。

② 按绘查询（query by sketch）：用户在类似画笔的接口上面进行简单的绘画，以此为标准进行查询。

③ 按描述查询：例如指定条件可以是30%的黄色、70%的蓝色等。

3.4.2 校准

（1）校准的目的

现代机器人绝大多数是基于各种控制模型的，有控制模型的地方就会有误差。常见误差有加工误差（尺寸和表面精度的不精确）、机械公差（位置精度偏差，如关节理论轴线与实际轴线不符）、零点误差（这也是为什么在使用机器人前先要校准零点）。相机的校准在很多文献上被称为相机标定。相机标定的目的是确定相机的一些参数［包括内部参数（简称内参）和外部参数（简称外参）］的值。通常，这些参数可以建立三维坐标系和相机图像坐标系的映射关系，换句话说，可以用这些参数把一个三维空间中的点映射到图像空间，或者反过来。所以，校准的最终目的是通过得到相机内、外参数的值，来确定物体图像像素坐标系与物体实际物理坐标系的映射关系，最后转换为执行装置的坐标。

（2）内参与外参

相机需要校准的参数分为内参和外参两部分。校准外参能够确定相机在某个三维空间中的位置和朝向。除了位置和朝向，相机还可能存在的误差有：

① 由于实际安装精度的问题，镜头的光轴没有穿过图像的正中间；

② 镜头不是完美的圆，图像传感器（CCD）上的感光元件不是完美的紧密排列的正方形，都可能会导致相机对 x 方向和 y 方向的尺寸缩小比例不一致。

在理想情况下，镜头会将一个三维空间中的直线也映射成直线，但实际上镜头无法这么完美，通过镜头映射之后，直线会变弯（即产生畸变，使用过单反广角镜头的人会深有体会），所以需要相机的畸变参数来描述这种变形效果。得到这些参数后，再根据畸变参数选择相应的校正算法，如图 3-31 所示。

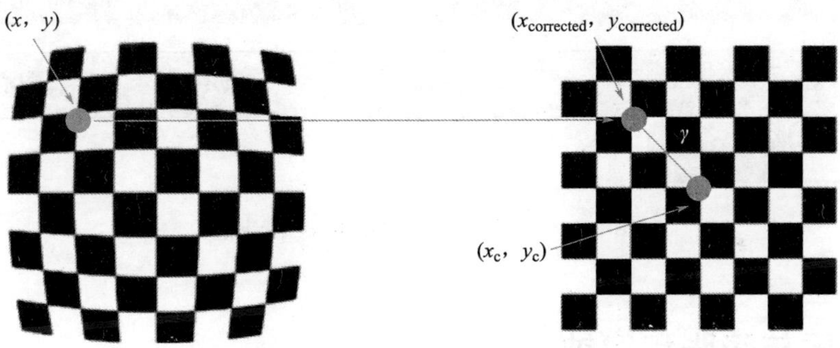

图 3-31 畸变参数

（3）编码器参数 CountsPerMeter

CountsPerMeter 是用于计算输送链行进距离的参数，它的含义是：输送链每运行 1m，机器人控制器实际采集到的脉冲信号（count）个数。知道了每米采集到的脉冲个数，同时就能求出采集到 N 个脉冲数时输送链移动的距离。编码器只要将脉冲数传递给控制器，控制器就可以准确计算出任意时间段内输送链行进的距离。

校准 CountsPerMeter 的主要目的是使机器人控制器能够准确知道输送链行进的距离。通过测量计算 CountsPerMeter 的真实大小，并在示教器上设置此参数，来告诉机器人有关输送链的相对位置数据。

① 计算。

$$\text{CountsPerMeter}=\frac{(\text{位置数据 }1-\text{位置数据 }2)\times\text{系统默认值}}{\text{实际测量数据}}$$

式中，位置数据 1 和位置数据 2 为通过工业机器人示教器查看到的输送链数值，实际测量数据为在现场使用测量工具（比如卷尺）实际测量出的数据。通过上面的公式就可以求出 CountsPerMeter 的真实大小。

② 查看。

CountsPerMeter 的默认值从示教器中查看，如图 3-32 所示。

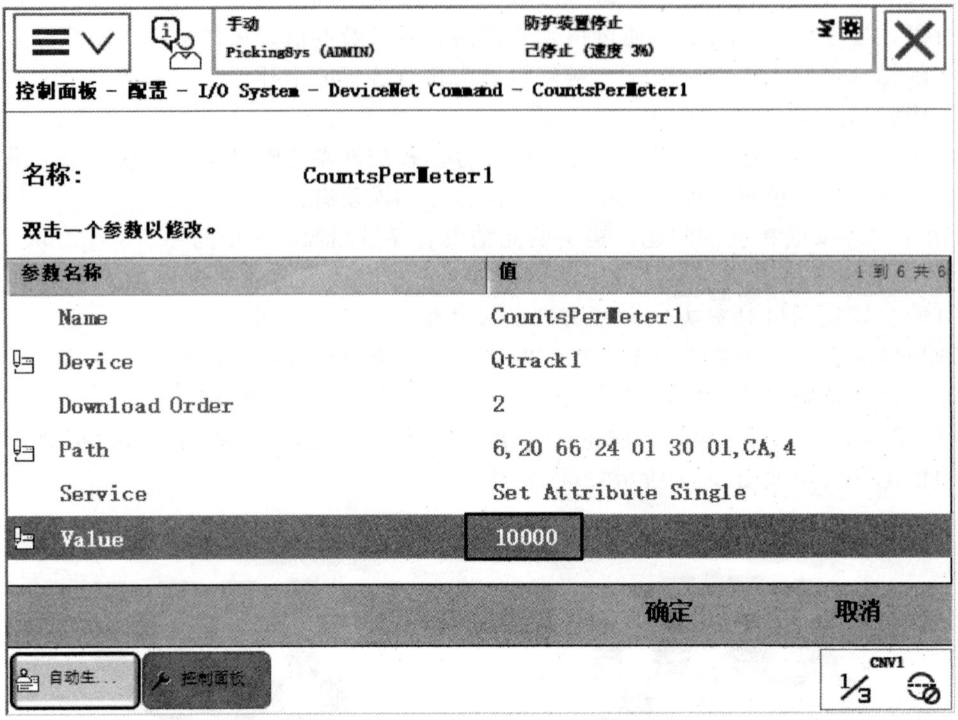

图 3-32　查看 CountsPerMeter 默认值

3.5　彩色图与膨胀和腐蚀

3.5.1　彩色图

颜色是彩色图像的直观特征之一，其描述方法与所采用的颜色模型有关，常用的颜色模型有 RGB 颜色空间和 HSI（色度、饱和度、亮度）颜色空间。

为了更好地根据颜色特征实时检测和识别生产线上的零件，可以先采用图像处理软件的检测工具将零件图像的颜色信息记录下来。通常在同一背景下对工件进行判别，当相机定位好后，调用示教模块先记录下工件的颜色信息，然后在工作时调用颜色识别模块对工件进行判别，示教的目的是让程序记住工件的局部颜色信息以及工件的位置。在识别工件时，可以只对已经示教过的区域进行求解，采用对比类的检测方法，即以灰度或者色彩对比的方式获取当前图像和模型的相似程度，但采用这种方式时，产品色彩细微的差异比较容易导致相似度的下降。

（1）彩色定义

彩色是物体的一种属性，它依赖于以下三个方面的因素。

① 光源：照射光的谱性质或谱能量分布。

② 物体：被照射物体的反射性质。

③ 成像接收器（眼睛或成像传感器）：光谱能量吸收性质。

（2）色彩空间

很多人都知道在绘画时可以使用红色、黄色和蓝色这三种原色生成不同的颜色，而这些颜色就定义了一个色彩空间。将品红色的量定义为 X 坐标轴、青色的量定义为 Y 坐标轴、黄色的量定义为 Z 坐标轴，这样就得到一个三维空间，每种可能的颜色在这个三维空间中都有唯一的位置。

在计算机监视器上显示颜色的时候，通常使用 RGB（红色、绿色、蓝色）色彩空间定义，如图 3-33(a) 所示。红色、绿色、蓝色被当作 X、Y 和 Z 坐标轴，也就是说，任意一种颜色在 RGB 空间中都能找到一个唯一的三维坐标值（R，G，B），如图 3-33(b) 所示。每一个坐标值的范围都是 [0，255]，由 8bits 二进制数保存（$2^8=256$）。

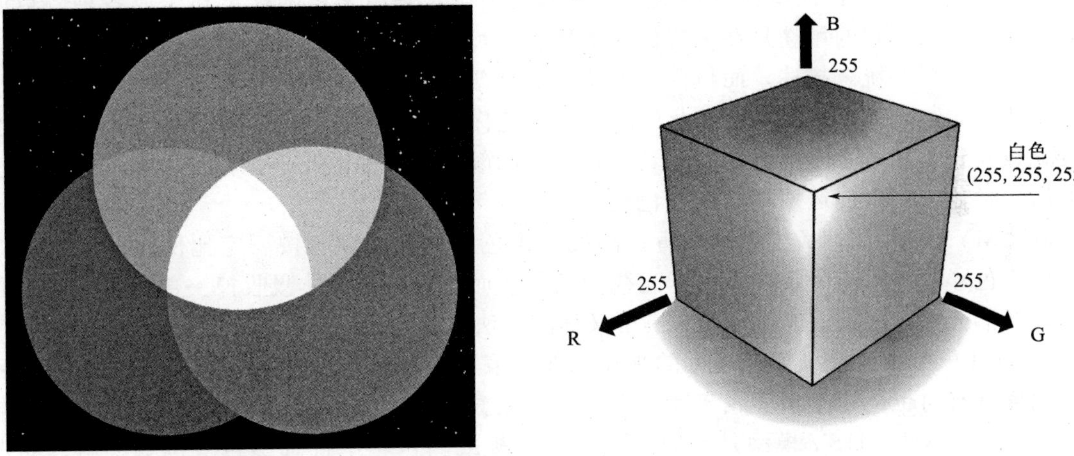

(a) RGB色彩空间　　(b) 三维坐标值

图 3-33　RGB 色彩空间和三维坐标值

除了 RGB 色彩空间之外，常用的还有 HSI 色彩空间，采用圆柱坐标系表示色相（hue）、饱和度（saturation）和明度（intensity），如图 3-34 所示。

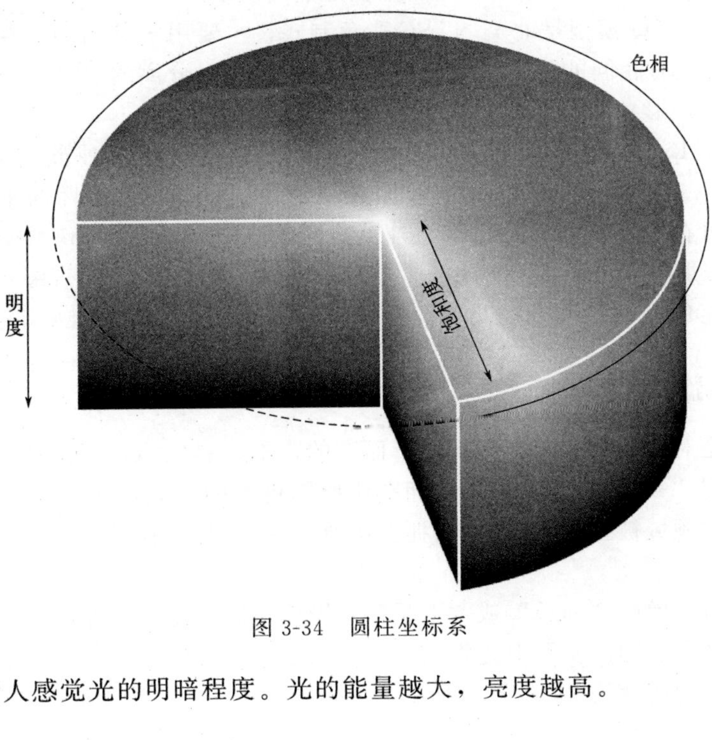

图 3-34　圆柱坐标系

① 明度是指人感觉光的明暗程度。光的能量越大，亮度越高。

② 色相是彩色最重要的属性，决定颜色的本质，由物体反射光线中占优势的波长来决定，不同的波长产生不同的颜色感觉。

③ 饱和度是指颜色的深浅和浓淡程度，饱和度越高，颜色越深。饱和度的深浅和白色的比例有关，白色比例越多，饱和度越低。

还有许多其他的色彩空间，可以按照这种方法用三维、更多维或者更少维表示，也可能定义更多的颜色（例如 Adobe RGB 色彩空间就比 sRGB 色彩空间包含了更多颜色）。

（3）色彩模型

① 彩色模型。彩色模型也称彩色空间或彩色系统，是用来精确标定和生成各种颜色的一套规则和定义，它的用途是在某些标准下用通常可接受的方式简化彩色规范。彩色模型通常可以采用坐标系统来描述，而位于系统中的每种颜色都可由坐标空间中的单个点来表示。

② RGB 模型。RGB 模型是工业界的一种颜色标准，是通过对红、绿、蓝三个颜色明度的变化以及它们相互之间的叠加来得到各种各样的颜色。该标准几乎包括了人类视觉所能感知的所有颜色，是目前运用最广的颜色模型之一。

③ CMY 模型。CMY 模型采用青、品红、黄色三种基本原色按一定比例合成颜色的方法。由于色彩的显示不是直接来自于光线的色彩，而是光线被物体吸收掉一部分之后反射回来的剩余部分所产生的，因此 CMY 模型又称减色法混合模型。

④ HSI 模型。HSI 模型是从人的视觉系统出发，直接使用颜色三要素，即色调、饱和度和明度（有时也翻译作密度或灰度）来描述颜色。

⑤ HSV 模型。HSV 模型是人们用来从调色板或颜色轮中挑选颜色（例如颜料、墨水等）所采用的彩色系统之一。HSV 表示色调、饱和度和明度。该系统比 RGB 更接近于人们的经验和对彩色的感知。

⑥ YUV 模型。在 YUV 模型中，Y 代表明度；U、V 代表色差，是构成彩色的两个分量。采用 YUV 模型的一个主要优势是它的明度信号 Y 和色度信号 U、V 是分离的。如果只有 Y 信号分量，而没有 U、V 分量，那图像就是黑白灰度图。

⑦ YIQ 模型。YIQ 模型是北美 NTSC 彩色制式，主要用于美国的电视系统。这种形式和欧洲的 YUV 模式有相同的优势：灰度信息和彩色信息是分离的。其中明度表示灰度，而色调和饱和度则存储彩色信息。

⑧ Lab 模型。Lab 模型是由（国际照明委员会 CIE）制定的一种彩色模式，这种模型与设备无关，它弥补了 RGB 模型和 CMY 模型必须依赖于设备颜色特性的不足。此外，自然界中任何色彩都可在 Lab 空间表达出来，这就意味着 RGB 以及 CMY 所描述的颜色信息在 Lab 中都能得以映射。其中 L 代表明度；a 的正数代表红色，负端代表绿色；b 的正数代表黄色，负端代表蓝色。

3.5.2 膨胀和腐蚀

膨胀和腐蚀是对白色部分（高亮部分）而言的，不是黑色部分。膨胀是对图像中的高亮部分进行膨胀，即“领域扩张”，效果图拥有比原图更大的高亮区域。腐蚀是原图中的高亮部分被腐蚀，即“领域被蚕食”，效果图拥有比原图更小的高亮区域。

（1）膨胀

膨胀是在二值图像中“加长”或“变粗”的操作。这种特殊的方式和变粗的程度由一个称为结构元素的集合控制。实际上是将结构元素的原点与二值图像中的 1 重叠，将二值图像中重叠部分不是 1 的值变为 1，完成膨胀。

① 膨胀只要求结构元素的原点在目标图像的内部平移，换句话说，当结构元素在目标图像上平移时，允许结构元素中的非原点像素超出目标图像的范围。

② 膨胀具有扩大图像和填充图像中比结果元素小的成分的作用，因此在实际应用中可以利用膨胀运算连接相邻物体和填充图像中的小孔和狭窄的缝隙。

③ 结构元素 B 对图像 A 膨胀的具体步骤如下。

第一步，结构元素 B 的反射 $\hat{B}$；由集合 B 中所有相对于原点的反射元素组成的集合称为集合 B 的反射，记为 $\hat{B}$，如图 3-35 所示。

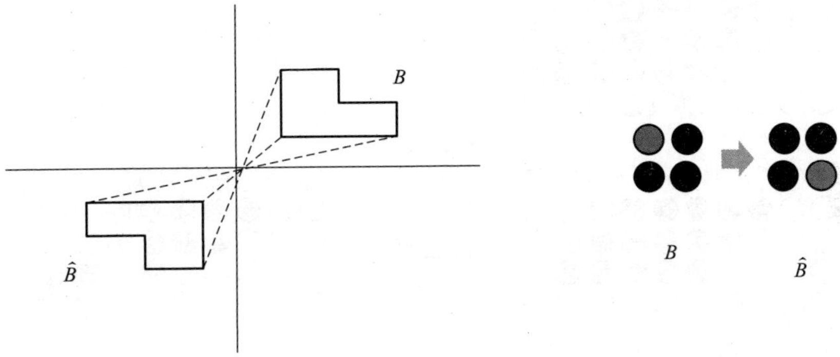

图 3-35　反射

第二步，遍历图像的每个像素，每当结构元素在图像上平移后，结构元素与其覆盖的子图像中至少有一个元素相交时，就将图像中与结构元素的原点对应位置的像素值置为 1，否则置为 0，则图像上标注出的所有这样的像素组成的集合，即为膨胀的结果。这里，需要注意的是，当结构元素在目标图像上平移时，允许结构元素中的非原点像素超出目标图像范围。对于如图 3-38 所示的图像以及结构元素，下面通过逐像素移动来演示膨胀的具体过程。

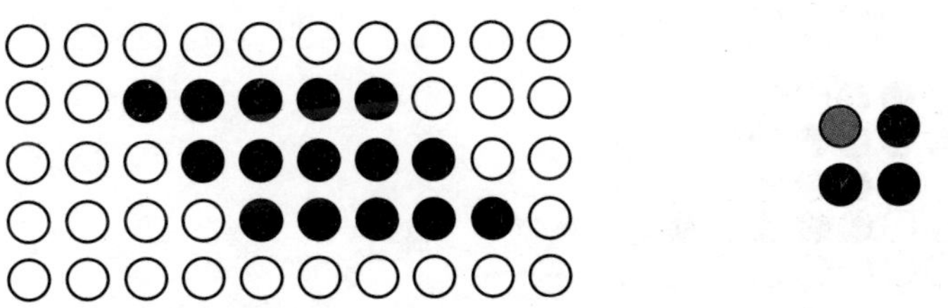

(a) 图像A　　(b) 结构元素B

图 3-36　膨胀原理图

首先求出结构元素 B 的反射 $\hat{B}$，膨胀的初始位置如图 3-37 中的线框所示，膨胀的结果如图 3-37 所示。

（2）腐蚀

与膨胀相反，腐蚀是对二值图像中的对象进行“收缩”或“细化”。实际上，将结构元素的原点覆盖在每一个二值图像的 1 上，只要二值图像上有 0 和结构元素的 1 重叠，那么与原点重叠的值为 0。这同样由集合与结构元素完成。

a. 当结构元素中原点位置不为 1（也即原点不属于结构元素时），也要把它看作是 1，也就是说，当在目标图像中找与结构元素 B 相同的子图像时，也要求子图像中与结构元素 B 的原点对应位置的像素值是 1。

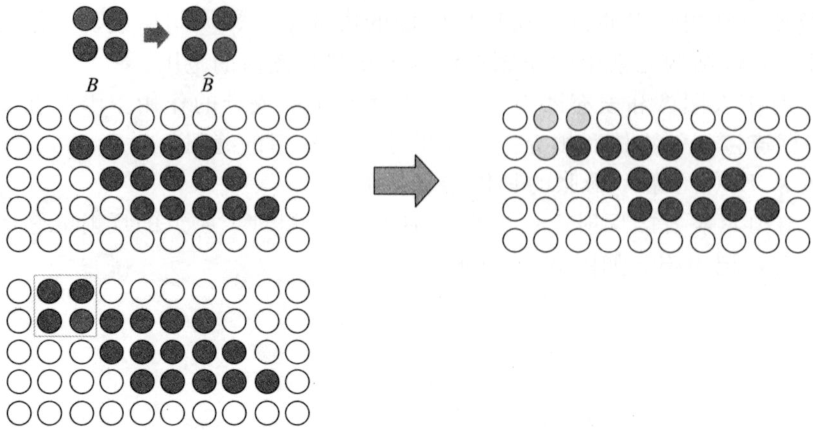

(a) 第一次膨胀

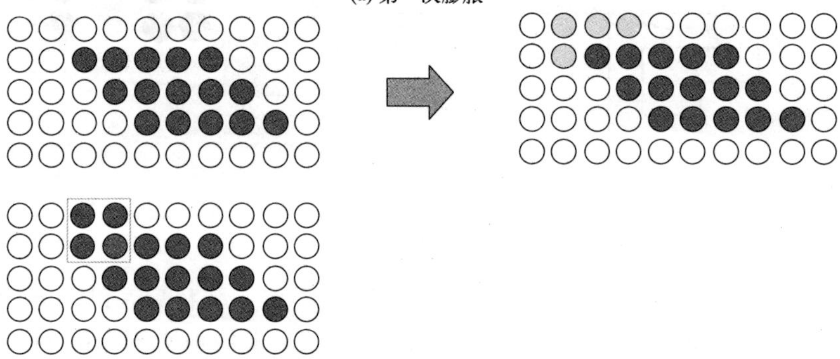

(b) 第二次膨胀

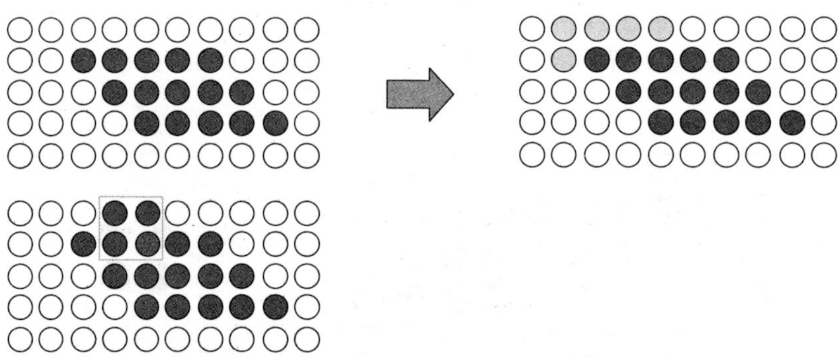

(c) 第三次膨胀

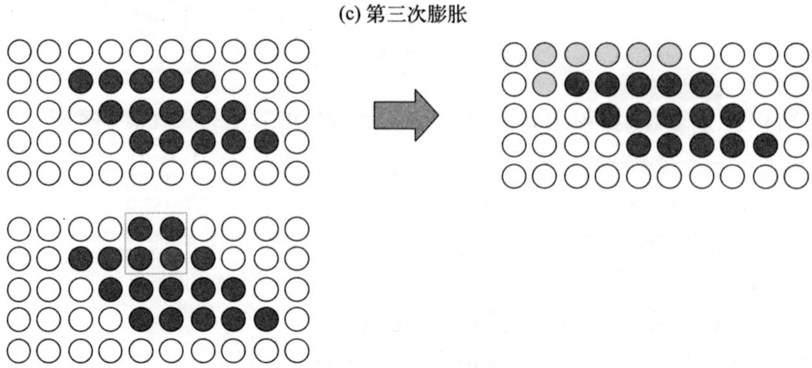

(d) 最后一次膨胀

图 3-37　膨胀步骤

b. 腐蚀运算要求结构元素必须完全包括在被腐蚀图像内部。换句话说，当结构元素在目标图像上平移时，结构元素中的任何元素不能超过目标图像范围。

c. 腐蚀运算的结果不仅与结构元素的形状选取有关，而且还与原点位置的选取有关。

d. 腐蚀运算具有缩小图像和消除图像中比结构元素小的成分的作用，因此在实际应用中，可以利用腐蚀运算去除物体之间的粘连，消除图像中的小颗粒噪声。

① 腐蚀原理。如图 3-38 所示，A 为待处理图像，B 为结构元素，B 中灰色部分为原点。遍历图像 A 的每个像素，每当在图像 A 中找到一个与结构元素 B 相同的子图像时，就把该子图像中与 B 原点位置对应的那个像素值置为 1，否则置为 0，则图像 A 上标注出的所有这样的像素组成的集合，即为腐蚀运算的结果。腐蚀运算的实质是在图像中标出与结构元素相同的子图像原点位置的像素。这里需要注意的是，当结构元素在图像上平移时，需要结构元素与目标区域完全覆盖，结构元素中的任何元素不能超出图像的范围。下面通过逐像素移动来演示腐蚀的具体过程，如图 3-39 所示。

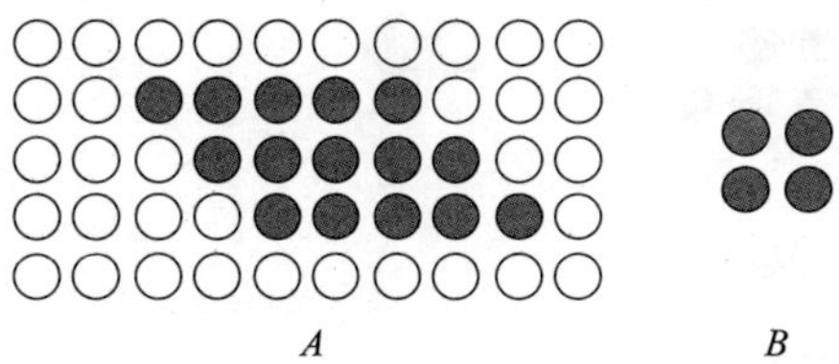

图 3-38　腐蚀原理图

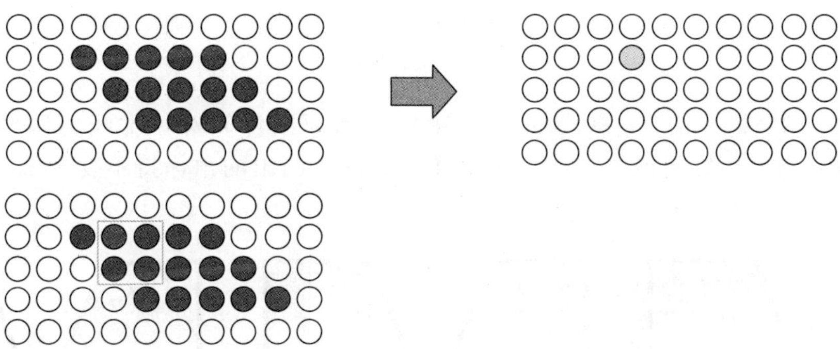

(a) 第一次腐蚀

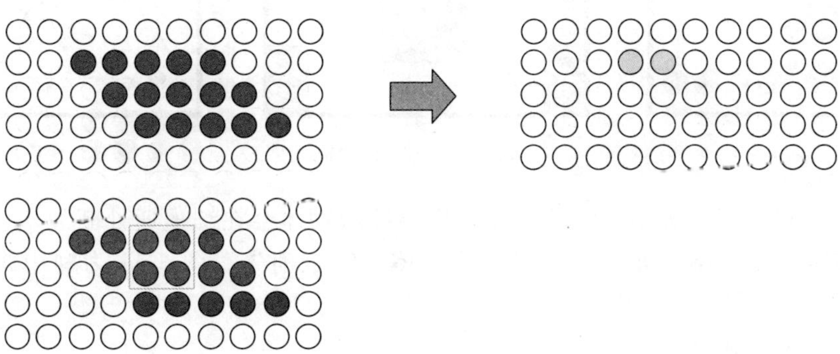

(b) 第二次腐蚀

图 3-39

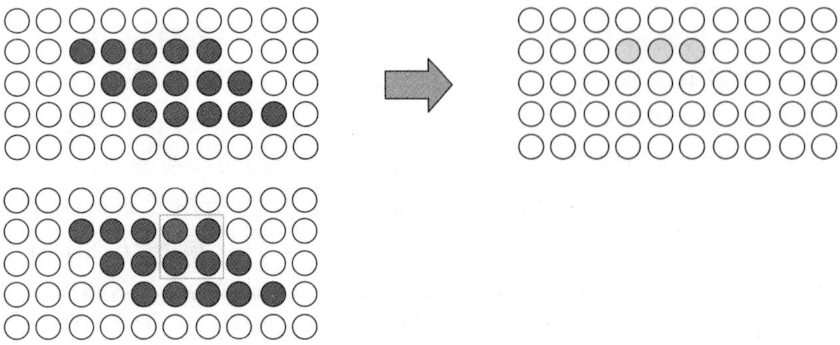

(c) 第三次腐蚀

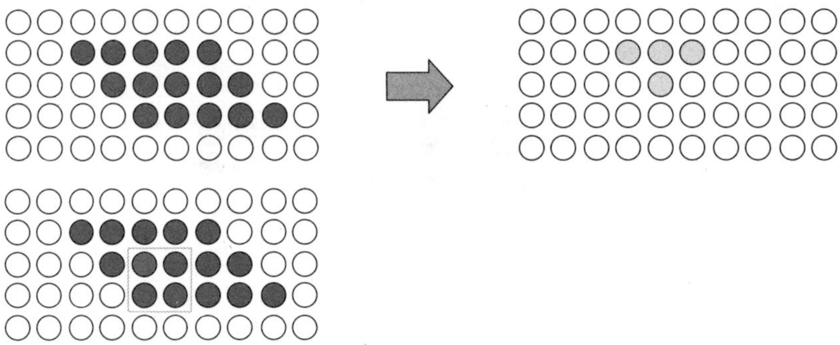

(d) 最后一次腐蚀

图 3-39　腐蚀步骤

② 腐蚀的下凹性。如图 3-40 所示，图中实线为原图像轮廓，虚线为腐蚀处理后的轮廓。从中可以看到，腐蚀只改变向下凹陷的角，而向上凸出的角保持不变。凹陷的角在腐蚀后具有结构元素的形状。

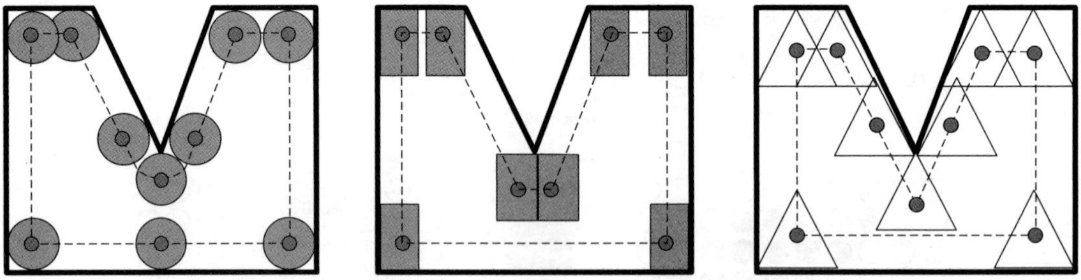

图 3-40　腐蚀轮廓

如果物体仅有部分区域小于结构元素，则腐蚀后物体会在细连通处断裂，分离为两个部分。如果物体本身小于结构元素，则腐蚀后物体将完全消失。图 3-41 为利用腐蚀消除物体之间的粘结。

(3) 开操作和闭操作

开、闭操作都是由膨胀和腐蚀复合而成的。开操作是先腐蚀后膨胀，闭操作是先膨胀后腐蚀。一般来说，开操作使图像的轮廓变得光滑，断开狭窄的连接和消除细毛刺。闭操作同样使得轮廓变得光滑，但是与开操作相反，它通常能够弥合狭窄的间断，填充小的孔洞。

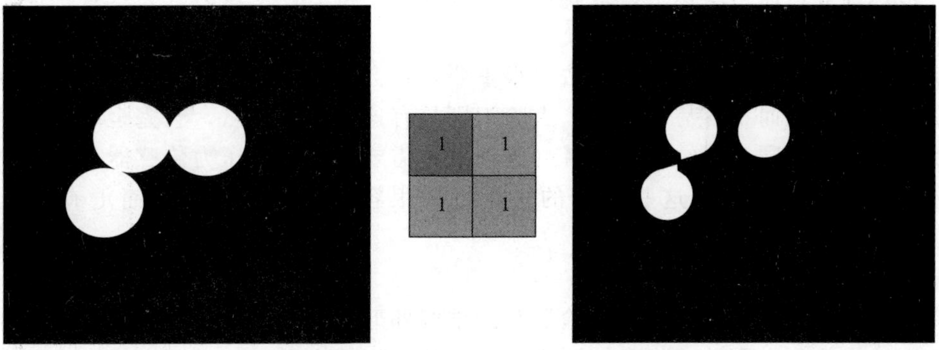

图 3-41　腐蚀应用——消除物体之间的粘结

3.6　图像分析的应用领域

3.6.1　人脸识别

广义的人脸识别实际包括构建人脸识别系统的一系列相关技术，包括人脸图像采集、人脸定位、人脸识别预处理、身份确认以及身份查找等；而狭义的人脸识别特指通过人脸进行身份确认或者身份查找的技术或系统。

如图 3-42 所示，人脸识别是一项热门的计算机技术研究领域，它属于生物特征识别技术，是以生物体（一般特指人）本身的生物特征来区分生物体个体。生物特征识别技术所研究的生物特征包括脸、指纹、手掌纹、虹膜、视网膜、声音（语音）、体形、个人习惯（例如敲击键盘的力度和频率）、签字等，相应的识别技术就有人脸识别、指纹识别、掌纹识别、虹膜识别、视网膜识别、语音识别（用语音识别可以进行身份识别，也可以进行语音内容的识别，只有前者属于生物特征识别技术）、体形识别、键盘敲击识别、签字识别等。

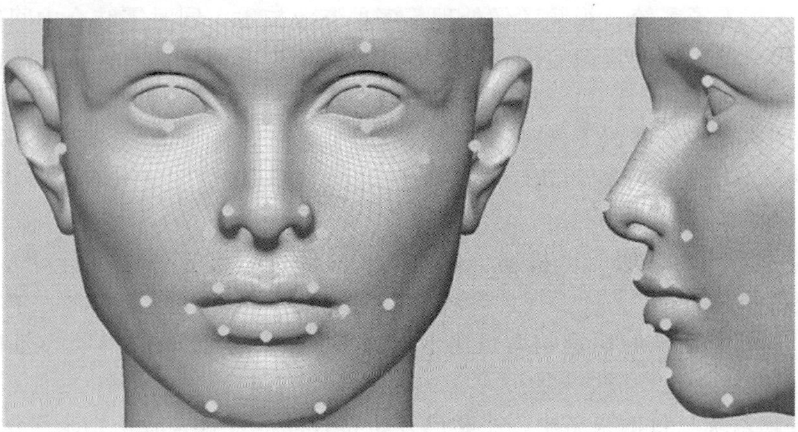

图 3-42　人脸识别

(1) 人脸识别的优势

人脸识别的优势在于其自然性和不被察觉的特点。

所谓自然性，是指该识别方式同人类（甚至其他生物）进行个体识别时所利用的生物特征相同（人类也是通过观察比较人脸区分和确认身份的）。另外具有自然性的识别还有语音识别、体形识别等，而指纹识别、虹膜识别等都不具有自然性，因为人类或者其他生物并不通过此类生物特征区别个体。

不被察觉的特点对于一种识别方法也很重要，这会使该识别方法不令人反感，并且因为不容易引起人的注意而不容易被欺骗。人脸识别具有这方面的特点，它完全利用可见光获取人脸图像信息，而不同于指纹识别或者虹膜识别，需要利用电子压力传感器采集指纹，或者利用红外线采集虹膜图像，这些特殊的采集方式很容易被人察觉，从而更有可能被伪装欺骗。

(2) 人脸在视觉上的特点

所有人脸的结构都相似，甚至人脸器官的结构外形都很相似。这样的特点对于利用人脸进行检测区域定位是有利的。但是不同个体之间的区别不大，对于利用人脸区分人类个体是不利的。

人脸的外形很不稳定，人可以通过脸部的变化产生很多表情；在不同观察角度，人脸的视觉图像也相差很大。另外，人脸识别还受光照条件（例如白天和夜晚，室内和室外等）、人脸的很多遮盖物（例如口罩、墨镜、头发、胡须等）、年龄、拍摄的姿态角度等多方面因素的影响。

(3) 技术细节

一般来说，人脸识别过程包括图像摄取、人脸定位、图像预处理，以及人脸识别（身份确认或者身份查找）。系统输入一般是一张或者一系列含有未确定身份的人脸图像，以及人脸数据库中若干已知身份的人脸图像或者相应的编码，而其输出则是一系列相似度得分，表明待识别人脸的身份。

(4) 发展与应用

人脸识别系统的研究始于20世纪60年代，20世纪80年代后随着计算机技术和光学成像技术的发展得到提高，而真正进入初级的应用阶段则在20世纪90年代后期，并且以美国、德国和日本的技术实现为主。人脸识别系统成功的关键在于拥有尖端的核心算法，并使识别结果具有实用化的识别率和识别速度。人脸识别系统集成了人工智能、机器识别、机器学习、模型理论、专家系统、视频图像处理等多种专业技术，同时需结合中间值处理的理论与实现，是生物特征识别的最新应用，其核心技术的实现，展现了弱人工智能向强人工智能的转化。

人脸识别的应用主要有以下几种。

① 门禁系统　受安全保护的地区可以通过人脸识别辨识试图进入者的身份，比如监狱、看守所、小区、学校等。

② 摄像监视系统　在银行、机场、体育场、商场、超市等公共场所对人群进行监视，以达到身份识别的目的。

③ 网络应用　利用人脸识别辅助信用卡网络支付，以防止非信用卡的拥有者使用信用卡等。

④ 学生考勤系统　目前很多中、小学已开始将智能卡配合人脸识别来对学生进行考勤。

⑤ 相机　新型的数码相机已内建人脸识别功能以辅助拍摄人物时对焦。

⑥ 智能手机　解锁手机、识别使用者。

3.6.2 指纹识别

指纹识别技术是一种生物识别技术。指纹识别系统是一套包括指纹图像获取、处理、特征提取和比对等模块的模式识别系统，常用于需要人员身份确认的场所，如门禁系统、考勤系统、笔记本电脑、银行内部处理、银行支付等。

指纹是灵长类手指末端指腹上由凹凸的皮肤所形成的纹路，也可指这些纹路在物体上印下的痕迹。纹路的细节特征点有起点、终点、结合点和分叉点。由于每个人指纹并不相同，同一人不同手指的指纹也不一样，指纹识别就是通过比较这些细节特征的区别来进行鉴别的，如图 3-43 所示。

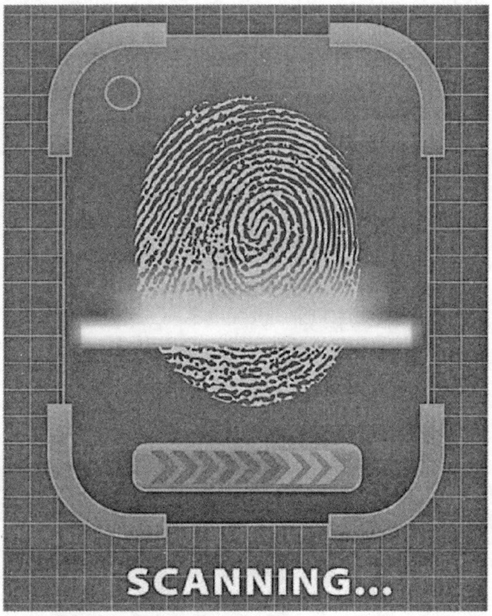

图 3-43　指纹识别

指纹识别系统通常包括以下几部分。

(1) 图像获取

通过专门的指纹采集或扫描仪、数字相机、智能手机等获取指纹图像。根据采集的指纹面积，大体可以分为滚动捺印指纹和平面捺印指纹，公安行业普遍采用滚动捺印指纹。

(2) 图像压缩

将指纹数据库的图像经过压缩后存储，主要方法为转换为 JPEG、WSQ、EZW 等文件。其目的是减少存储空间。其中，EZW 被列入刑侦领域指纹图像压缩的国家标准。

(3) 图像处理

指纹区域检测、图像质量判断、方向图和频率估计、图像增强，以及指纹图像二值化和细化等。

(4) 指纹形态和细节特征提取

获取指纹特征并提取以进行下一步分析。指纹形态特征包括中心（上、下）和三角点（左、右）等，细节特征点主要包括纹线的起点、终点、结合点和分叉点。

(5) 指纹比对

对比两个以上指纹以分析是否为同一指纹来源。

3.6.3 光学字符识别

光学字符识别（OCR）是指对文本资料的图像文件进行分析识别处理，获取文字及版面信息的过程。如图 3-44 所示。

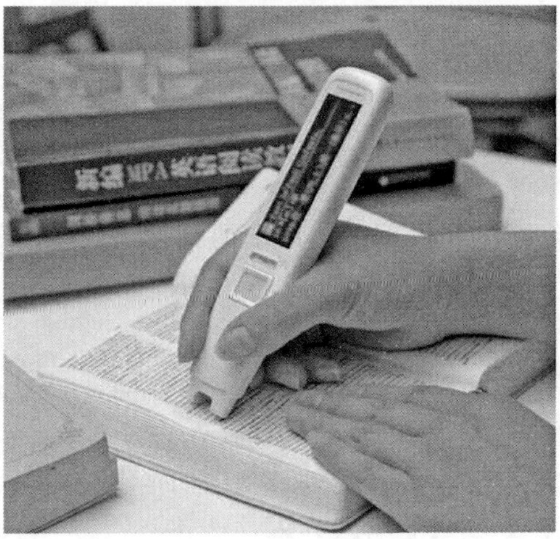
图 3-44　OCR 示例

(1) OCR 的识别过程

① 图像输入/图像预处理　对于不同的图像格式，有着不同的存储格式、不同的压缩方式，目前有 OpenCV、CxImage 等开源项目。图像预处理主要包括二值化、噪声去除、倾斜校正等。

② 噪声去除　对于不同的文档，对噪声的定义可以不同，应根据噪声的特征进行去噪。

③ 倾斜校正　由于一般的用户在拍照文档

时都比较随意，因此拍出来的图片不可避免地产生倾斜，这就需要文字识别软件进行校正。

④ 版面分析　将文档图片分段落、分行的过程叫作版面分析。由于实际文档的多样性、复杂性，因此，目前还没有一个固定的、最优的切割模型。

⑤ 字符切割　由于拍照条件的限制，经常造成字符粘连、断笔，因此极大限制了识别系统的性能。所以应进行字符切割。

⑥ 字符识别　早期的字符识别方式有模板匹配，后来以特征提取为主。文字的位移、笔画的粗细、断笔、粘连、旋转等因素，极大影响特征提取的难度。

⑦ 版面还原　人们希望识别后的文字仍然像原文档图片那样排列着，段落不变、位置不变、顺序不变地输出到 Word 文档、PDF 文档等，这一过程就叫作版面还原。

⑧ 后处理与校对　根据特定的语言上下文关系，对识别结果进行校正，就是后处理。

(2) 手写识别

手写识别（handwriting recognition）是计算机在纸、照片、触摸屏或其他设备中接收并识别人手写的文字等信息的技术，如图 3-45 所示，主要应用于光学字符识别技术。

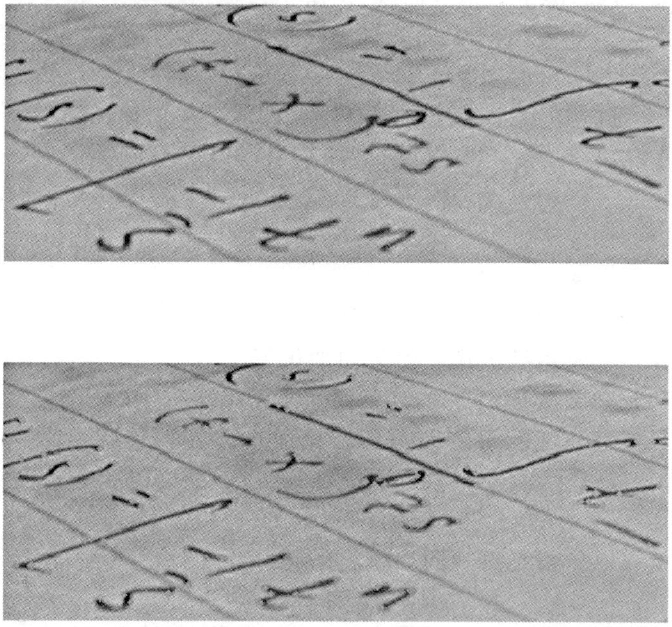

图 3-45　手写识别

① 离线手写识别　离线手写识别主要应用在打印出来的文字识别上，涉及将图像中的文本自动转换成计算机可以使用的字符代码。离线手写识别是比较困难的，因为不同的人有不同的书写风格。

减少识别错误的技术常常使用缩小识别范围，例如邮政编码只包含 0～9 的数字，识别这种数字可以减少错误的可能。主要应用的技术有：指定特定的字符范围、识别字符的专有特点等。

② 在线手写识别　从硬件方面来说，早在 20 世纪 80 年代，就有人提出在商业产品中将手写体识别作为键盘输入的一种替代方式。

虽然公众已经习惯将手写识别看作一种输入方式，但其在台式电脑和笔记本电脑中并没有得到广泛的使用。键盘仍被普遍认为是速度更快、更可靠的输入方式。

第4章 欧姆龙视觉系统的应用

4.1 欧姆龙视觉系统的组成与校准

4.1.1 欧姆龙视觉系统的组成

视觉单元包含图像采集设备和图像处理控制系统。图像采集设备由一个 CCD 镜头和辅助 LED 光源组成，如图 4-1 所示。图像处理控制系统是由 OMRON FH 系列处理器和一台彩色显示器组成，如图 4-2 所示。光源控制器如图 4-3 所示，显示器按键如图 4-4 所示，显示器辅助接口如图 4-5 所示。

图 4-1 CCD 镜头及辅助 LED 光源

视觉系统软件界面如图 4-6 所示。

① 判定显示窗口 综合判定结果，显示场景的综合判定（“OK” / “NG” ），即场景整体的综合判定结果。综合判定显示的处理单元群中，如果任一判定结果为 NG，则显示为 NG。

② 信息显示窗口

a. 布局：显示当前显示的布局编号。

b. 处理时间：显示测量处理所花的时间。

c. 场景组名称、场景名称：显示当前显示中的场景组编号、场景编号。

③ 工具窗口

a. “流程编辑”：启动用于设定测量流程的流程编辑画面。

b. “保存”：将设定数据保存到控制器的闪存中。变更任意设定后，务必点击此按钮，保存设定。

c. “场景切换”：切换场景组或场景。可以使用 128（每个场景组的场景个数）×32（场景组数）=4096 个场景。

d. “布局切换”：切换布局编号。

④ 测量窗口

a. “相机测量”：对相机图像进行试测量。

b. “图像文件测量”：测量保存图像。

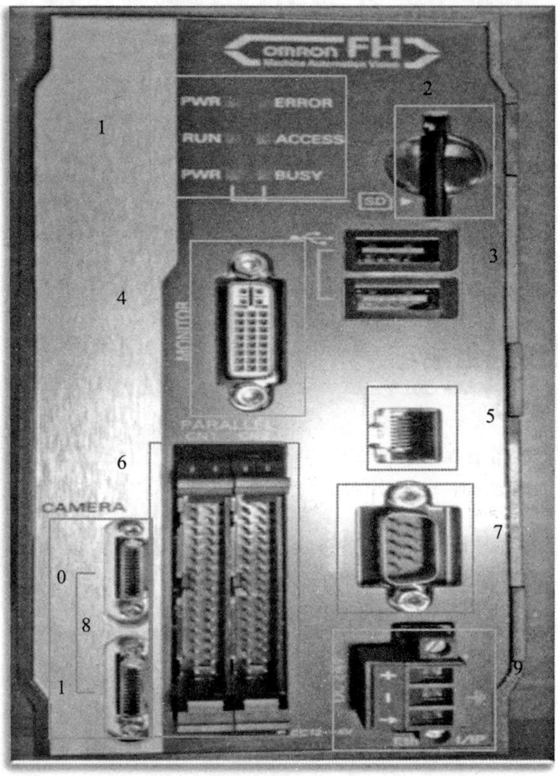

图 4-2　OMRON FH 系列处理器

1—控制器系统运行显示区；2—SD 槽；3—USB 接口；4—显示器接口；5—通信网口；6—并行 IO 通信接口；7—RS-232 通信接口；8—相机接口；9—控制器电源接口

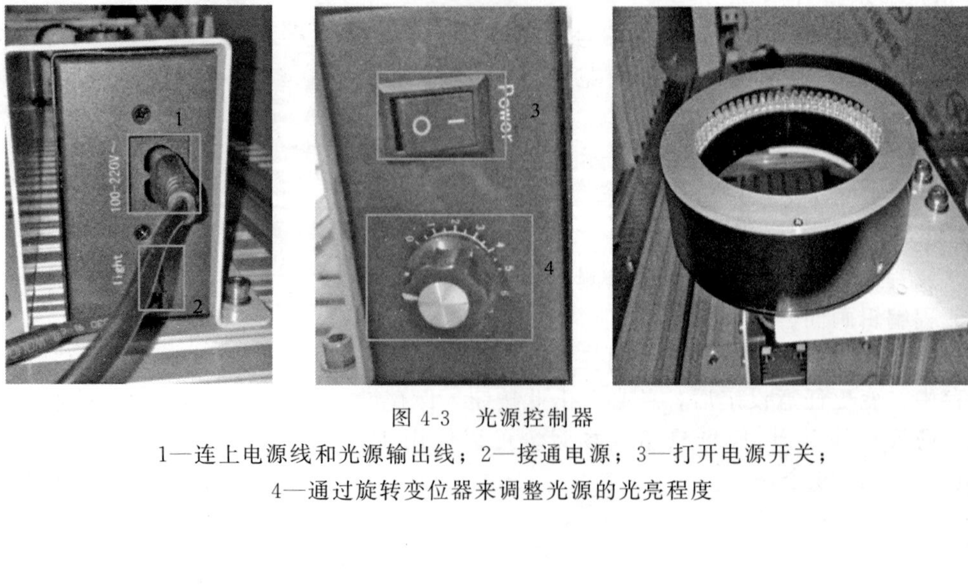

图 4-3　光源控制器

1—连上电源线和光源输出线；2—接通电源；3—打开电源开关；4—通过旋转变位器来调整光源的光亮程度

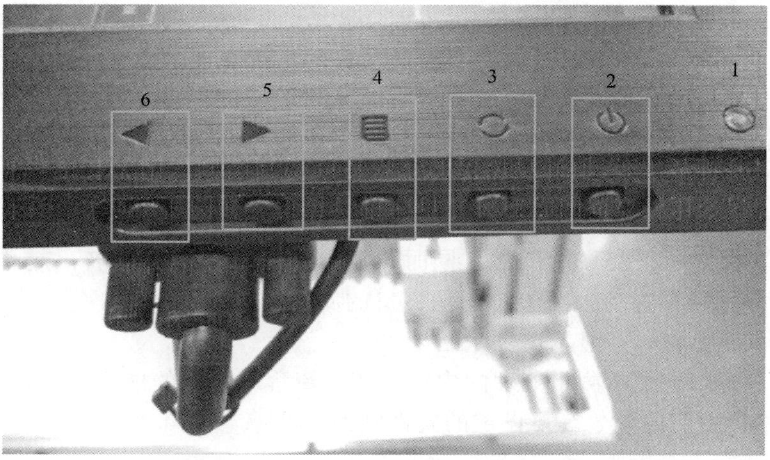

图 4-4　显示器按键

1—电源指示灯；2—开关机按键；3—信号源切换按键；4—系统参数设置；5—方向键 1；6—方向键 2

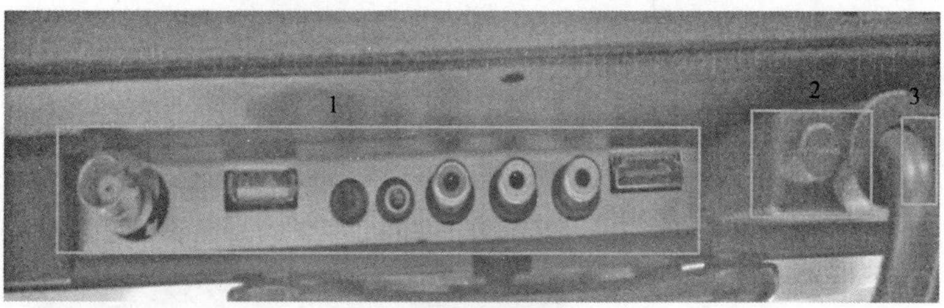

图 4-5　显示器辅助接口

1—显示器辅助接口；2—外部信号显示接口（VGA）；3—电源接口

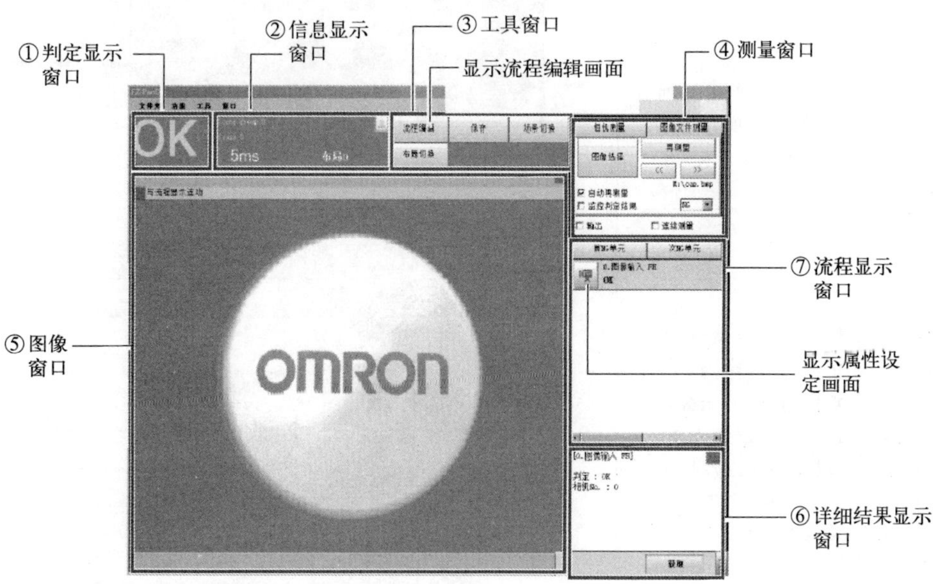

图 4-6　视觉系统软件界面

c. “输出”：将调整画面中的试测量结果输出到外部时，勾选该选项；不输出到外部，仅进行传感器控制器单独的试测量时，取消该项目的勾选。这个设定菜单用于在显示主画面时，临时变更设定。切换场景或布局后，将不保存测量窗口“输出”中设定的内容，而是应用布局设定“输出”中的设定内容。应根据具体用途使用。

d. “连续测量”：希望在调整画面中连续进行试测量时，勾选该选项。勾选“连续测量”并点击“测量”后，将连续重复执行测量。

⑤ 图像窗口　显示已测量的图像。同时，显示选中的处理单元名，或“与流程显示连动”。点击处理单元名的左侧，可显示图像窗口的属性画面。

⑥ 详细结果显示窗口　显示试测量结果。

⑦ 流程显示窗口　显示测量处理的内容（测量流程中设定的内容）。点击各处理项目的图标，将显示处理项目的参数等要设定的属性画面。

4.1.2 欧姆龙视觉系统的校准

（1）视觉标定（见表 4-1）

表 4-1　视觉标定

步骤		内容	图示
检测前确认	1	确定机器人是否在检测拍照位（X、Y、Z 位置确认），校准板是否在需要的视野范围	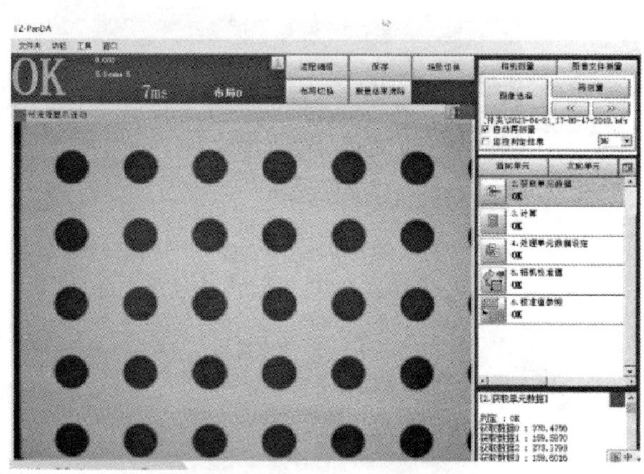
	2	对焦是否清晰，不清晰的应调整到清晰状态后锁定，不能再更改，否则校准失效	
	3	光源亮度调整到合适，使检测项目的边缘对比度明显	
检测第一步（确定校准流程）	4	使用 9 点标定，需采集 X、Y 坐标，共 18 个数据，获取单元数据和设定单元数据为 16 个数据。采用两组，按照右图所示添加相应的视觉流程	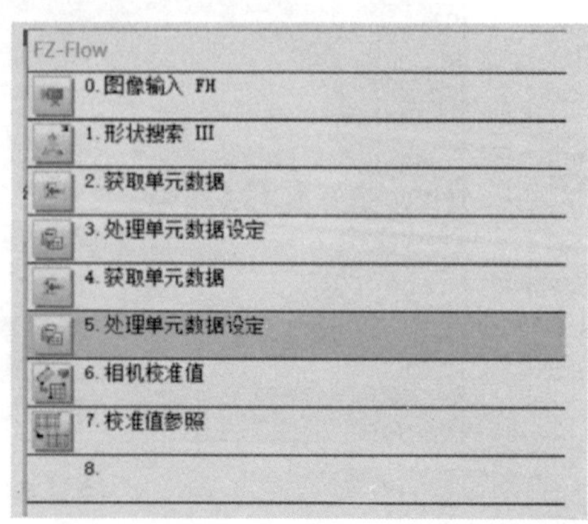

<table>
<tr><th colspan="2">步骤</th><th>内容</th><th>图示</th></tr>
<tr><td rowspan="8">检测第二步（形状搜索）</td><td>5</td><td>打开形状搜索Ⅲ</td><td></td></tr>
<tr><td>6</td><td>选择椭圆将黑圆点框选(露出边缘)并登录为模型</td><td>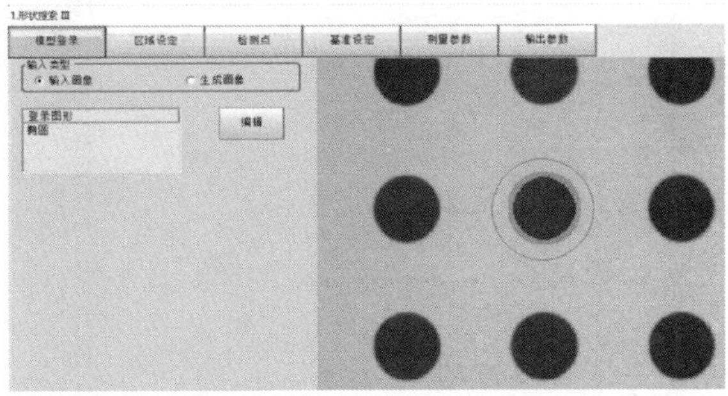</td></tr>
<tr><td>7</td><td>用长方形将检测的区域框定在 9 个点的范围</td><td>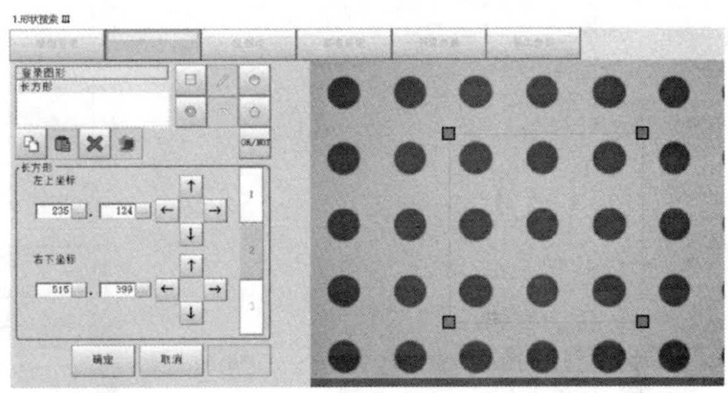</td></tr>
<tr><td>8</td><td>在测量参数内将候选值设为 80(相似度不低于 80)</td><td></td></tr>
<tr><td>9</td><td>勾选高精度模式</td><td rowspan="4">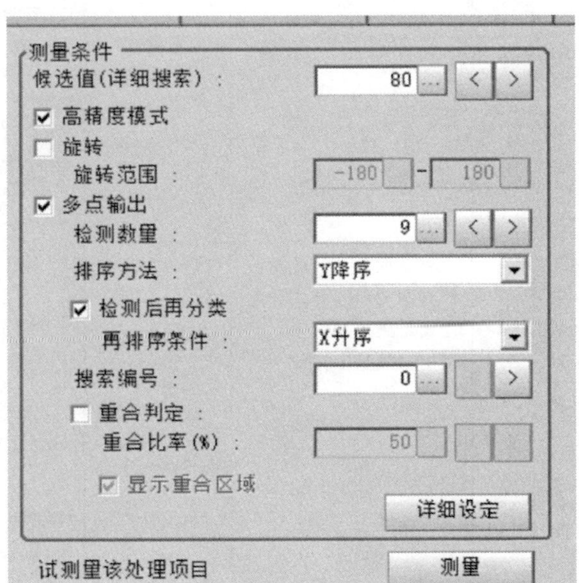
</td></tr>
<tr><td>10</td><td>勾选多点输出</td></tr>
<tr><td>11</td><td>排序方法选择“Y 降序”</td></tr>
<tr><td>12</td><td>勾选检测后再分类，再排序条件选择“X 升序”</td></tr>
</table>

步骤		内容	图示
检测第三步（获取单元数据）	13	获取形状搜索中 9 个点坐标的 X、Y 值。40000 是第 1 个点的 X 值，50000 是第 1 个点的 Y 值，以此类推。	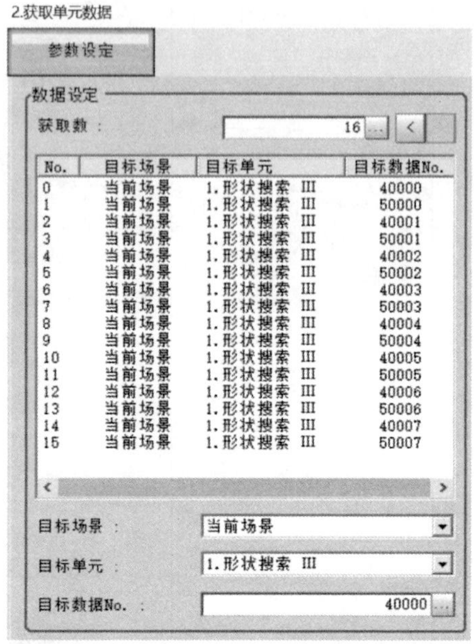
	14	填满 16 个数据后，在第二个获取单元数据中填第 9 个点的数据 X，Y(40008,50008)	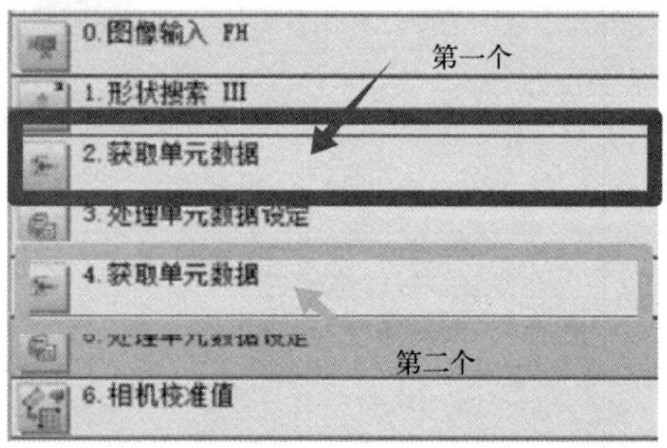
检测第四步（处理单元数据设定）	15	将获取单元的数据按照右图所示的方式和顺序设定到校准值表点校准中的测量坐标中	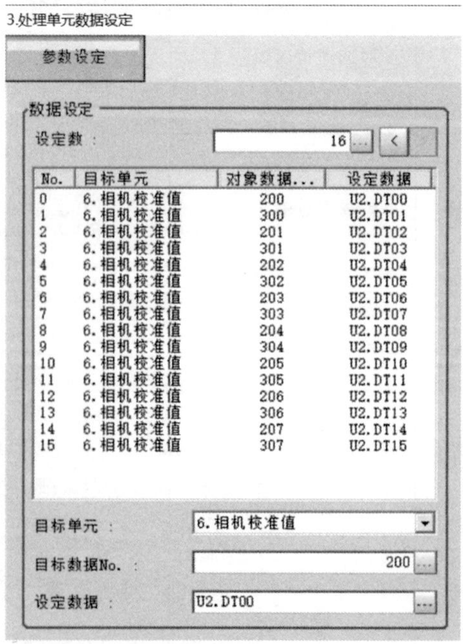

续表

步骤		内容	图示
检测第五步（相机校准值）	16	经过数据获取和数据设定，点坐标界面中的点坐标就会变成形状搜索出来的坐标，再将标点的实际坐标值填入实际坐标项。并按一次校准值生成按钮，生成校准表	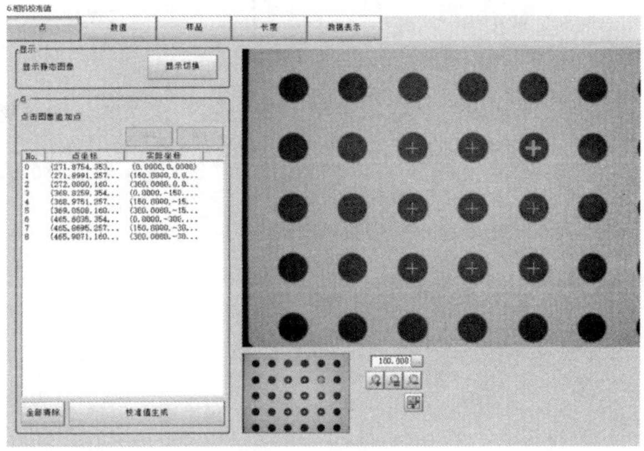
检测第六步（相机校准值）	17	生成参数后确认一下参数表是否正确（看一下视野是否与实际相符）	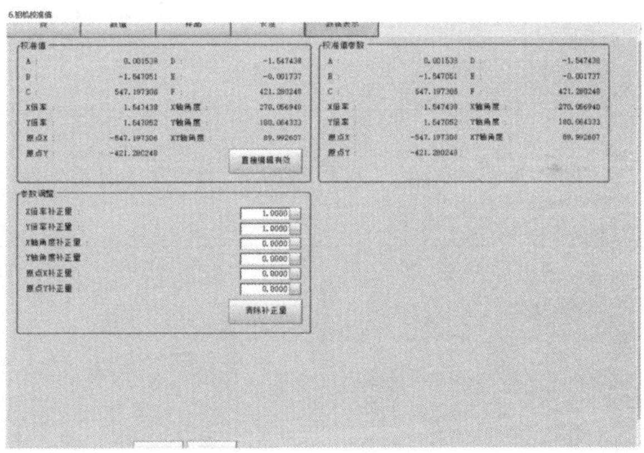
检测第七步	18	最后在测量栏里看一下测量的数据与实际是否相符。如相符，说明校准完成；如差别较大，应检测以上步骤，重新确认	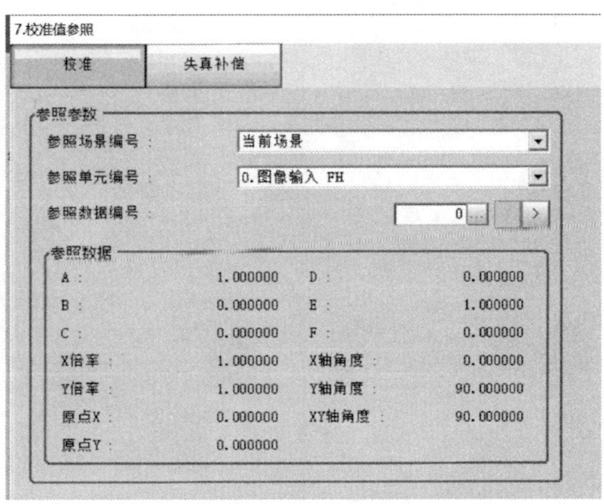
检测第八步（校准值参照）	19	将表的场景编号和单元编号设定到校准值参照	

续表

步骤		内容	图示
检测第九步(引用)	20	上面是单独做的一个校准场景，然后在实际运行场景中引用校准值参照数，并把它放在图像输入后面，把后面测量项目的校准打开，即可完成	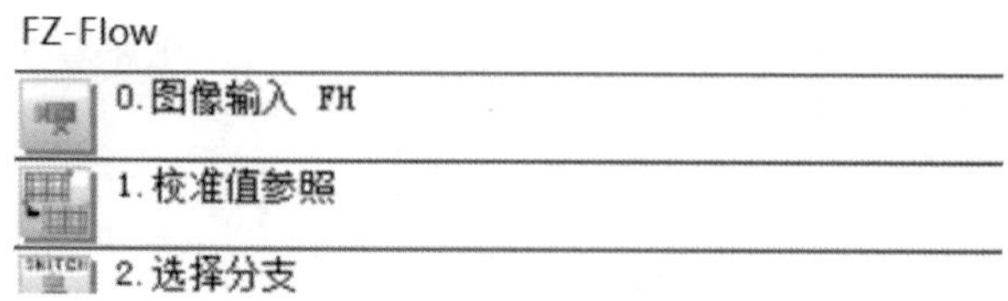
	21		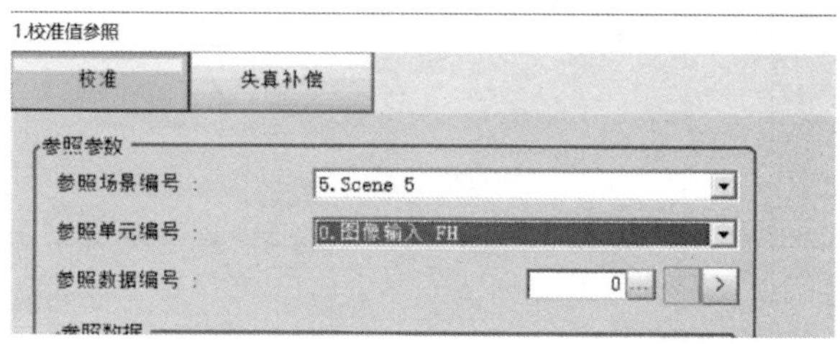

（2）直线长度检测（见表 4-2）

表 4-2 直线长度检测

步骤	内容	图示
1	在检测流程中添加“扫描边缘宽度”	
2	区域设定选择“宽直线”(箭头方向为检测长度的方向)	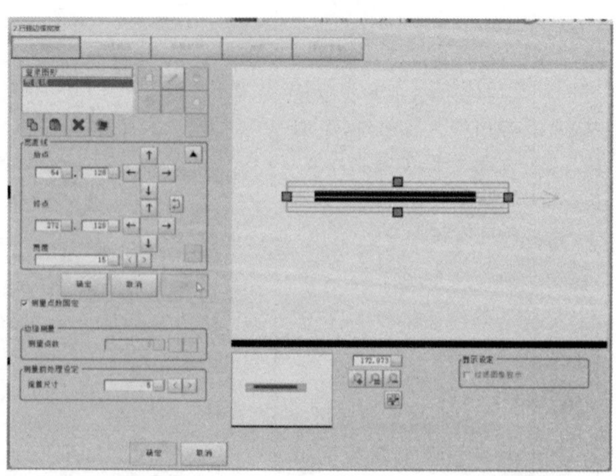

续表

步骤	内容	图示
3	边缘检测模式选择“指定颜色 IN”	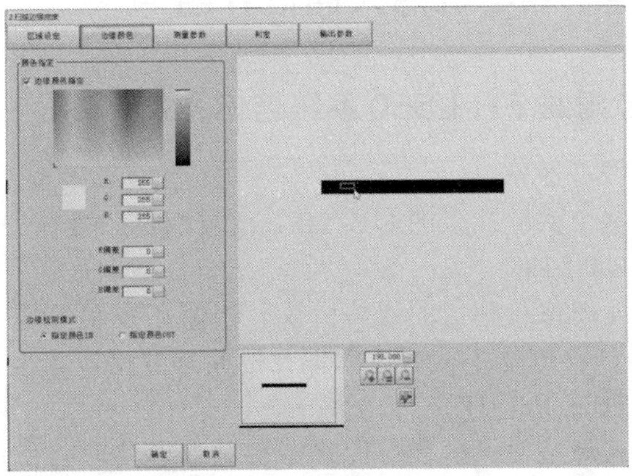
4	“边缘颜色指定”在黑线内部框选出黑色	

(3) 圆的直径检测(见表 4-3)

表 4-3 圆的直径检测

步骤	内容	图示
1	在检测流程中添加“圆形扫描边缘宽度”	
2	区域设定选择圆周方式登录图形(保证小圈在圆内,大圈在圆外)	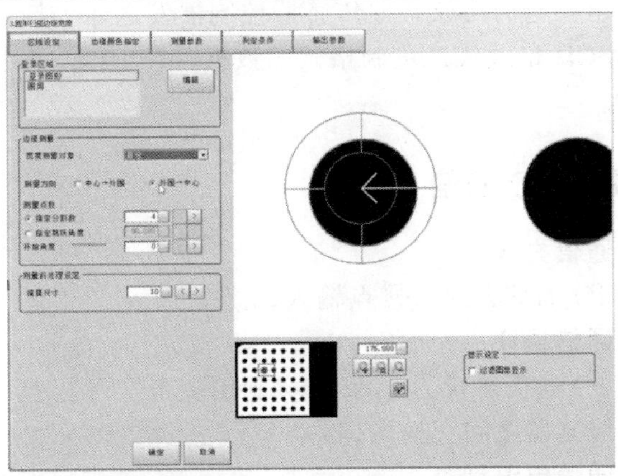
3	宽度测量对象选择“直径”	
4	测量方向选择“外围——→中心”	
5	边缘检测模式选择“指定颜色 IN”	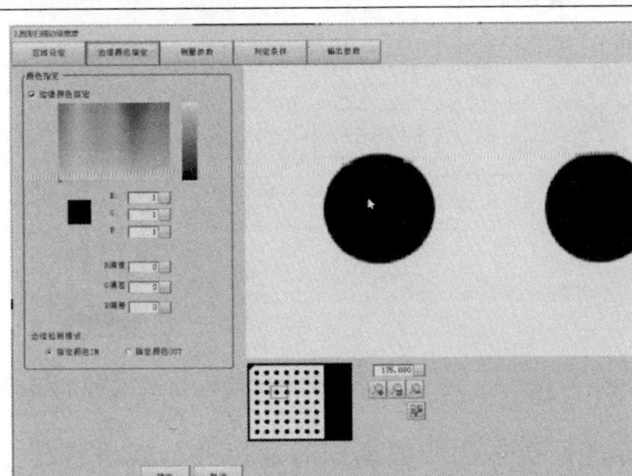
6	勾选出圆内颜色(黑色)	

4.2 控制器与机器人通信介绍

4.2.1 欧姆龙 FH-L550 系统通信方式

(1) 并行通信

利用多个实际接点的 ON/OFF 信号组合，可在外部装置和传感器控制器之间交换数据。

(2) PLC LINK

欧姆龙图像传感器的通信协议。将保存控制信号、命令/响应、测量数据的区域分配到 PLC 的 I/O 存储器中，通过周期性地共享数据，实现 PLC 和图像传感器之间的数据交换。

(3) EtherNet/IP

开放式通信协议。在与传感器控制器通信时，使用标签数据链路。在 PLC 上创建与控制信号、命令/响应、测量数据对应的结构型变量，将其作为标签，在标签数据链路中进行输入输出，实现 PLC 和传感器控制器的数据交换。

(4) EtherCAT（仅 FH）

开放式通信协议。在与传感器控制器通信时，使用 PDO（过程数据）通信。事先准备与控制信号、命令/响应、测量数据对应的 IO 端口，利用分配到这些端口的变数，进行 PDO 通信的输入输出，实现 PLC 和传感器控制器的数据交换。

(5) 无协议通信

不使用特定的协议，向传感器控制器发送命令帧，然后从传感器控制器接收响应帧。通过收发 ASCII 格式或二进制格式的数据，在 PLC、PC 等外部装置与传感器控制器之间实现数据交换。

4.2.2 并行 IO 通信

(1) 通信方式

并行 IO 通信方式为接点输入。

(2) 通信协议

并行 IO 通信协议为并行 IO（利用多个实际接点的 ON/OFF 信号组合，可在外部装置和传感器控制器之间交换数据）。

(3) 通信电缆种类

并行通信电缆有并行 IO 电缆，如图 4-7 所示。

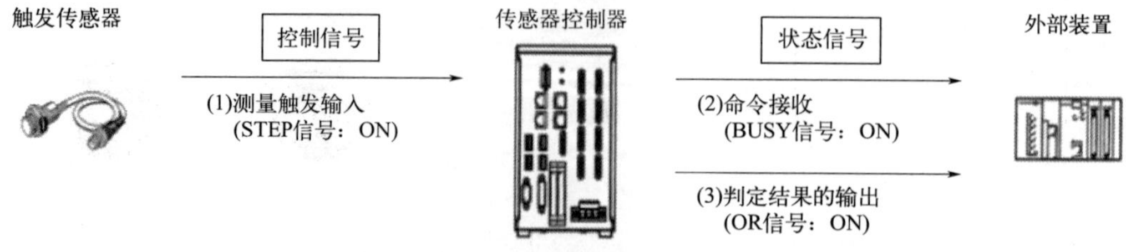

图 4-7 工业机器人与视觉控制器通过并行 IO 通信

并行传送是指多比特数据同时通过并行线进行传送，如图 4-8 所示。这样数据传送速度大大提高，其信号见表 4-4。但并行传送的线路长度受到限制，因为长度增加，干扰就会增加，数据也容易出错。

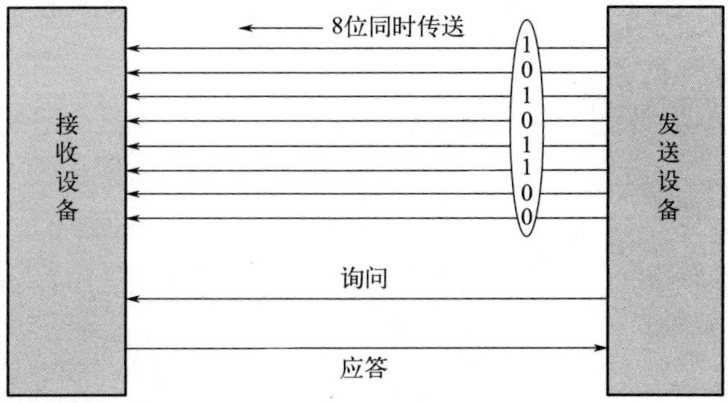

图 4-8　并行传送

(4) 并行通信流程

① 外部装置打开 STEP 信号，测量触发。

② 传感器控制器确认有 STEP 信号 ON 输入后，将向外部装置输出 BUSY 信号，然后执行测量。

③ 传感器控制器在结束测量后，会利用 OR 信号，输出判定结果。

表 4-4　并行信号

信号	意义	功能
STEP	测量执行位	执行测量时打开的信号
BUSY	处理执行中信号	通知信号，表示在处理命令等外部输入时，无法接收新的输入
OR	综合判定结果输出信号	通知综合判定结果的信号
GATE	数据输出结束信号	通知信号，向用户(PLC)告知读取测量结果的时间。该信号为 ON 时，表示处于可输出数据的状态
DI	命令输入用信号	从并行接口输入各种命令的信号

(5) 工业机器人并行通信设置

工业机器人与视觉控制器通过并行 IO 通信。例如，机器人与视觉通信的输入端地址为 10，输出端地址为 10，具体信号见表 4-5。

表 4-5　工业机器人与视觉控制器通过并行 IO 通信

对象 1	功能	信号	名称	对象 2
机器人(输出)	允许拍照	DO10_10	Allow Photo	视觉控制器(输入)
	场景切换	DO10_15	Scene Affirm	
	场景选择(组信号)	DO10_11	Scene	
		DO10_12		
		DO10_13		
		DO10_14		
机器人(输入)	检测 OK	DI10_13	CCD OK	视觉控制器(输出)
	检测完成	DI10_14	CCD Finish	
	正在检测	DI10_15	CCD Running	

（6）视觉系统及其在通信时设置（表 4-6）［二维码 4-2-1 视觉系统通信设置］

4-2-1

表 4-6 视觉系统及其在通信时的设置

步骤		操作	图示
视觉系统通信设置	1	在显示屏上选择“工具”里的“系统设置”	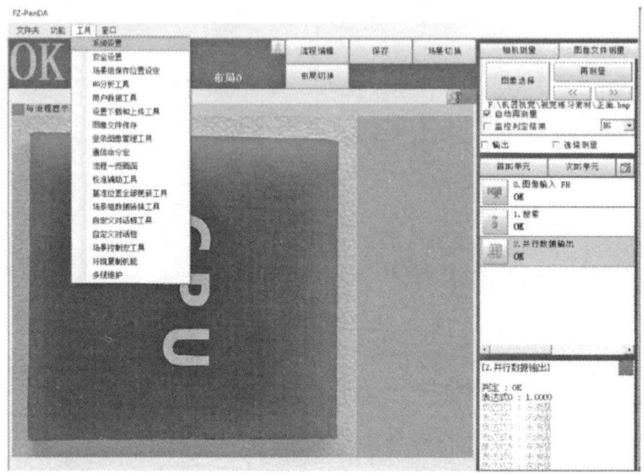
	2	在“启动设定”里的“通信模块选择”中选择“标准并行 I/O”	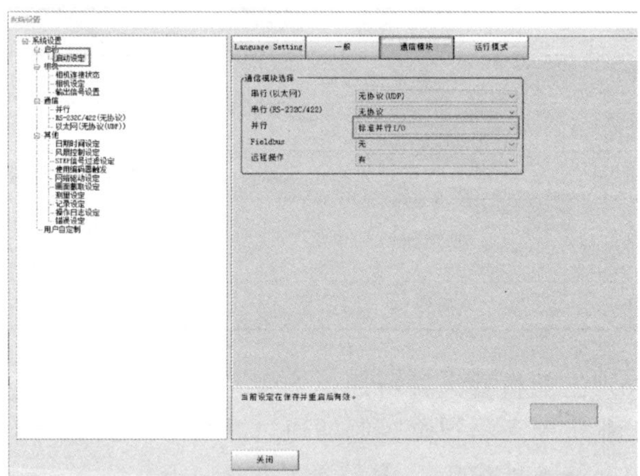
	3	选择“工具”里的“系统设置”，单击“通信”节点下的子选项“并行”	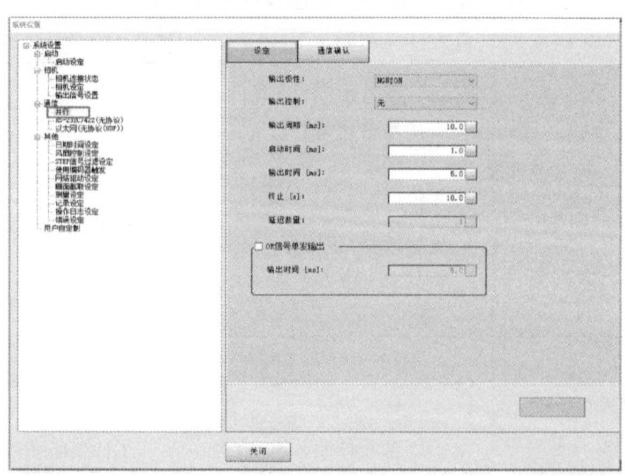

续表

步骤		操作	图示
视觉系统通信设置	4	将“输出极性”设置为“OK 时 ON”，即 OR 信号(综合判定结果信号)作为判定输出时，结果为 OK 输出为 ON	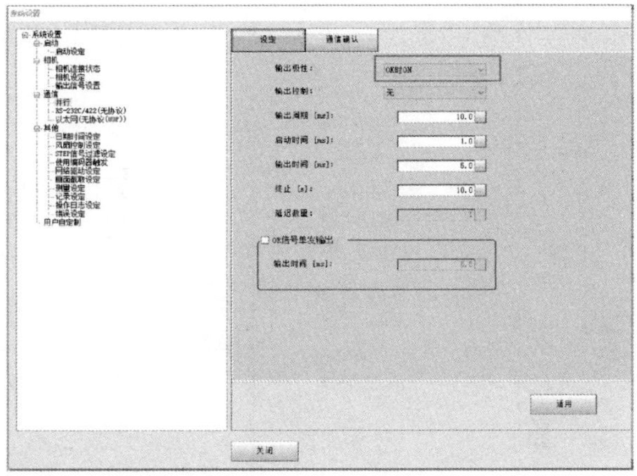
	5	将“输出控制”设置为“无”，即在不与外部装置同步的情况下输出测量结果。 注意：同步有两种。同步交换指的是需要外部触发 DSA 信号(数据输出请求信号)后，数据并口才会输出数据。同步输出指的是延迟 n(“延迟数量”中设置的 STEP 信号 ON 的次数)个 STEP 信号(测量触发输入信号)，数据输出与下一个 STEP 信号同步	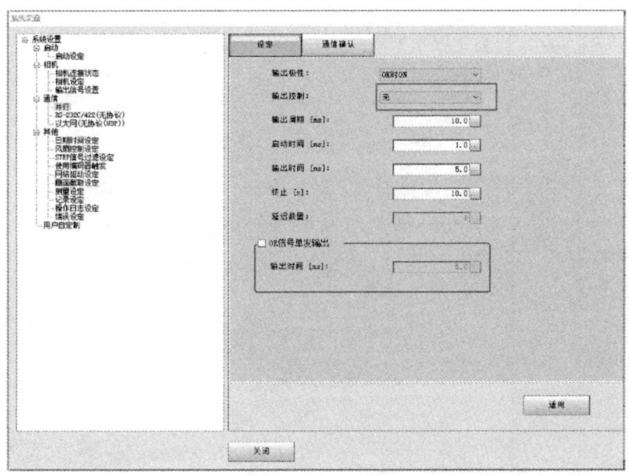
	6	将“输出周期”设置为 2000ms，此值应大于“启动时间”+“输出时间”，并小于测量间隔	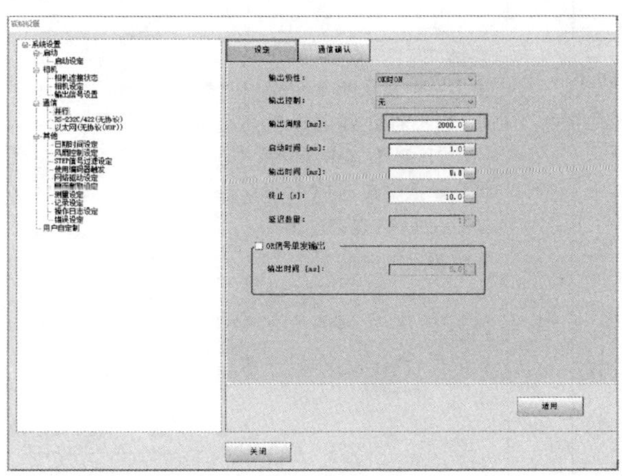

续表

步骤		操作	图示
视觉系统通信设置	7	将“启动时间”设置为1ms，即视觉控制器输出信号需要准备的时间	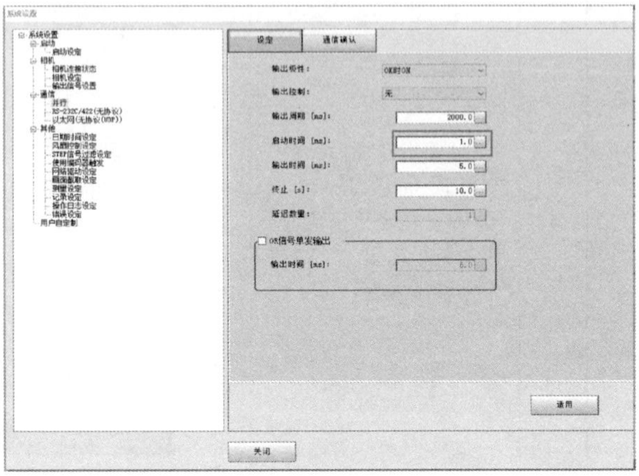
	8	将“输出时间”设置为1000ms，即从启动时间结束到PLC接收到信号需要的时间	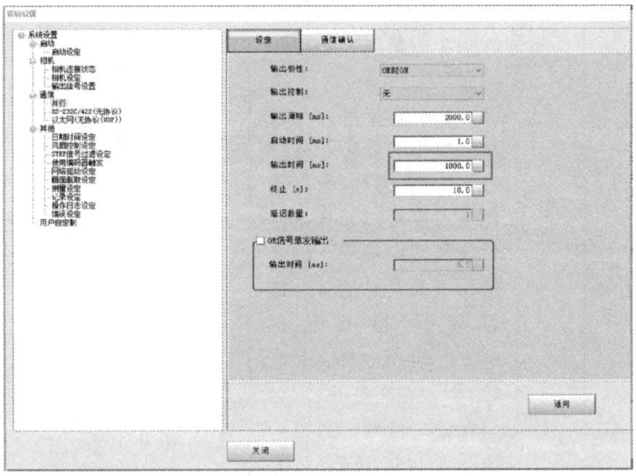
	9	选中“OR信号单发输出”，即确认测量结果后，如果符合判定输出的ON条件，OR信号将在单次输出时间中的指定时间内变为ON，超过指定的时间后变为OFF。将“输出时间”设置为1000ms，即输出状态的保持时间。然后单击“适用”按钮完成设置	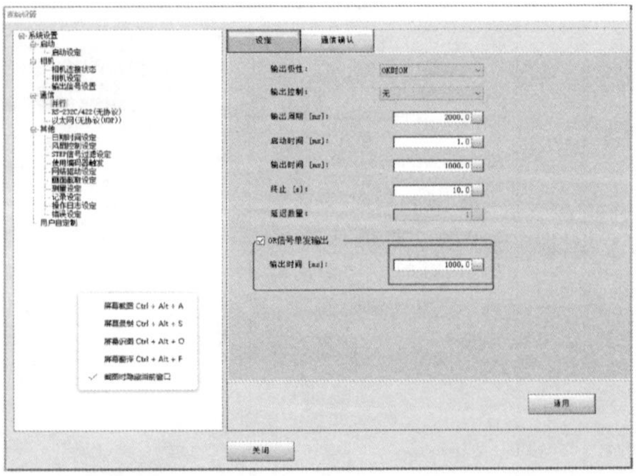

续表 4-2-2

<table>
<tr><th colspan="2">步骤</th><th>操作</th><th>图示</th></tr>
<tr><td colspan="4">芯片正反面识别［二维码 4-2-2］</td></tr>
<tr><td>场景切换</td><td>10</td><td>单击“场景切换”按钮，选择场景组“0. Scene group 0”，新建视觉检测场景为“0. Scene 0”</td><td>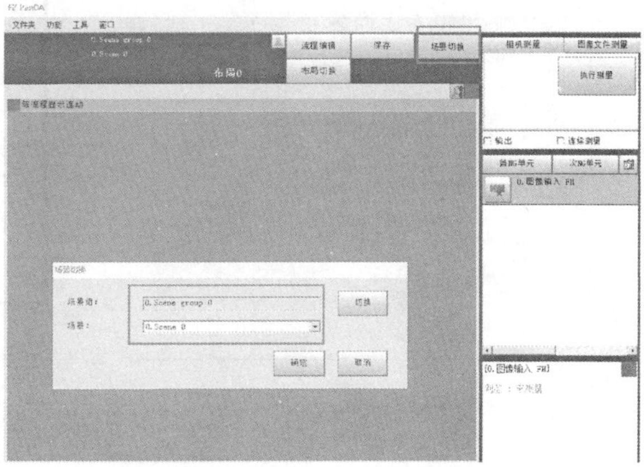</td></tr>
<tr><td rowspan="2">图像输入设置</td><td>11</td><td>单击“0. 图像输入 FH”，设定相机参数</td><td>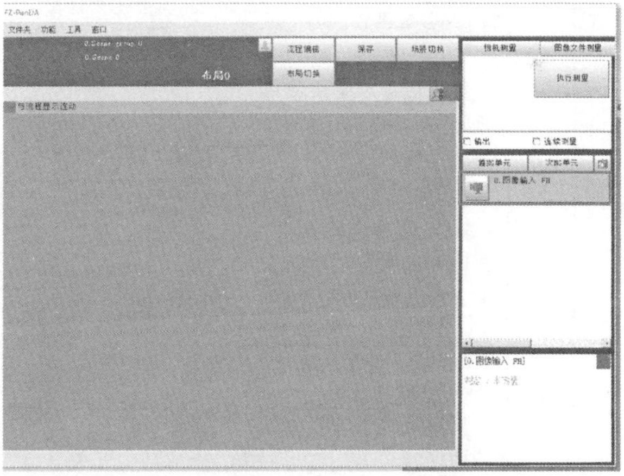</td></tr>
<tr><td>12</td><td>单击左上角绿色矩形，“图像模式”选择“相机图像 动态”，之后就可以看到相机拍摄场景</td><td>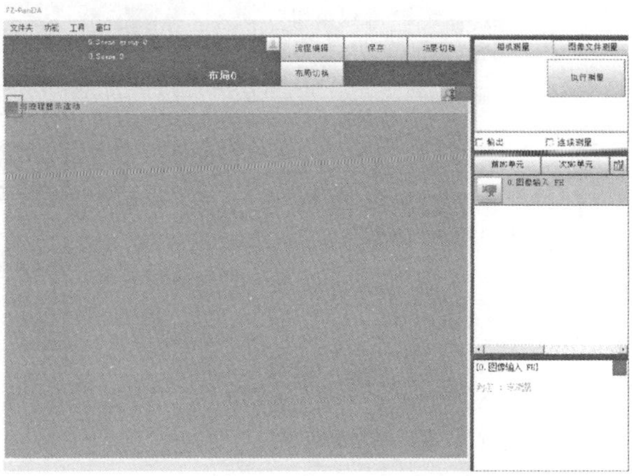</td></tr>
</table>

续表

<table>
<tr><th colspan="2">步骤</th><th>操作</th><th>图示</th></tr>
<tr><td>图像输入设置</td><td>12</td><td>单击左上角绿色矩形,“图像模式”选择“相机图像 动态”,之后就可以看到相机拍摄场景</td><td>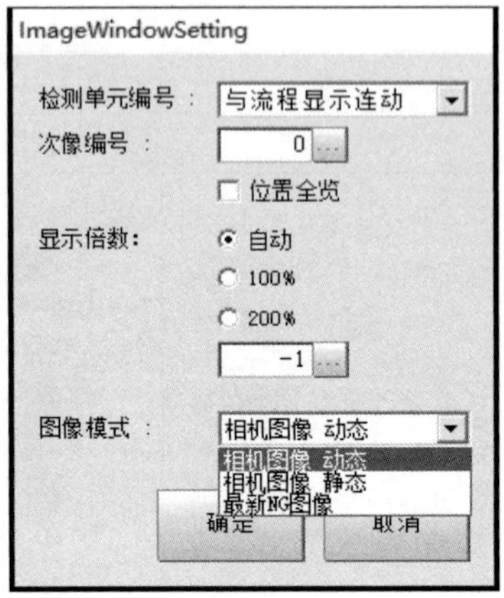
</td></tr>
<tr><td rowspan="3">相机设置界面</td><td>13</td><td>1. 相机选择。
选择正在使用的相机</td><td rowspan="3">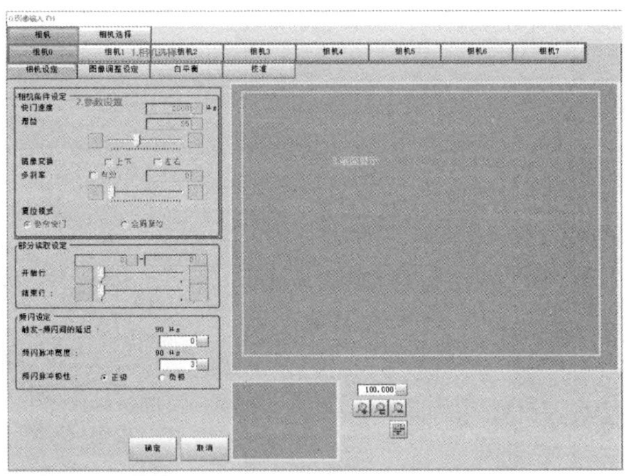</td></tr>
<tr><td>14</td><td>2. 参数设置。
a. 快门速度：
如果测量对象快速移动,且图像模糊,应选择更快的快门速度。
b. 增益：
如果调整快门速度,光圈和照明无法使图像变亮,应调整相机增益</td></tr>
<tr><td>15</td><td>3. 画面显示。
可以显示相机的动态画面</td></tr>
<tr><td rowspan="3">视觉检测流程搭建</td><td>16</td><td>1. 点击“流程编辑”,进入测试流程搭建界面</td><td rowspan="3">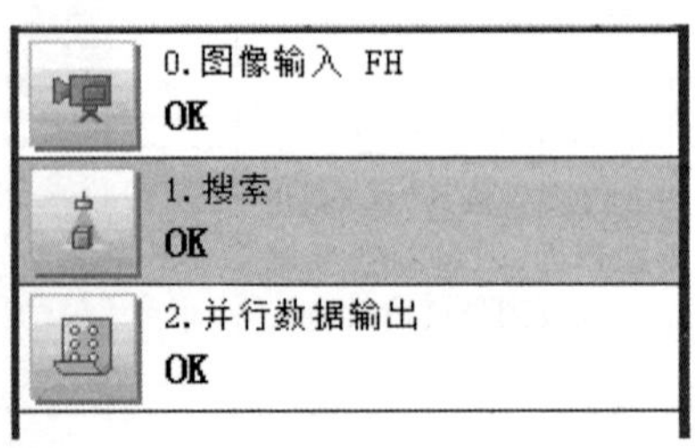
</td></tr>
<tr><td>17</td><td>2. 从右侧项目处理单元中,选择“搜索”项目添加到流程</td></tr>
<tr><td>18</td><td>3. 从右侧项目处理单元中,选择“并行数据输出”项目添加到流程</td></tr>
</table>

续表

<table>
<tr><th colspan="2">步骤</th><th>操作</th><th>图示</th></tr>
<tr><td>搜索
设置</td><td>19</td><td>在主界面中，单击“搜索”项目，进入搜索的编辑界面</td><td>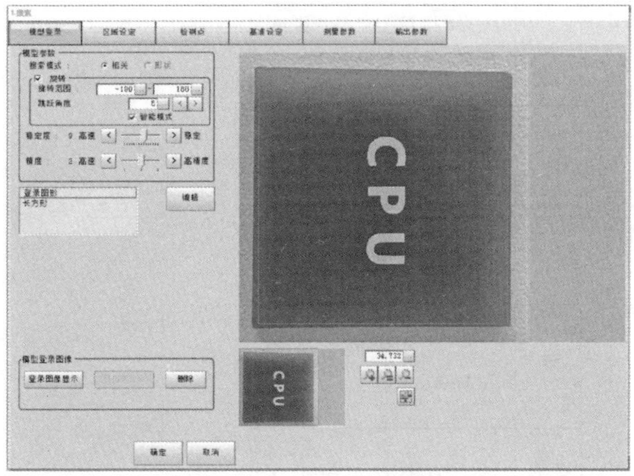</td></tr>
<tr><td rowspan="5">模型
登录
设置</td><td>20</td><td>1. 单击“模型登录”</td><td rowspan="5">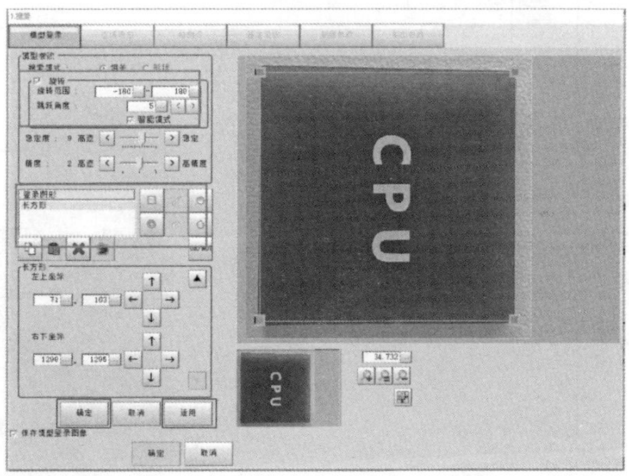</td></tr>
<tr><td>21</td><td>2. 在“登录图形”中单击“长方形”，右侧图像中会出现一个矩形方框，框选中需要的识别物料</td></tr>
<tr><td>22</td><td>3. 其余参数使用默认设置</td></tr>
<tr><td>23</td><td>4. 点击“适用”</td></tr>
<tr><td>24</td><td>5. 再点击“确定”</td></tr>
<tr><td rowspan="5">区域
设定</td><td>25</td><td>1. 单击“区域设定”</td><td rowspan="5">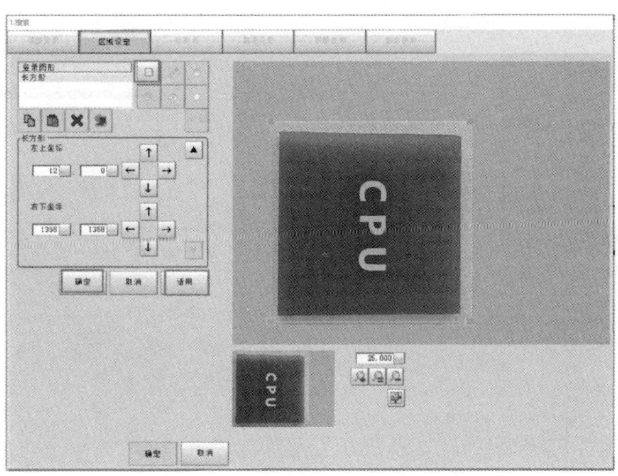</td></tr>
<tr><td>26</td><td>2. 在“登录图形”中单击“长方形”，右侧图像中会出现一个矩形方框，框选中需要的区域</td></tr>
<tr><td>27</td><td>3. 其余参数使用默认设置</td></tr>
<tr><td>28</td><td>4. 点击“适用”</td></tr>
<tr><td>29</td><td>5. 再点击“确定”。注意：此选项为智能相机将要搜索的画幅区域，需根据具体情况调整大小</td></tr>
</table>

续表

步骤		操作	图示
测量参数设定	30	1.“检测点”与“基准设定”使用默认设置	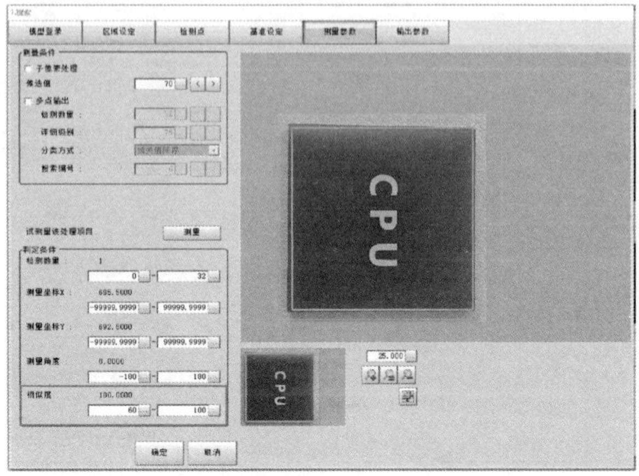
	31	2. 单击“测量参数”	
	32	3. 选择“相似度”	
	33	4. 将其数值更改为“60～100”	
	34	5. 其余参数使用默认值	
视觉系统通信设置	35	视觉系统通信设置——当芯片为反面时，结果显示 NG	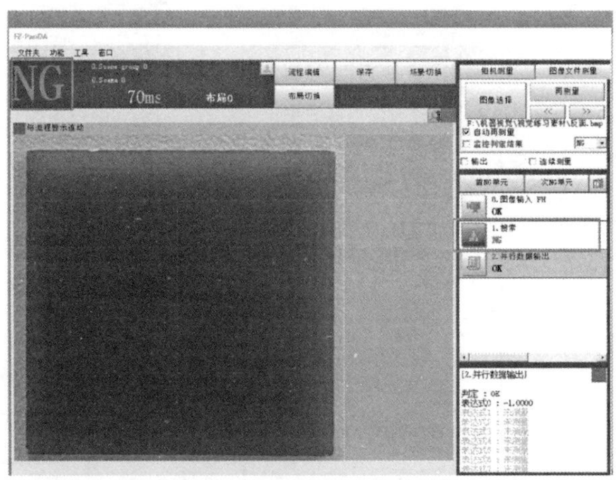
并行数据输出	36	在主界面中，单击“并行数据输出”项目，进入并行数据输出的编辑界面	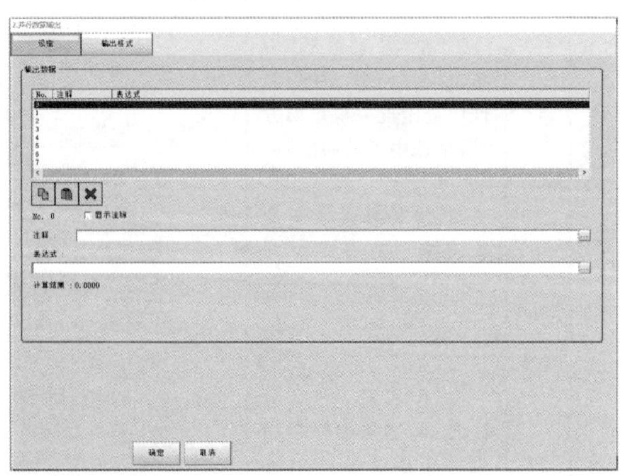

续表

<table>
<tr><th colspan="2">步骤</th><th>操作</th><th>图示</th></tr>
<tr><td rowspan="3">并行数据输出</td><td>37</td><td>单击“表达式”</td><td rowspan="2">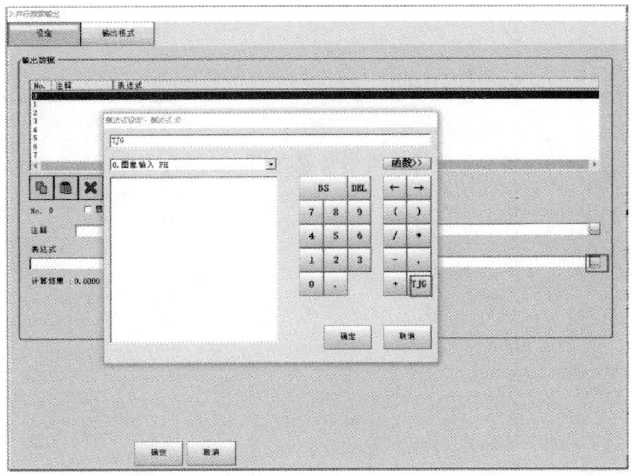
</td></tr>
<tr><td>38</td><td>选择“TJG”，点击“确定”</td></tr>
<tr><td>39</td><td>主界面勾选输出</td><td>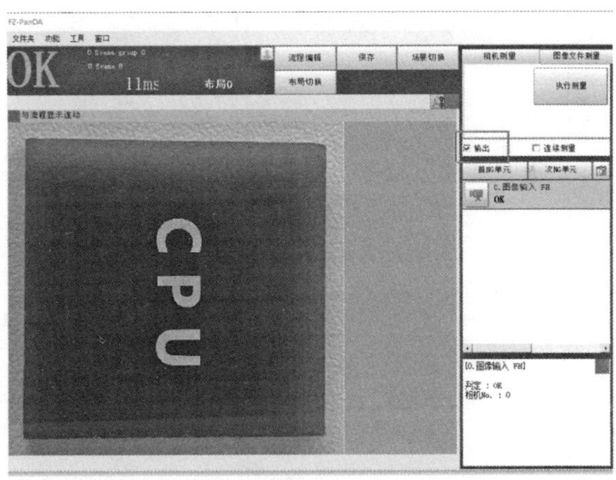
</td></tr>
</table>

（7）工业机器人通信设置（表 4-7）

表 4-7　工业机器人通信设置

<table>
<tr><th colspan="2">步骤</th><th>操作</th><th>图示</th></tr>
<tr><td>信号设置</td><td>1</td><td>工业机器人组输出信号设置</td><td>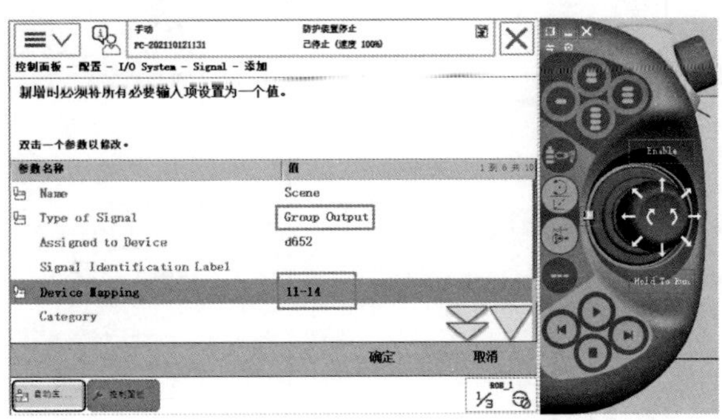
</td></tr>
</table>

步骤		操作	图示
信号设置	2	工业机器人信号设置	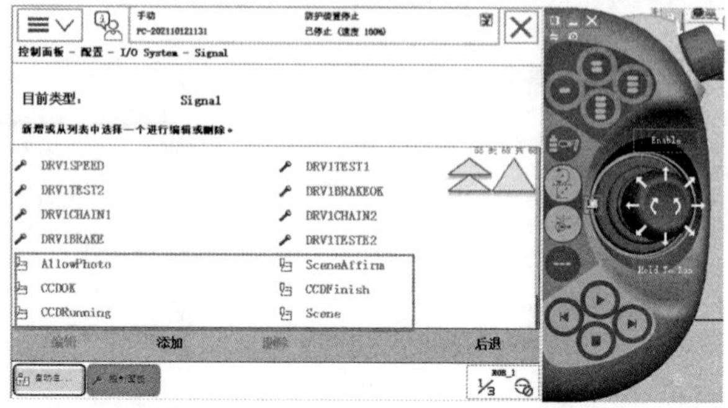
新建例行程序	3	sjjc(视觉检测程序)	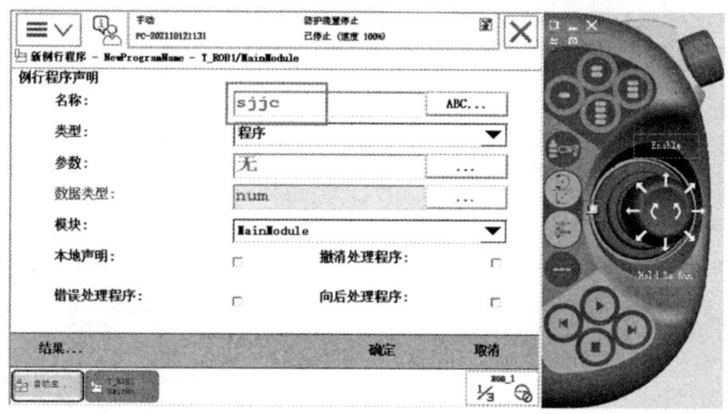
	4	添加参数	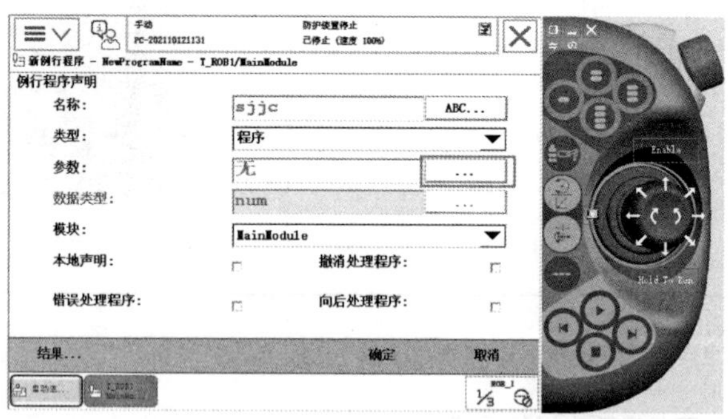
	5		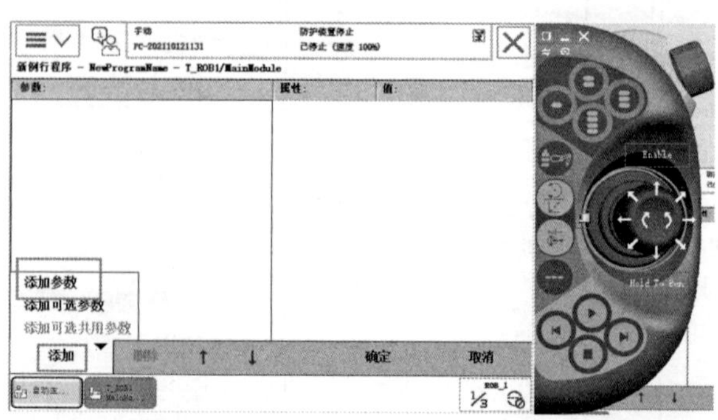

续表

步骤		操作	图示
新建例行程序	6	添加参数 cj	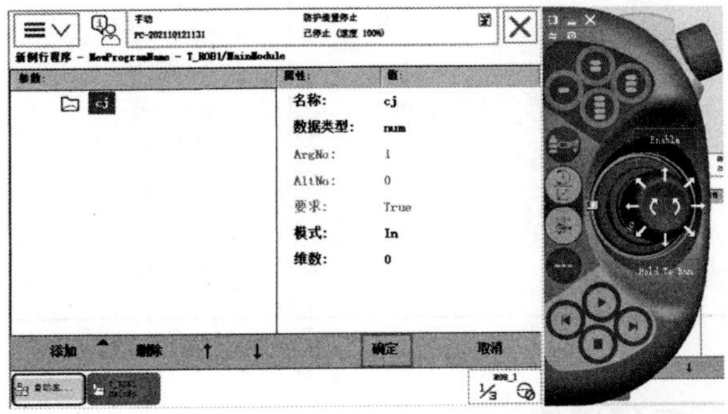
	7		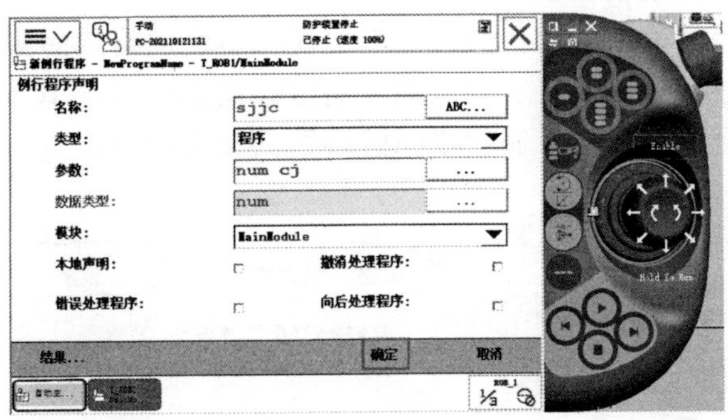
检测程序	8	视觉检测程序	Sjjc PROC sjjc(num cj) MoveJ Offs(jcwz,0,0,50), v200, fine, tool0; MoveL jcwz, v50, fine, tool0; Reset AllowPhoto; WaitTime 0.5; Reset SceneAffirm; WaitTime 0.5; SetGO Scene, cj − 1; WaitTime 0.5; Set SceneAffirm; WaitTime 0.5; Set AllowPhoto; WaitTime 0.5; WaitDI CCDFinish, 1; ENDPROC

续表

步骤		操作	图示

主程序	9	机器人主程序	PROC main()
			quliao;
			sjjc 1;
			IF CCDOK = 1 THEN
			zhuangpei;
			ELSE
			fangliao;
			ENDIF
			ENDPROC

4.2.3 串行通信

(1) 通信方式

串行通信的通信方式为帧传输。

(2) 通信协议

串行通信的通信协议为无协议（不使用特定的协议，向传感器控制器发送命令帧，然后从传感器控制器接收响应帧。通过收发 ASCII 格式或二进制格式的数据，在 PLC、PC 等外部装置与传感器控制器之间实现数据交换，如图 4-9 所示）。

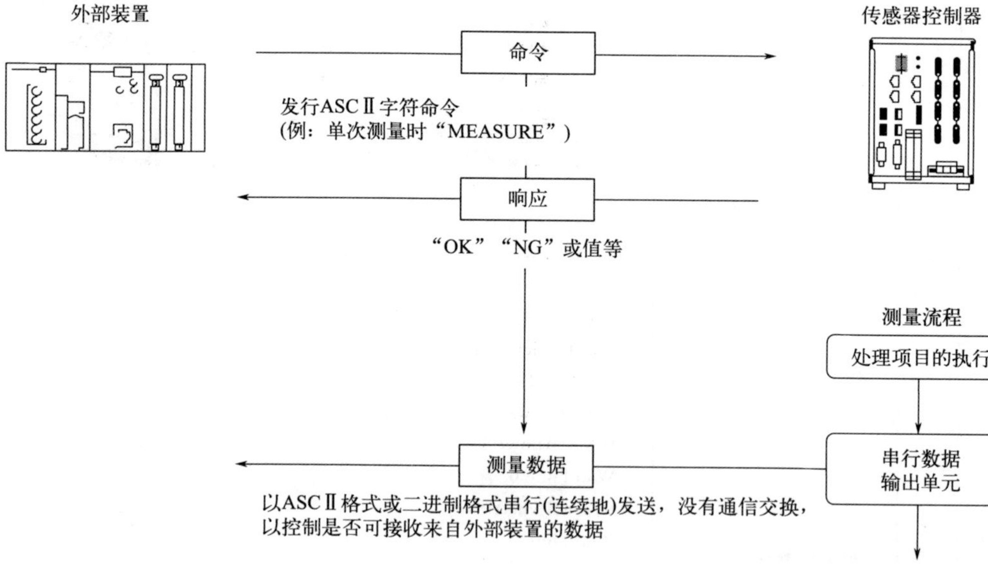

图 4-9　无协议通信

(3) 通信电缆种类

串行通信电缆有以太网或 RS-232C/422，如图 4-10 所示。ABB 机器人实现 TCP/IP 通信的前提是必须要有 616-1 PC Interface 选项功能。

(4) 通信程序

视觉系统与机器人的通信通过机器人端通信程序完成，包括视觉通信连接、视觉检测请求/状态的通信和视觉检测结果的通信。

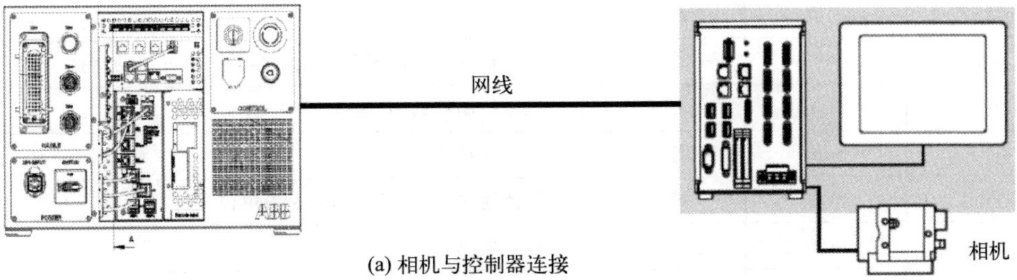

(a) 相机与控制器连接

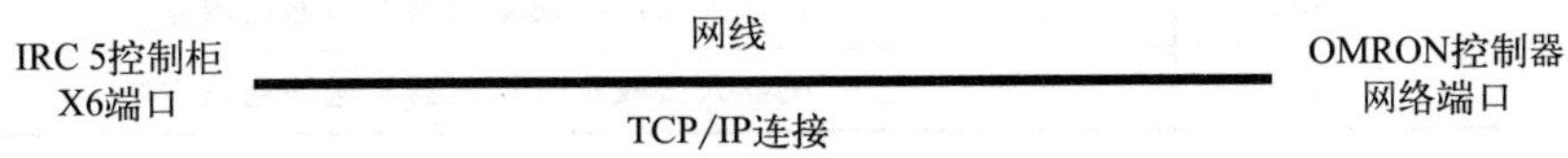

(b) 网线

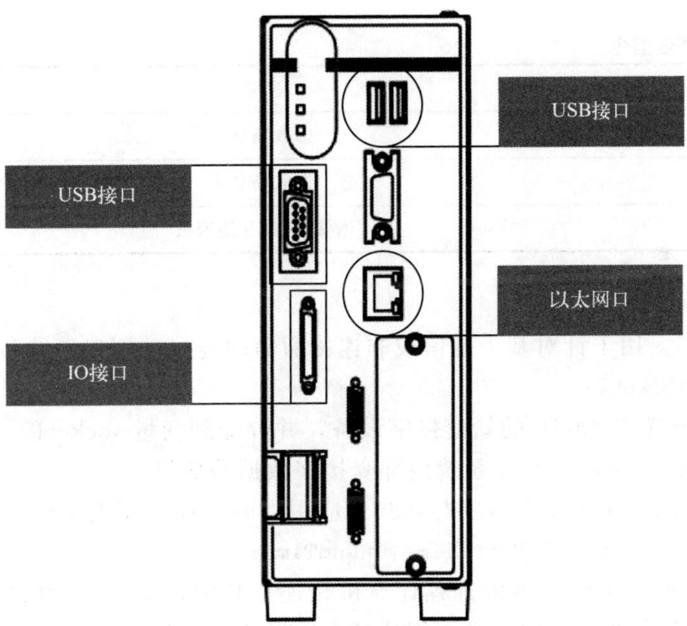

FZ5-L350

(c) 接口

图 4-10　以太网通信

a. 视觉通信连接。由机器人向视觉控制器发送字符串，选择合适的场景进行工作。

b. 视觉检测请求/状态的通信。机器人向视觉控制器发送字符串，请求检测。

c. 视觉检测结果的通信。检测结果以字符串的形式发送给机器人，机器人解码字符串获取信息。

① 通信方式 Socket。Socket 是一种抽象层，应用程序通过它来发送和接收数据，使用 Socket 可以将应用程序添加到网络中，与处于同一网络中的其他应用程序进行通信。简单来说，Socket 提供了程序内部与外界通信的端口，并为通信双方提供了数据传输通道。

② 视觉通信连接程序所需变量（表 4-8）。

表 4-8　视觉通信连接程序所需变量

变量	数据类型	存储类型	含义
SocSocket	socketdev	变量	用于机器人控制器与视觉控制器网络连接的套接字
StrIP	string	常量	视觉控制器的 IP 地址
NumPort	num	常量	通信连接端口号
NumTime	num	常量	等待连接的最大时长，以 s 为单位
NumScene	num	变量	视觉检测场景号
StrCommand	string	变量	通信指令字符串
StrWrite	string	变量	机器人发送给视觉控制器的通信内容
StrReceive	string	变量	机器人接收视觉控制器发送的通信内容

（5）通信指令

① 视觉端以太网通信指令（表 4-9）。

表 4-9　视觉端以太网通信指令

名称	含义
S0	选取场景 0
S1	选取场景 1
M	通知 CCD 开始测量

② 机器人通信指令。

a. SocketCreate。用于针对基于通信或非连接通信的连接，创建新的套接字。实例：

```
SocketCreate socket1;
```

创建使用流型协议 TCO/IP 的新套接字设备，并分配到变量 socket1。其中，socket1 的数据类型为 socketdev，是用于存储系统内部套接字数据的变量。

b. SocketConnect。用于将套接字与客户端应用中的远程计算机相连。实例：

```
SocketConnect socket1,IP,Port\Time：= NumTime;
```

尝试与地址 IP 和端口 Port 处的远程计算机相连。其中，socket1 的数据类型为 socketdev，是有待连接的服务器套接字。必须创建尚未连接的套接字。

IP 的数据类型为 string，代表远程计算机的地址。

Port 的数据类型为 num，代表位于远程计算机上的端口。

\Time 的数据类型为 num，是程序执行等待确认是否成功连接的最长时间量。

c. SocketSend。用于将数据发送到客户端应用中的远程计算机。实例：

```
SocketSend socket\Str：= StrWrite;
```

StrWrite 的数据类型为 string，存储需要发送的数据。

d. SocketReceive。用于接收客户端应用中的远程计算机发送来的数据。实例：

```
SocketReceive socket\Str：= StrReceive;
```

StrReceive 的数据类型为 string，存储接收到的数据。

e. SocketClose。当不再使用套接字时，可使用 SocketClose 关闭套接字。实例：

```
SocketClose socket1;
```

关闭套接字，且不能再进行使用。

（6）网络连接、视觉检测编辑及工业机器人程序设计操作步骤（表 4-10）

表 4-10　网络连接、视觉检测编辑及工业机器人程序设计操作步骤

<table>
<tr><th colspan="4">网络连接</th></tr>
<tr><th colspan="2">步骤</th><th>操作</th><th>图示</th></tr>
<tr><td rowspan="2">设备外部连接</td><td>1</td><td>用网线连接机器人控制柜和视觉控制器。网线一端插在机器人控制柜的 WAN 接口</td><td>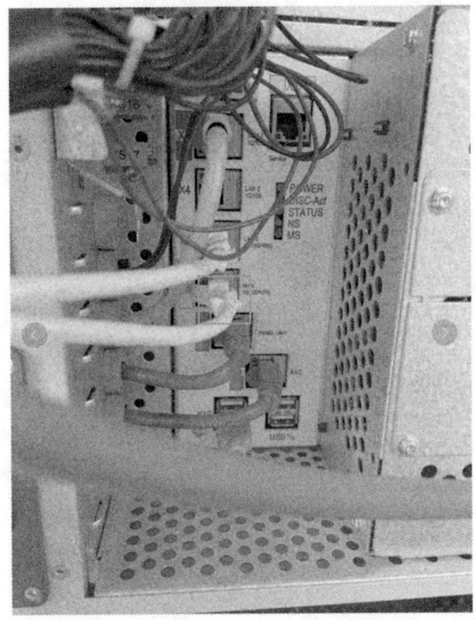</td></tr>
<tr><td>2</td><td>网线另一端插在视觉控制器的网线接口</td><td></td></tr>
<tr><td>视觉系统通信设置</td><td>3</td><td>选择“工具”里的“系统设置”</td><td>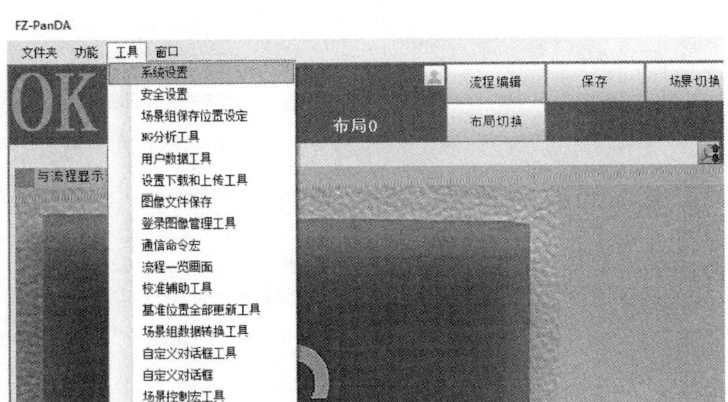
</td></tr>
</table>

<table>
<tr><th colspan="4">网络连接</th></tr>
<tr><th colspan="2">步骤</th><th>操作</th><th>图示</th></tr>
<tr><td rowspan="3">视觉系统通信设置</td><td>4</td><td>单击“启动设定”，选择通信模块“无协议(TCP)”，保存设定（功能—保存）后重启（功能—系统重启）</td><td>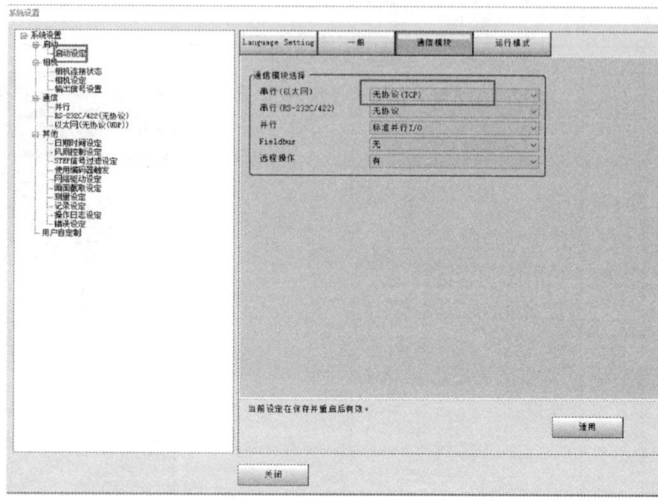
</td></tr>
<tr><td>5</td><td>单击“通信”节点下的子选项“以太网(无协议 TCP)”</td><td>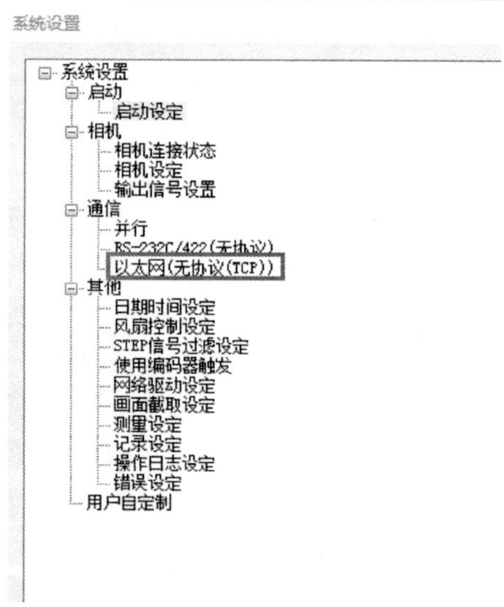
</td></tr>
<tr><td>6</td><td>设置 IP 地址，在“地址设定”的“IP 地址”中输入视觉控制器的 IP 地址</td><td>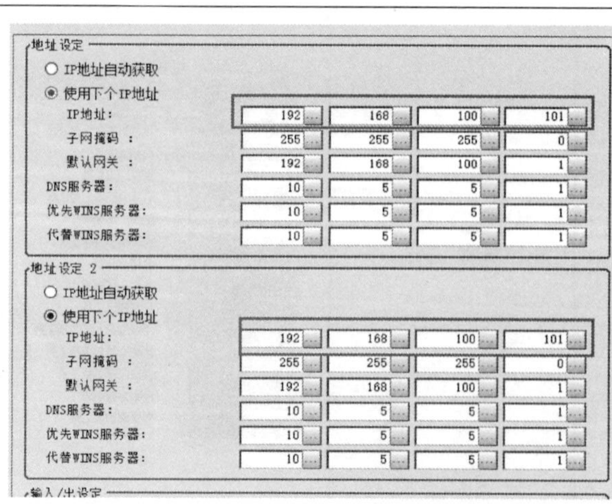
</td></tr>
</table>

续表

<table>
<tr><th colspan="4">网络连接</th></tr>
<tr><th colspan="2">步骤</th><th>操作</th><th>图示</th></tr>
<tr><td>视觉系统通信设置</td><td>7</td><td>输入/出设定：须保证在视觉系统中设置的 IP 地址和端口号与机器人通信程序中的相同，范围为 0～65535，此处设置为 1400，然后单击“使用”按钮完成设置</td><td>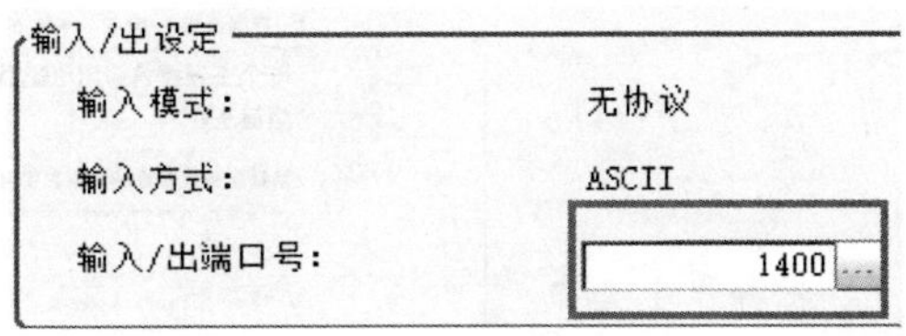</td></tr>
<tr><td rowspan="2">机器人通信参数设置</td><td>8</td><td>选择“控制面板”</td><td></td></tr>
<tr><td>9</td><td>选择“配置系统参数”</td><td></td></tr>
</table>

<table>
<tr><th colspan="3">网络连接</th></tr>
<tr><th colspan="2">步骤</th><th>操作</th><th>图示</th></tr>
<tr><td rowspan="3">机器人通信参数设置</td><td>10</td><td>选择“主题”—“Communication”</td><td>
</td></tr>
<tr><td>11</td><td>选择“IP Setting”，点击“显示全部”</td><td>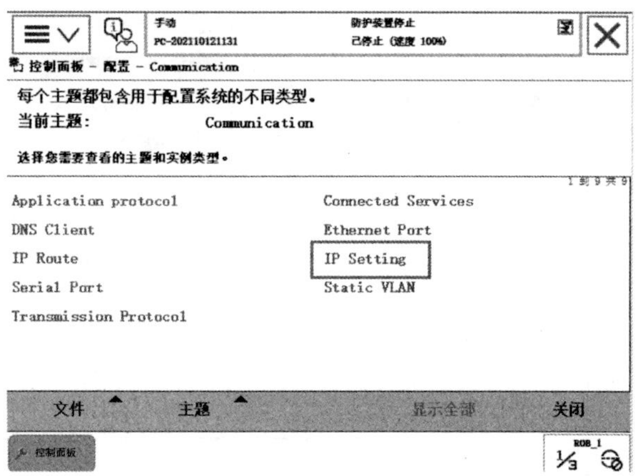
</td></tr>
<tr><td>12</td><td>点击“添加”</td><td>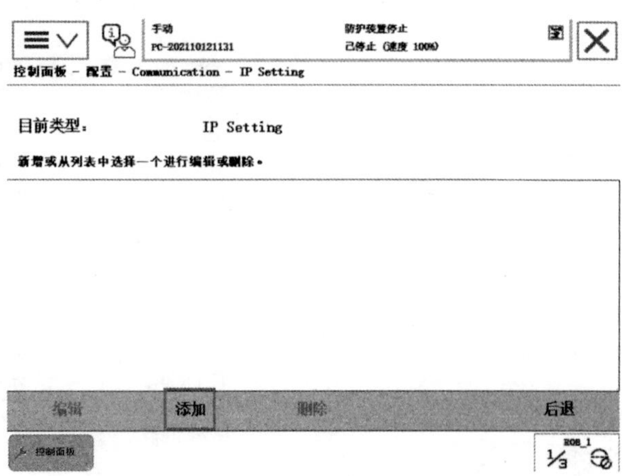
</td></tr>
</table>

<table>
<tr><th colspan="4">网络连接</th></tr>
<tr><th colspan="2">步骤</th><th>操作</th><th>图示</th></tr>
<tr><td rowspan="2">机器人通信参数设置</td><td>13</td><td>选择 IP,设定 IP 值与视觉控制器的 IP 地址末位不同,IP 地址设置为 192.168.100.100,然后点击“确定”</td><td>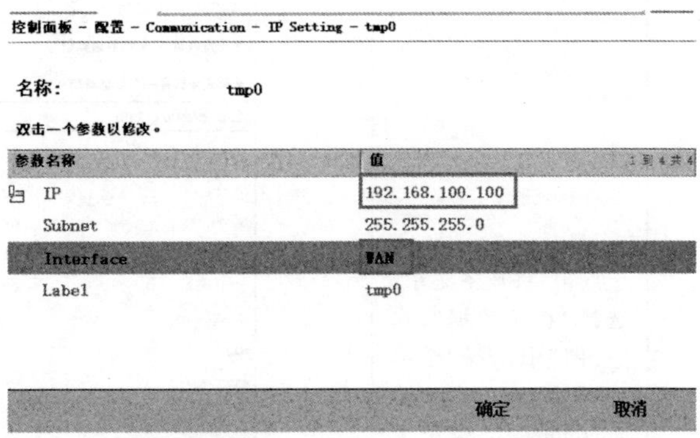
</td></tr>
<tr><td>14</td><td>提示是否重启,点击“是”</td><td>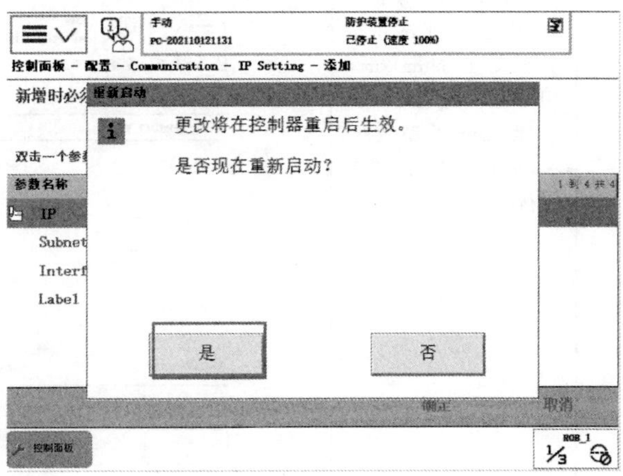
</td></tr>
<tr><td>通信程序调试</td><td>15</td><td>点击 ABB 主菜单,选择“程序编辑器”,新建一程序模块,在此模块中新建一例行程序 CConnect,带参数 Numscene</td><td>
</td></tr>
</table>

续表

网络连接			
步骤		操作	图示
通信程序调试	16	点击 ABB 主菜单，选择“程序数据”，在“视图”中选择“全部数据类型”。新建 socketdev 类型变量 Socket，用于存储套接字数据；新建 string 类型变量 StrIP，用于存储 IP 地址；新建 num 类型变量 NumPort，用于存储连接端口；新建 num 类型变量 NumTime，用于存储等待时间	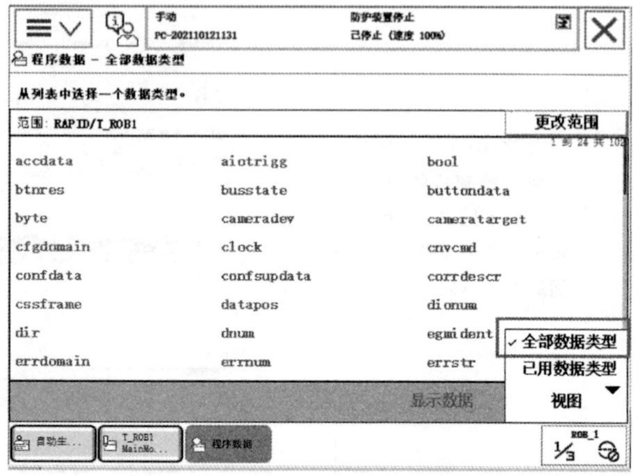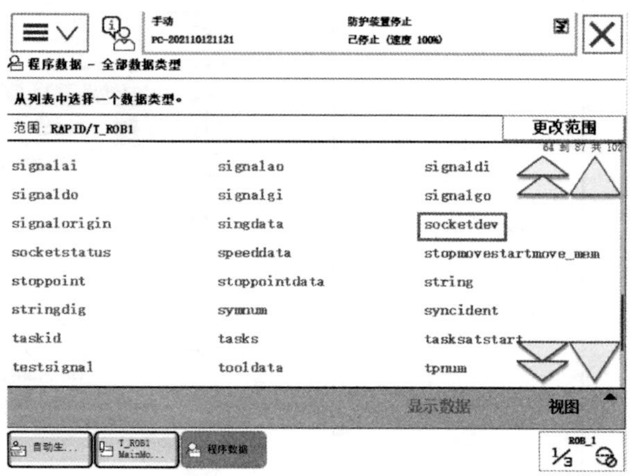
	17	点击变量进行复制。例如，点击 IP 值处的空格，输入视觉系统 IP 地址：192.168.100.101	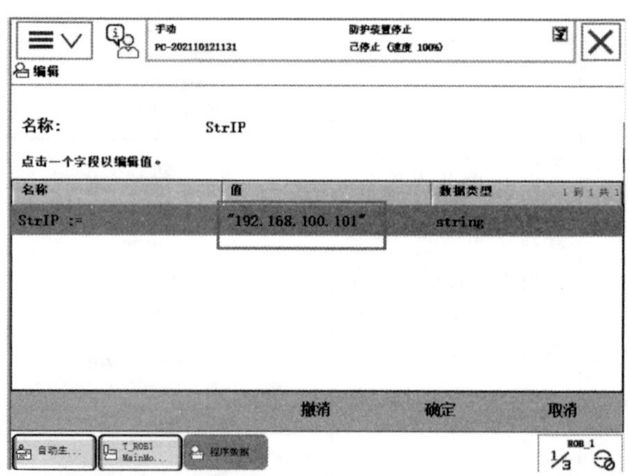
	18	变量 NumPort 赋值为视觉系统输入/输出端口号（1400）；变量 NumTime 赋值为通信时间（300），单位为 s	

续表

<table>
<tr><th colspan="4">网络连接</th></tr>
<tr><th colspan="2">步骤</th><th>操作</th><th>图示</th></tr>
<tr><td rowspan="3">通信程序调试</td><td>19</td><td>打开新建的例行程序 CConnect，添加创建新套接字的指令 SocketCreate，选择变量 Socket</td><td>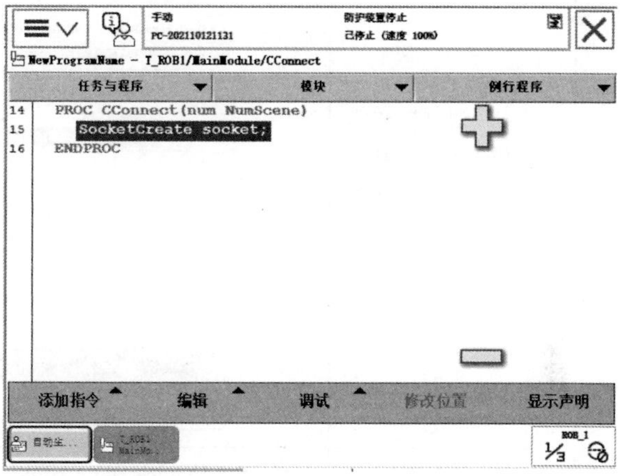</td></tr>
<tr><td>20</td><td>将套接字与视觉控制器系统连接，添加指令 SocketConnect，依次选择变量 socket、StrIP、NumPort 和 NumTime</td><td>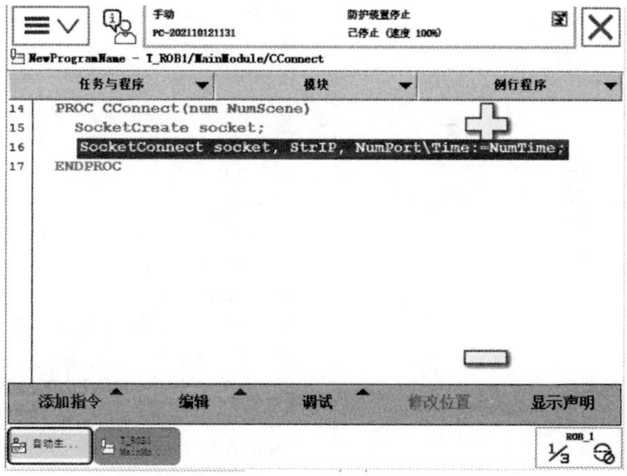</td></tr>
<tr><td>21</td><td>添加指令 TPWrite，输入“"socket client initial ok"”，用于通信完成后在示教器上进行提示。此程序中设定连接 300s 后不论成功与否都执行下一步，提示 socket 初始化 ok</td><td>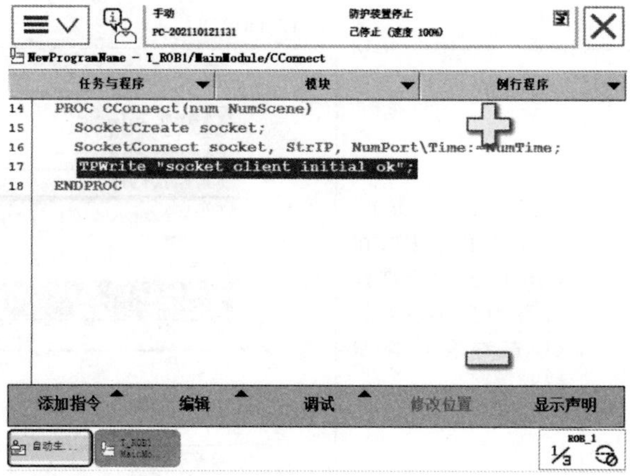</td></tr>
</table>

<table>
<tr><th colspan="4">网络连接</th></tr>
<tr><th colspan="2">步骤</th><th>操作</th><th>图示</th></tr>
<tr><td>通信程序调试</td><td>22</td><td>点击“调试”，点击“PP移至例行程序”，运行完程序，示教器上显示“socket client initial ok”表示通信完成</td><td>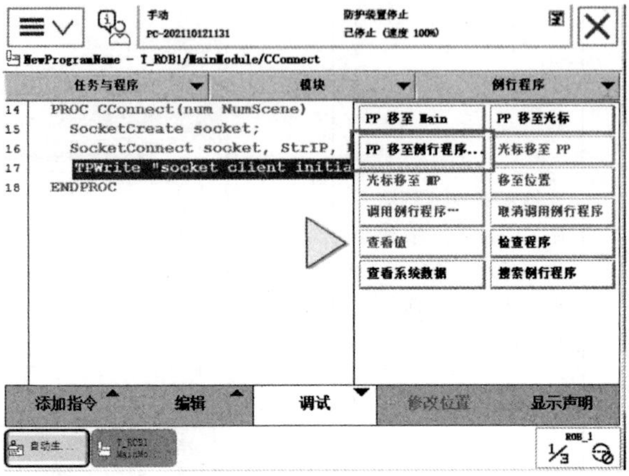</td></tr>
<tr><td rowspan="2">通信程序及主程序</td><td>23</td><td>完整的通信程序</td><td>PROC CConnect(num NumScene)
SocketCreate socket;
SocketConnect socket, StrIP, NumPort\Time:=NumTime;
TPWrite "socket client initial ok";
WaitTime 1;
IF NumScene=1 THEN
strcommand := "S 1";
ELSEIF NumScene=0 THEN
strcommand := "S 0";
ENDIF
strwrite := strcommand;
SocketSend socket\Str:=strwrite;
WaitTime0.5;
SocketSend socket\Str:="M";
WaitTime 0.5;
SocketReceive socket\Str:=strrec;
WaitTime 0.5;
SocketClose socket;
ENDPROC</td></tr>
<tr><td>24</td><td>主程序</td><td>PROC main()
CConnect 0;! 0为场景号
ENDPROC</td></tr>
<tr><td>查看视觉检测结果</td><td>25</td><td>点击ABB主菜单，选择“程序数据”，在视图中选择“全部数据类型”—string类型，查看视觉检测结果</td><td>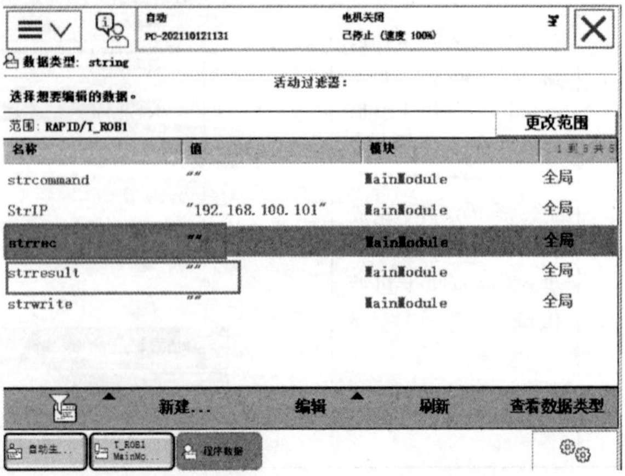</td></tr>
</table>

续表

<table>
<tr><th colspan="4">视觉检测编辑</th></tr>
<tr><th colspan="2">步骤</th><th>操作</th><th>图示</th></tr>
<tr><td>场景切换</td><td>26</td><td>单击“场景切换”按钮，选择场景组 0. Scene group 0，新建视觉检测场景 0. Scene 0</td><td>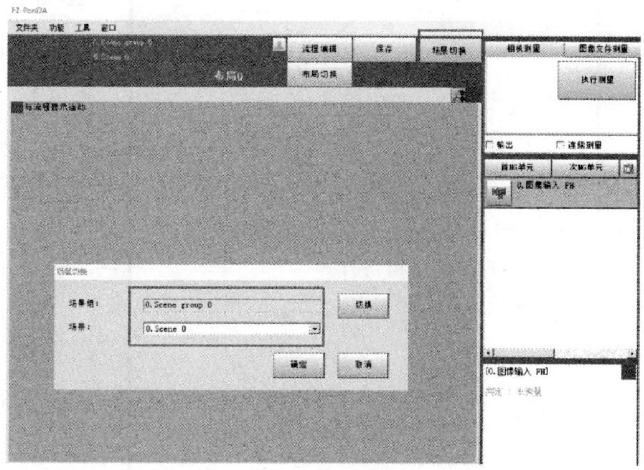</td></tr>
<tr><td rowspan="2">图像输入设置</td><td>27</td><td>单击“0. 图像输入 FH”，设定相机参数</td><td>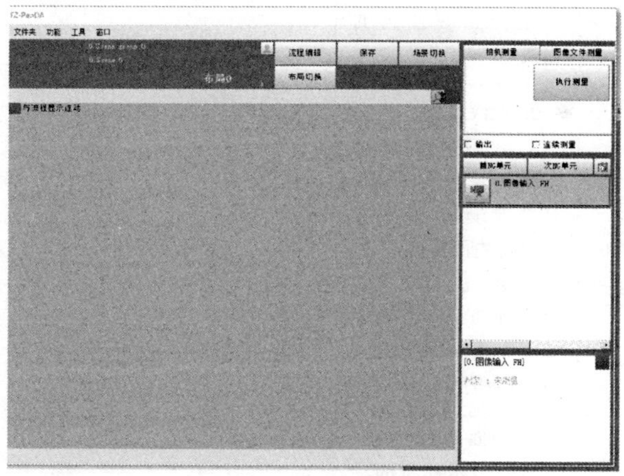</td></tr>
<tr><td>28</td><td>单击左上角绿色矩形，“图像模式”选择“相机图像——动态”，之后就可以看到相机拍摄场景</td><td>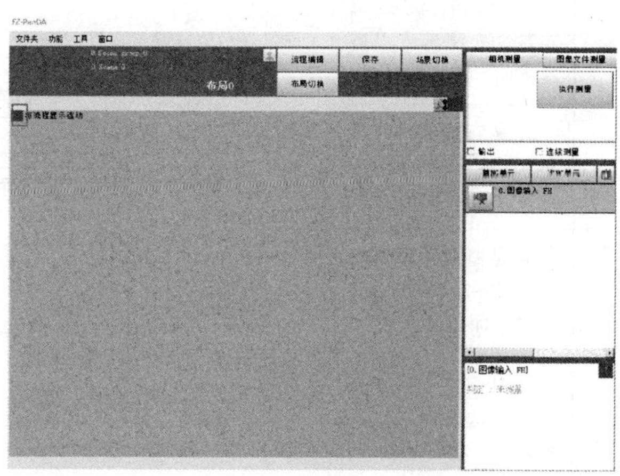</td></tr>
</table>

续表

<table>
<tr><th colspan="4">视觉检测编辑</th></tr>
<tr><th colspan="2">步骤</th><th>操作</th><th>图示</th></tr>
<tr><td>图像输入设置</td><td>28</td><td>单击左上角绿色矩形,“图像模式”选择“相机图像　动态”,之后就可以看到相机拍摄场景</td><td>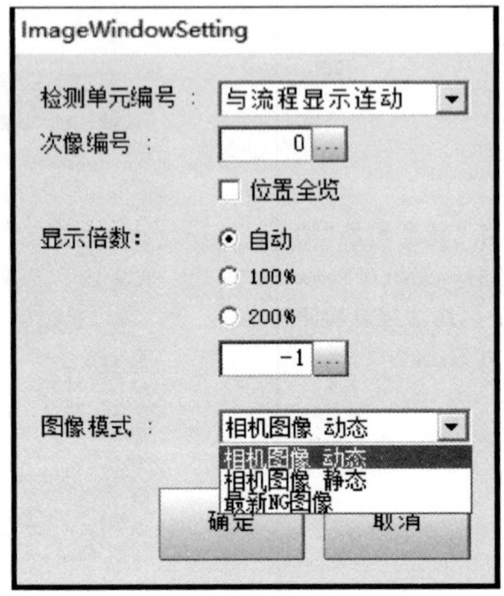
</td></tr>
<tr><td rowspan="3">相机设置界面</td><td>29</td><td>1. 相机选择。
选择正在使用的相机</td><td rowspan="3">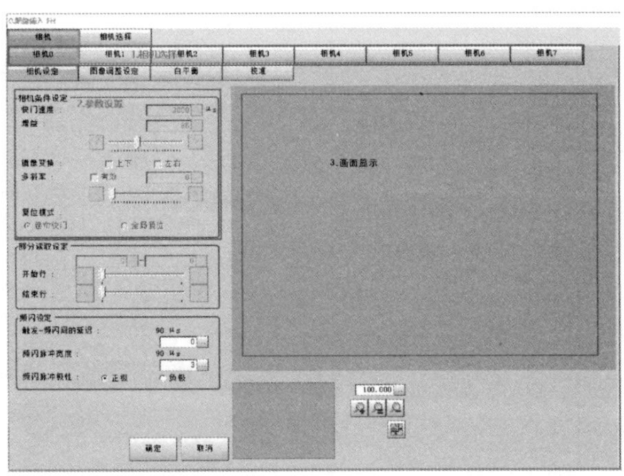</td></tr>
<tr><td>30</td><td>2. 参数设置。
a. 快门速度:如果测量对象快速移动,且图像模糊,应选择更快的快门速度。
b. 增益:如果调整快门速度,光圈和照明无法使图像变亮,应调整相机增益</td></tr>
<tr><td>31</td><td>3. 画面显示。
可以显示相机的动态画面</td></tr>
<tr><td rowspan="4">视觉检测流程搭建</td><td>32</td><td>1. 点击“流程编辑”,进入测试流程搭建界面</td><td rowspan="4">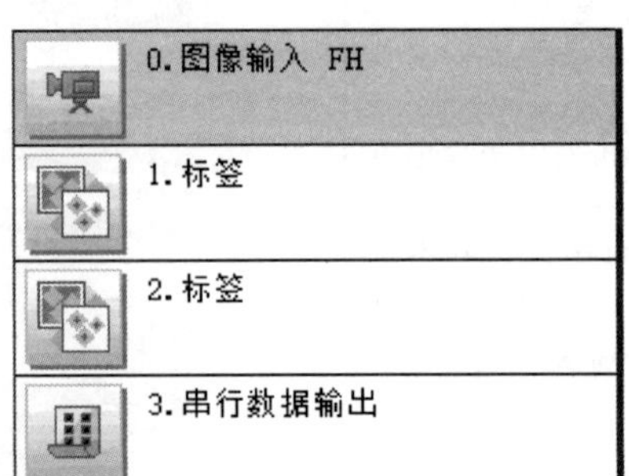
</td></tr>
<tr><td>33</td><td>2. 从右侧项目处理单元中,选择“标签”项目添加到流程</td></tr>
<tr><td>34</td><td>3. 从右侧项目处理单元中,选择“标签”项目添加到流程</td></tr>
<tr><td>35</td><td>4. 从右侧项目处理单元中,选择“串行数据输出”项目添加到流程</td></tr>
</table>

续表

<table>
<tr><th colspan="4">视觉检测编辑</th></tr>
<tr><th colspan="2">步骤</th><th>操作</th><th>图示</th></tr>
<tr><td rowspan="2">标签设置</td><td rowspan="2">36</td><td>在主界面中，单击第一个“标签”项目，进入标签的编辑界面</td><td rowspan="2">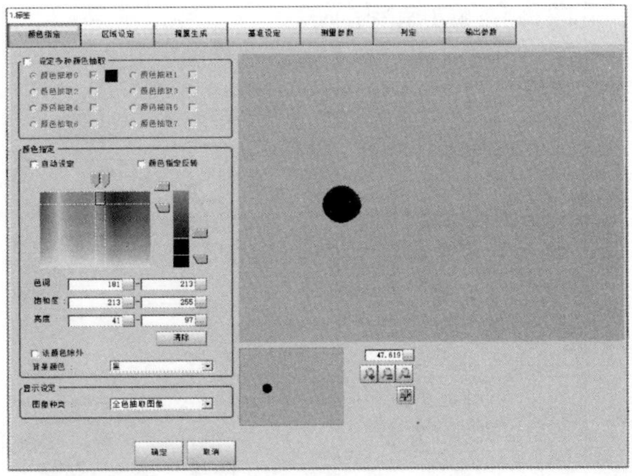</td></tr>
<tr><td>编辑蓝色芯片识别</td></tr>
<tr><td rowspan="5">模型登录设置</td><td>37</td><td>1. 单击“颜色设定”</td><td rowspan="5">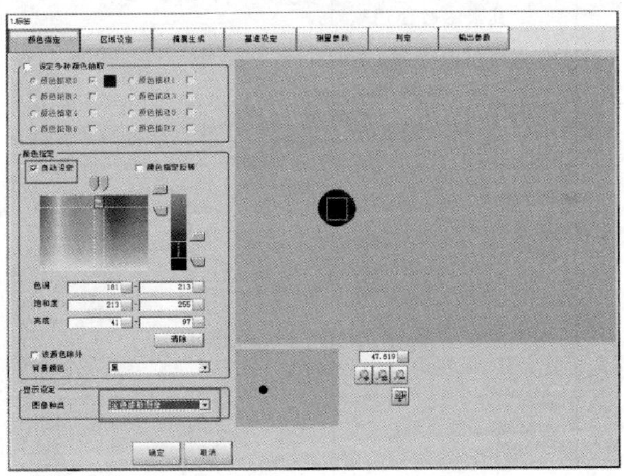</td></tr>
<tr><td>38</td><td>2. 勾选“自动设定”，在右侧窗口中框选需要识别的颜色</td></tr>
<tr><td>39</td><td>3. 其余参数使用默认设置</td></tr>
<tr><td>40</td><td>4. 在显示设定中选择“全色抽取图像”</td></tr>
<tr><td>41</td><td>5. 再点击“确定”</td></tr>
<tr><td rowspan="5">区域设定</td><td>42</td><td>1. 单击“区域设定”</td><td rowspan="5">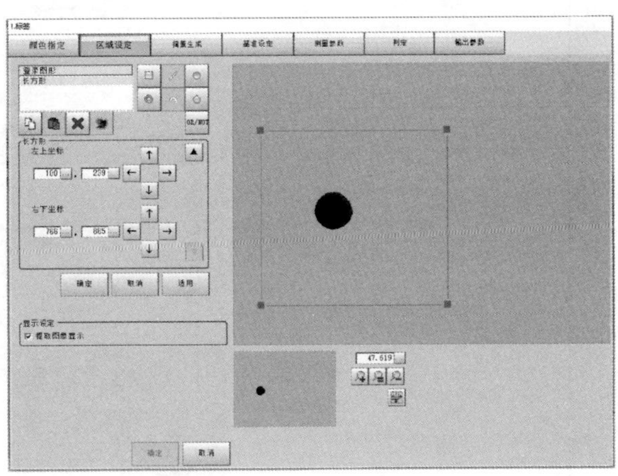</td></tr>
<tr><td>43</td><td>2. 在“登录图形”中单击“长方形”，右侧图像中会出现一个矩形方框，框选中需要的区域</td></tr>
<tr><td>44</td><td>3. 其余参数使用默认设置</td></tr>
<tr><td>45</td><td>4. 点击“适用”</td></tr>
<tr><td>46</td><td>5. 再点击“确定”。
注意：此选项为智能相机将要搜索的画幅区域，需根据具体情况调整大小</td></tr>
</table>

续表

<table>
<tr><th colspan="4">视觉检测编辑</th></tr>
<tr><th colspan="2">步骤</th><th>操作</th><th>图示</th></tr>
<tr><td rowspan="5">测量参数设定</td><td>47</td><td>1.“掩膜生成”与“基准设定”使用默认设置</td><td rowspan="5">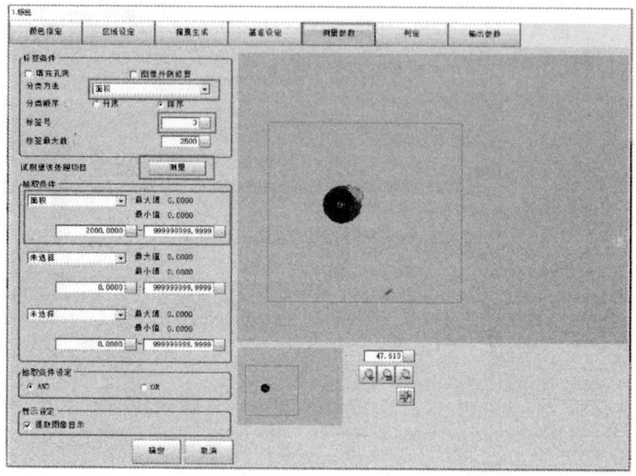
</td></tr>
<tr><td>48</td><td>2. 单击“测量参数”</td></tr>
<tr><td>49</td><td>3.“分类方法”选择“面积”，设定输出数据标签号（默认即可），单击“测量”</td></tr>
<tr><td>50</td><td>4. 在“抽取条件”中设定面积的范围</td></tr>
<tr><td>51</td><td>5. 其余参数使用默认值</td></tr>
<tr><td rowspan="2">视觉系统通信设置</td><td>52</td><td>在“判定”选项卡中设置判定条件。“判定条件”设定为“标签数”，数量设定为1，然后单击“确定”按钮</td><td>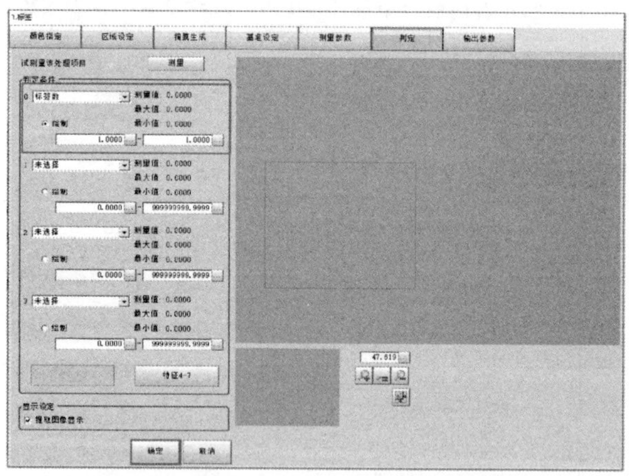
</td></tr>
<tr><td>53</td><td>当芯片颜色为蓝色时，结果显示 OK</td><td>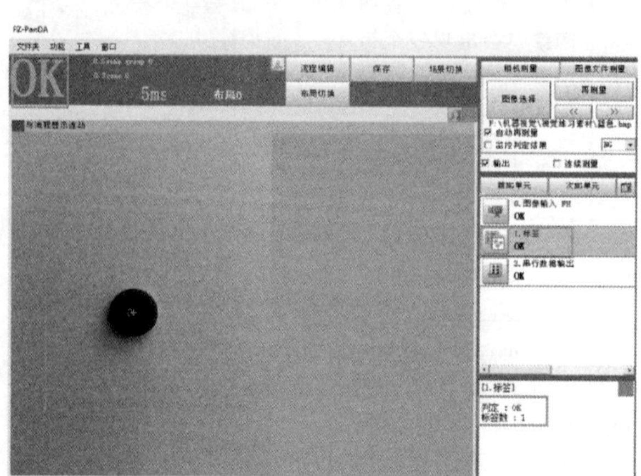
</td></tr>
</table>

续表

视觉检测编辑			
步骤		操作	图示
视觉系统通信设置	54	当芯片颜色为黄色时，结果显示 NG	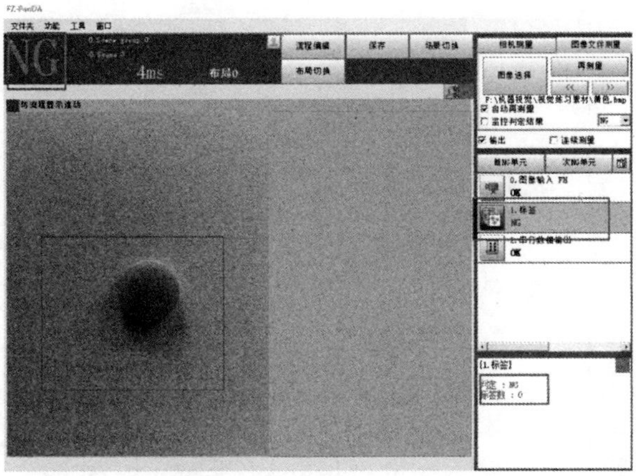
标签设置	55	在主界面中，单击第二个“标签”项目，进入标签的编辑界面	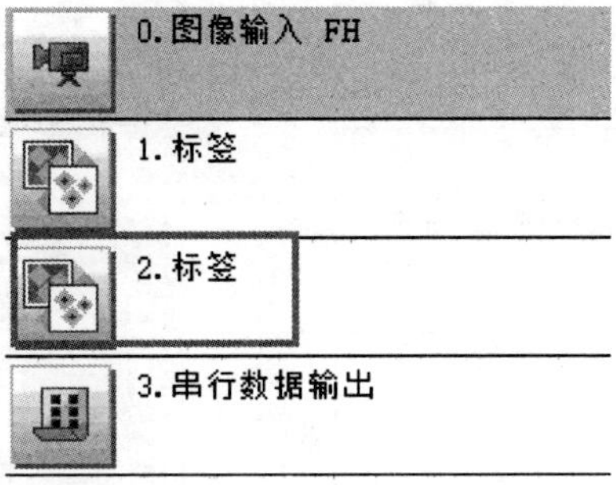
	56	编辑黄色芯片识别	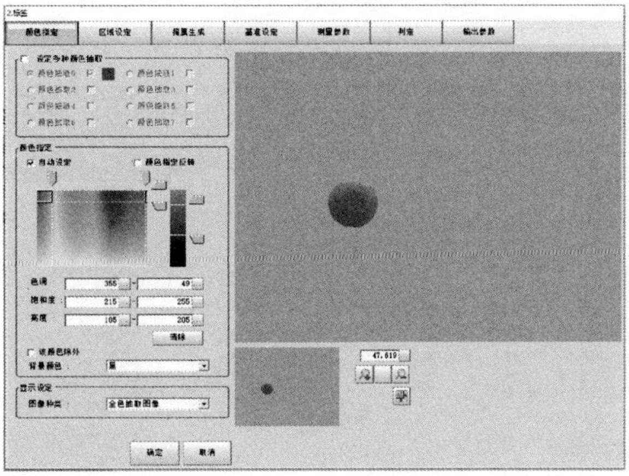

续表

<table>
<tr><th colspan="4">视觉检测编辑</th></tr>
<tr><th colspan="2">步骤</th><th>操作</th><th>图示</th></tr>
<tr><td rowspan="7">串行数据输出</td><td>57</td><td>在主界面中，单击“串行数据输出”项目，进入串行数据输出的编辑界面</td><td>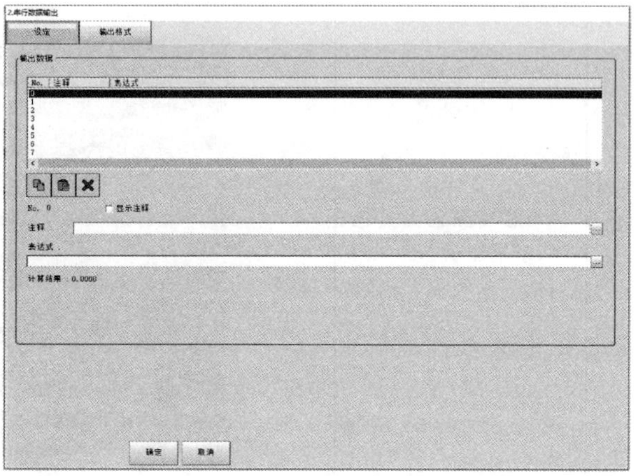</td></tr>
<tr><td>58</td><td>1. 选择数据输出 NO. 0</td><td rowspan="3">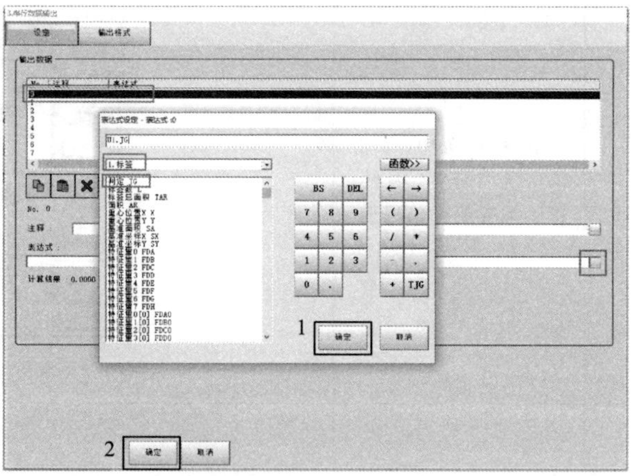</td></tr>
<tr><td>59</td><td>2. 单击“表达式”</td></tr>
<tr><td>60</td><td>3. 选择“1. 标签”—“判定 JG”，依次点击“确定”</td></tr>
<tr><td>61</td><td>1. 选择数据输出 NO. 1</td><td rowspan="3">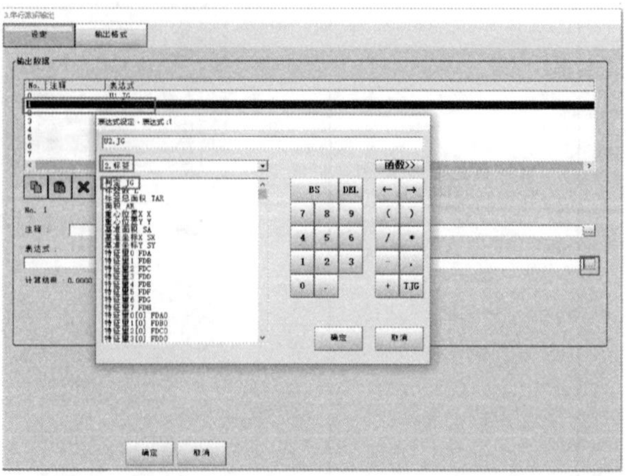</td></tr>
<tr><td>62</td><td>2. 单击“表达式”</td></tr>
<tr><td>63</td><td>3. 选择“2. 标签”—“判定 JG”，点击“确定”</td></tr>
</table>

视觉检测编辑			
步骤		操作	图示
串行数据输出	64	输出数据表达式	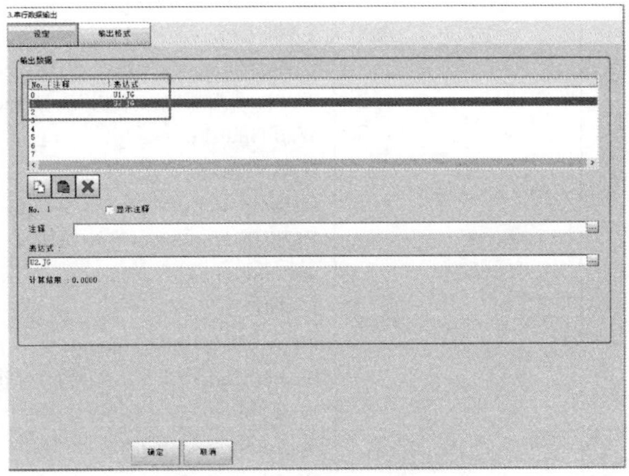
设置输出格式	65	1. 通信方式选择“以太网”	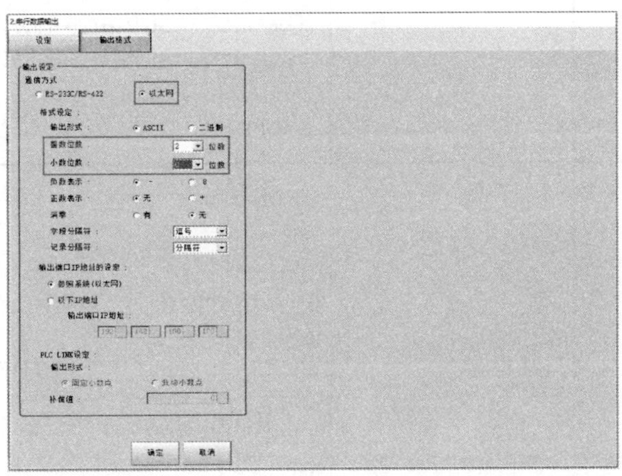
	66	2. 整数位数选择“2”，小数位数选择“0”	
	67	3. 单击“确定”	
输出	68	主界面勾选“输出”	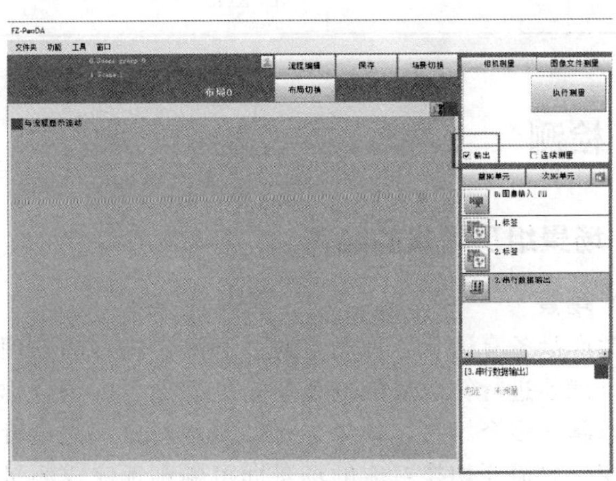

续表

工业机器人程序设计			
步骤		操作	图示

通信程序	69	工业机器人程序设计	PROC CConnect(num NumScene)
			SocketCreate socket；
			SocketConnect socket，StrIP，NumPort\Time：=NumTime；
			TPWrite "socket client initial ok"；
			WaitTime 1；
			IF NumScene=1 THEN
			strcommand ：= "S 1"；
			ELSEIF NumScene=0 THEN
			strcommand ：= "S 0"；
			ENDIF
			strwrite ：= strcommand；
			SocketSend socket\Str：=strwrite；
			WaitTime 0.5；
			SocketSend socket\Str：="M"；
			WaitTime 0.5；
			SocketReceive socket\Str：=strrec；
			WaitTime 0.5；
			strresult0 ：= StrPart(strrec,7,2)；
			strresult1 ：= StrPart(strrec,9,2)；
			SocketClose socket；
			ENDPROC

	70	主程序	PROC main()
			quliao；
			CConnect 0；
			IF strresult0 = " 1" THEN
			gw1；
			ELSEIF strresult1 = " 1" THEN
			gw2；
			ELSE
			fangliao；
			ENDIF
			ENDPROC

4.3 检测

4.3.1 场景组及场景的编辑

（1）场景

视觉产品备有适合各种测量对象和测量内容的处理项目。将这些处理项目进行适当组合并执行，就能进行符合目的的测量。处理项目的组合称为场景。

可以制作多个场景，如果为每件测量对象预先设置好场景，则在实际工作中，即使测量对象改变，只需要切换对应的场景即可顺利地完成测量准备。

(2) **场景组**

在一个场景组中可以创建 128 个不同的场景，以 128 个场景为单位集合而成的处理流程称为场景组，如图 4-11(a) 所示。要增加场景数量，或要对多个场景按照各自的类别进行管理，制作场景组后将会非常方便。一个视觉系统中最多可以设置 32 个场景组，即可以使用 128（每个场景组场景数）32 个（场景组数）=4096 个场景。场景组的编辑如图 4-11(b) 所示，具体操作见表 4-11。

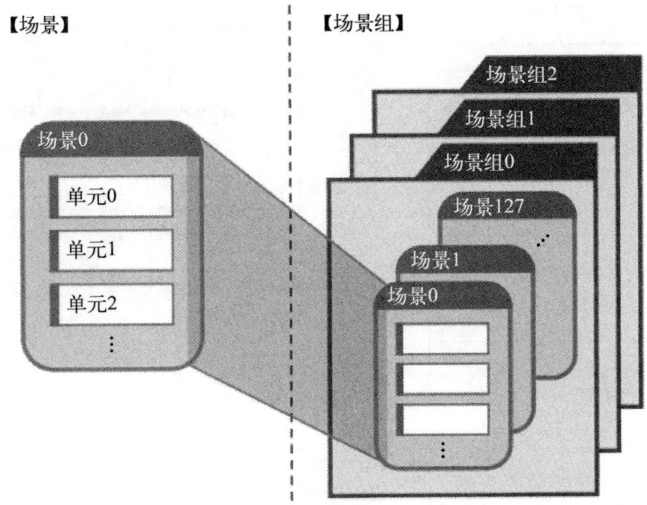

(a) 场景组

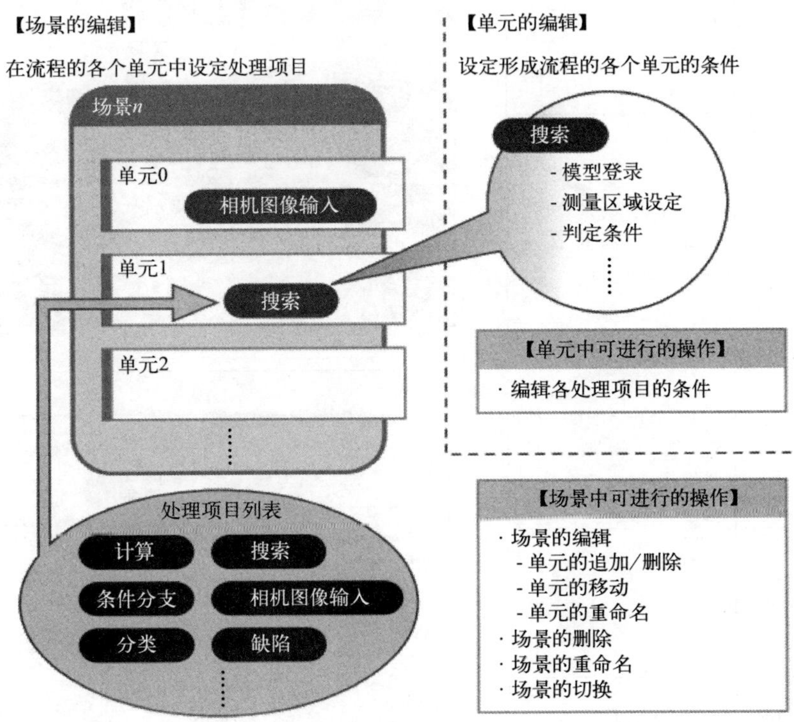

(b) 场景组编辑

图 4-11 场景组及其编辑

表 4-11　场景组编辑

<table>
<tr><th colspan="2">步骤</th><th>操作</th><th>图示</th></tr>
<tr><td rowspan="7">场景组及场景的编辑</td><td>1</td><td>手动切换场景组或场景进入主界面</td><td rowspan="7">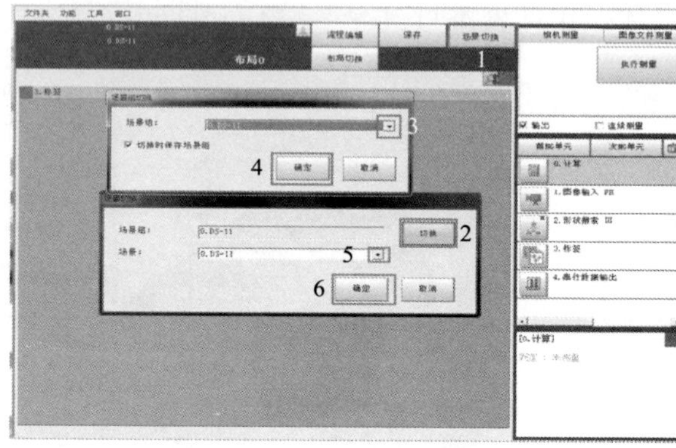</td></tr>
<tr><td>2</td><td>点击“场景切换”</td></tr>
<tr><td>3</td><td>点击“切换”</td></tr>
<tr><td>4</td><td>点击“场景组”下拉菜单，选择相应场景组</td></tr>
<tr><td>5</td><td>点击“确定”</td></tr>
<tr><td>6</td><td>点击场景下拉菜单，选择相应场景</td></tr>
<tr><td>7</td><td>点击“确定”</td></tr>
<tr><td rowspan="7">复制场景组</td><td>8</td><td>1. 进入主界面，单击菜单“功能”按钮，进入下拉菜单选项</td><td></td></tr>
<tr><td>9</td><td>2. 单击“场景管理”按钮进入场景管理界面</td><td>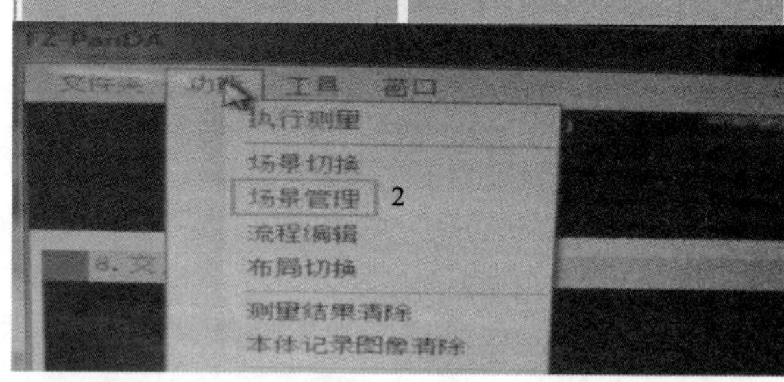</td></tr>
<tr><td>10</td><td>1. 单击“编辑”按钮，选中需增加场景组</td><td rowspan="5">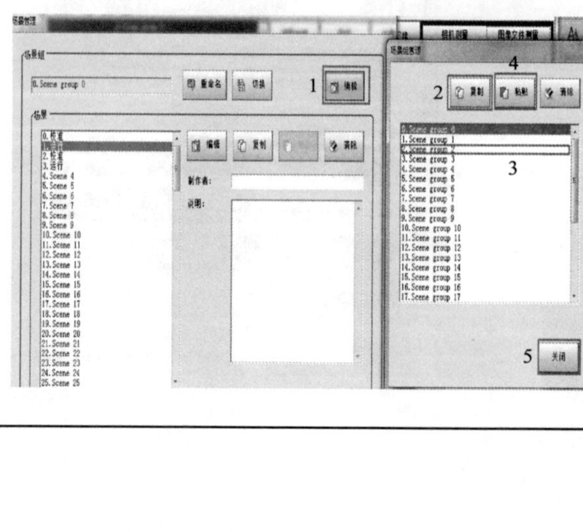</td></tr>
<tr><td>11</td><td>2. 单击复制</td></tr>
<tr><td>12</td><td>3. 选中空的场景组</td></tr>
<tr><td>13</td><td>4. 单击“粘贴”</td></tr>
<tr><td>14</td><td>5. 单击“关闭”</td></tr>
</table>

续表

步骤		操作	图示
修改场景组名称	15	1. 单击“重命名”	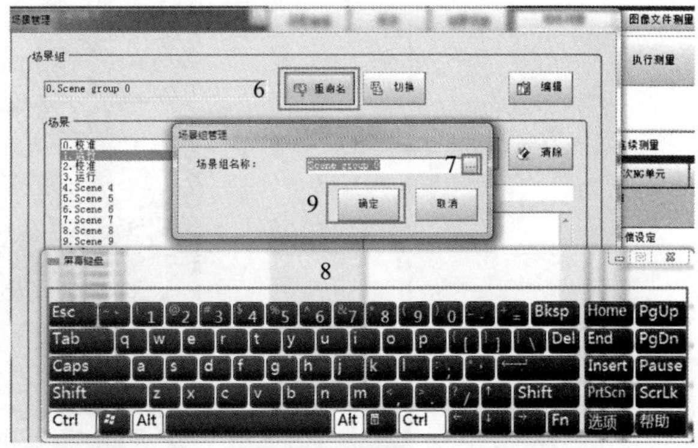
	16	2. 单击场景组名称右侧按钮，打开键盘	
	17	3. 输入名称	
	18	4. 单击“确定”	

(3) 场景的常用流程设计

① 视觉检测流程搭建（图 4-12）

a. 回到主界面。

b. 点击“流程编辑”。

c. 进入测试流程搭建界面，从右侧项目处理单元中，选择需要添加的处理项目，单击“追加（最下部分）”按钮，处理项目即被添加至左侧流程框中。

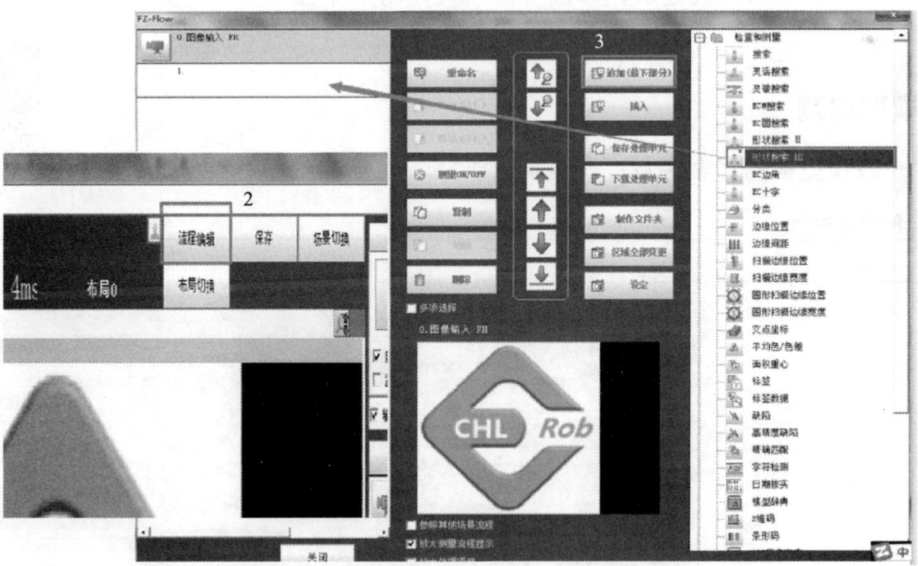

图 4-12 视觉检测流程搭建

② 流程编辑界面（图 4-13）

a. 单元列表。列表显示构成流程的处理单元。通过在单元列表中追加处理项目，可以制作场景的流程。

b. 属性设定按钮。显示属性设定画面，可进行详细设定。

c. 结束记号。表示流程的结束。

d. 流程编辑按钮。可以对场景内的处理单元进行重新排列或删除。

e. 显示选项。放大测量流程显示：若勾选该选项，则以大图标显示单元列表的流程。

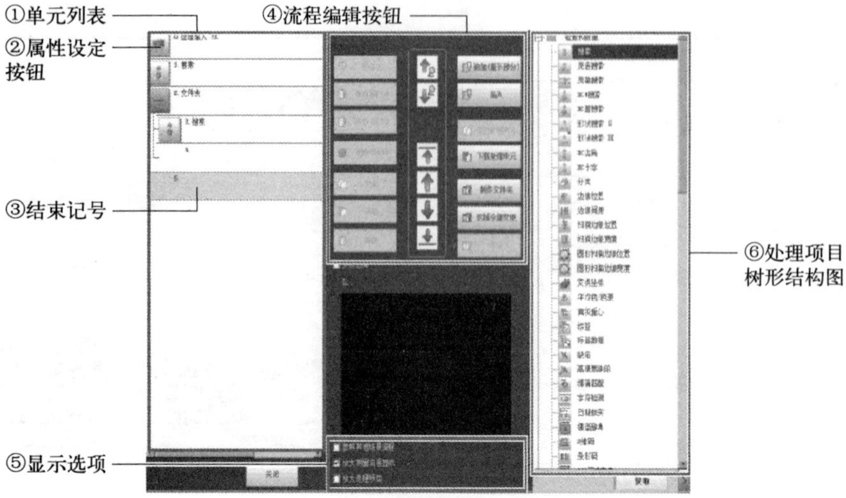

图 4-13 流程编辑界面

放大处理项目：若勾选该选项，则以大图标显示处理项目树形结构图。

参照其他场景流程：若勾选该选项，则可参照同一场景组内的其他场景流程。

f. 处理项目树形结构图。这是用于选择追加到流程中的处理项目的区域。处理项目按类别以树形结构图显示。点击各项目的“+”，可显示下一层项目。若点击各项目的“−”，则所显示的下一层项目将收起来。勾选“参照其他场景流程”时，将显示场景选择框和其他场景流程。

4.3.2 模型检测

(1) 一般模型检测（表 4-12）［二维码 4-3-1 一般模型检测］

4-3-1

表 4-12 一般模型检测

步骤	操作	图示
1	打开视觉检测软件	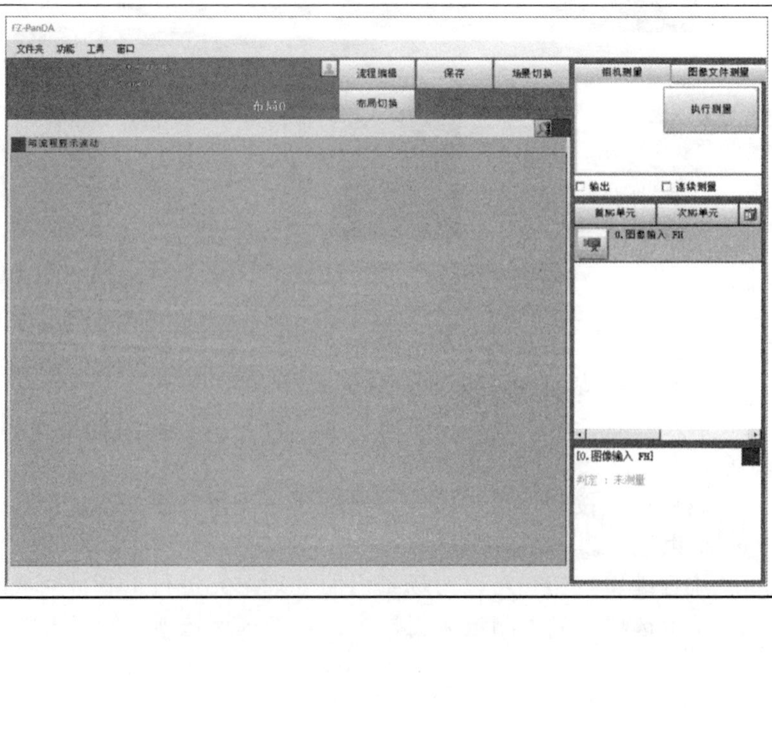

续表

步骤	操作	图示
2	选择界面的“图像文件测量”选项卡，单击“图像选择”	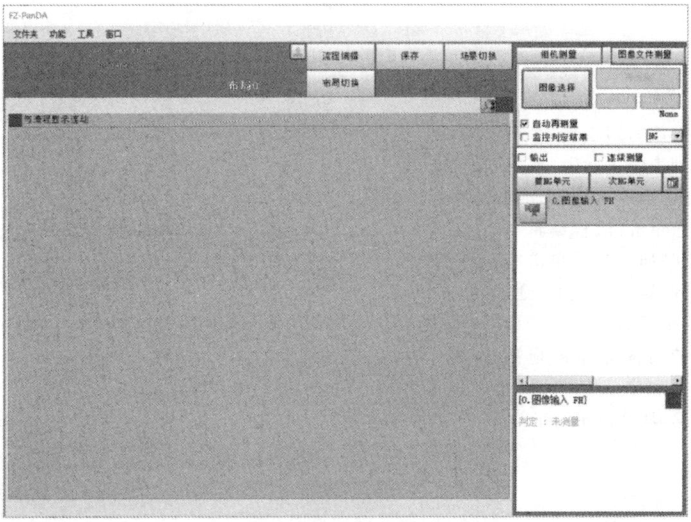
3	在弹出的窗口中找到需要检测的模型，可在左下角查看模型预览图，选择结束后单击“确定”按钮	
4	单击“流程编辑”按钮	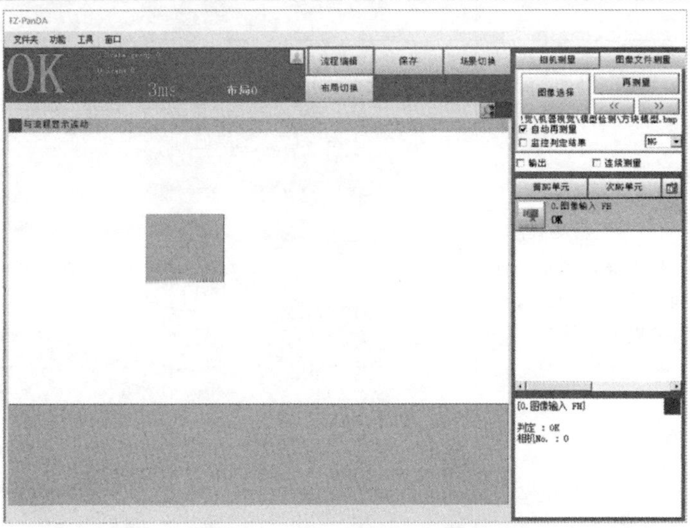

续表

步骤	操作	图示
5	将右侧的“搜索”属性添加到左侧的流程列表中。选中“搜索”后，添加方法有三种：①单击“流程编辑”按钮“插入”；②单击“流程编辑”按钮“追加(最下部分)”；③直接使用鼠标左键拖拽。添加完成后单击“搜索”属性设定按钮	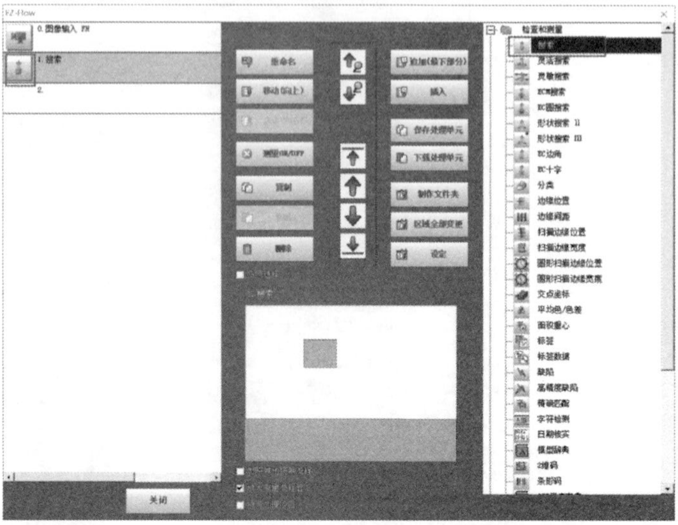
6	在“模型登录”下的“登录图形”中单击“长方形”，右侧图像中会出现一个矩形方框，方框内即为登录模型	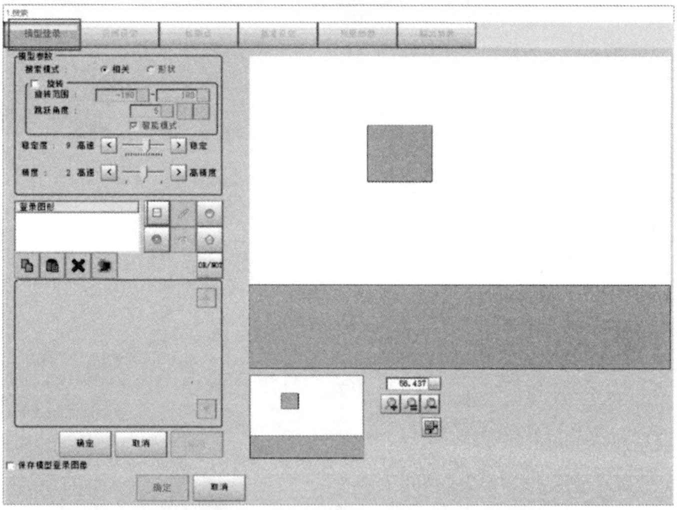
7	拖动绿色矩形的四角以调整其大小，使其紧贴方形黑边	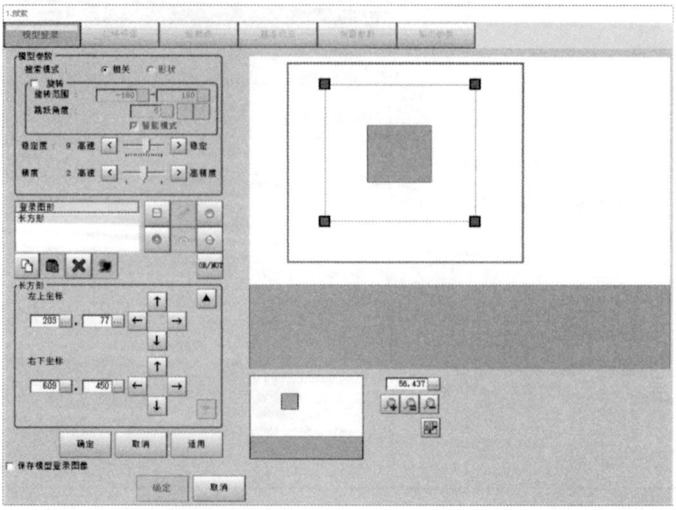

续表

步骤	操作	图示
8	选中底部的“保存模型登录图像”后，单击“确定”按钮。 提示：除“模型登录”外，其他选项卡为灰色，是因为还没有选择标准图像。单击“确定”按钮后，其他选项卡会亮显	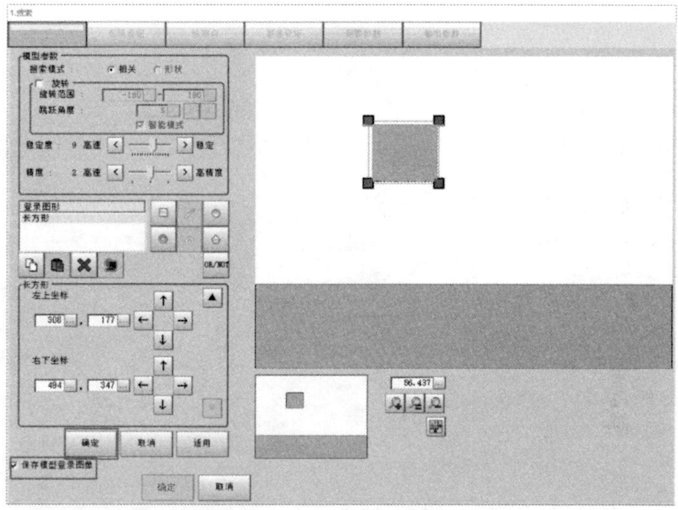
9	单击“区域设定”选项卡下的“编辑”按钮	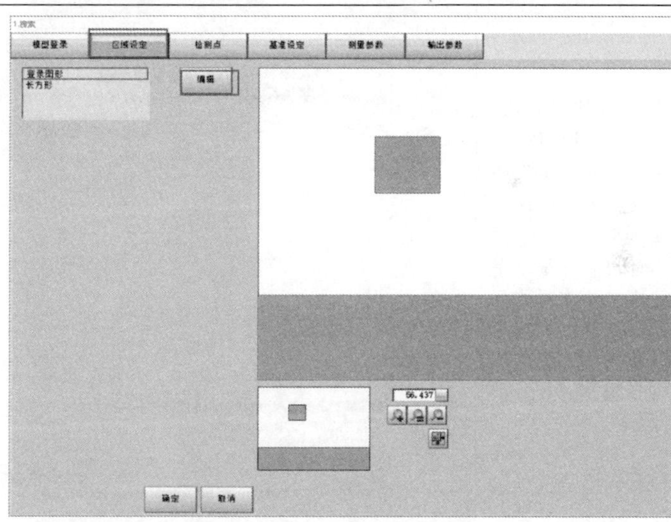
10	“登录图形”选择“长方形”，调整矩形大小（此处使用默认大小即可），单击“确定”按钮。 提示：①矩形的大小代表视野的大小。范围广，采集的内容多；范围小，采集的内容少。②矩形不能超过最大范围（即白框范围），否则判定结果都是NG	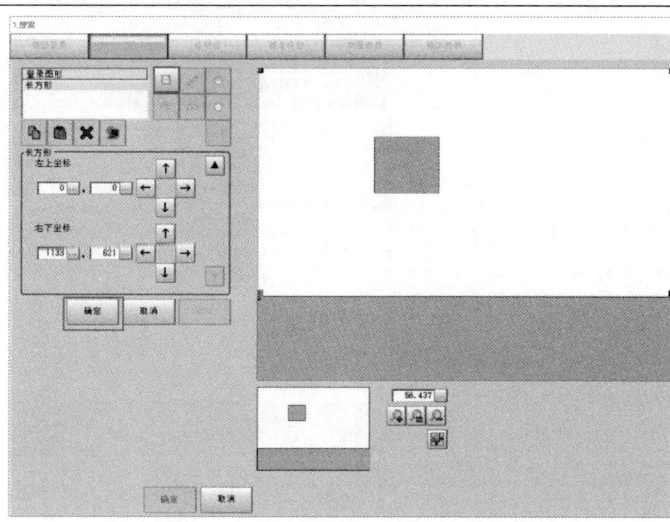

步骤	操作	图示
11	选择“测量参数”选项卡，调整判定条件，例如此处将相似度调整为 80%～100%，单击“测量”按钮便可立即检测，最后单击“确定”按钮。 提示：右侧图像中绿色小方框代表检测对象，绿色表示判定条件“OK”，否则(NG)为红色	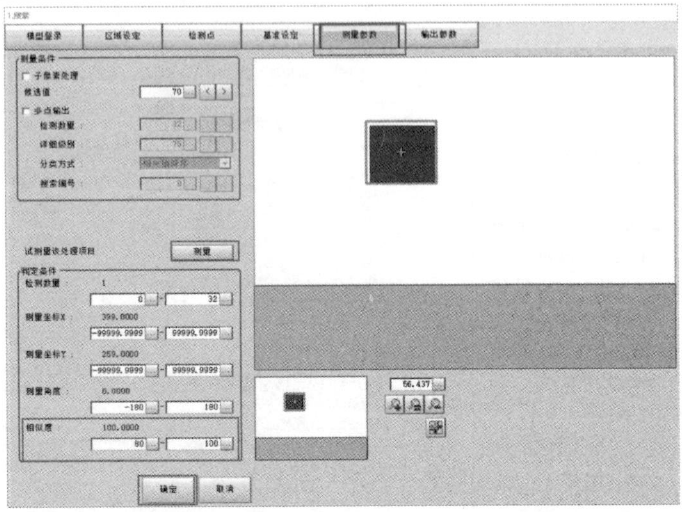
12	回到软件主界面，单击“再测量”按钮，界面左上角显示检测结果为 OK。选择流程显示窗口中的“搜索”，即可在详细结果显示窗口中查看检测结果。此例中由于选择了模型本身的图像检测，因此相似度为 100%	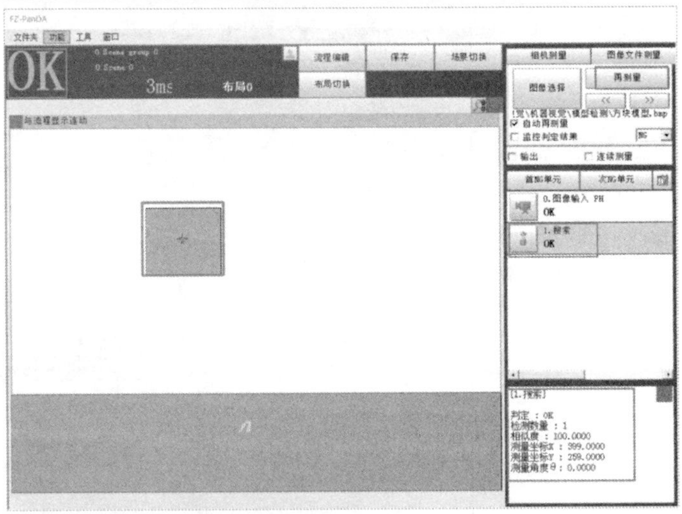
13	切换被检测产品，可以直接单击“图像选择”按钮。 提示：图像相似度降低了(94.1%)，但是在设定的相似度范围(80%～100%)之内，所以判定结果仍为 OK	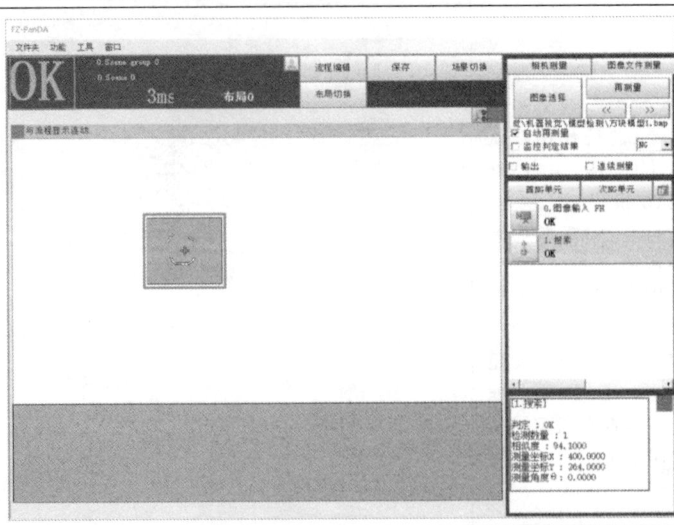

步骤	操作	图示
14	更换为三角形模型后，由于相似度已低于判定的范围，所以判定结果为 NG。但是通过调整判定结果的相似度范围，依然可以使判定结果为 OK	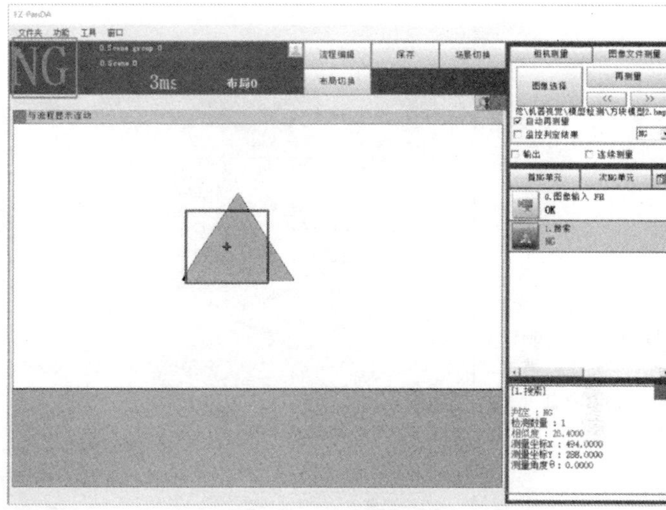
15	当希望检测出图像中的多个模型时，在“搜索”属性设定界面的“测量参数”选项卡中，需要选中“多点输出”，同时也可详细设定多点输出的测量条件	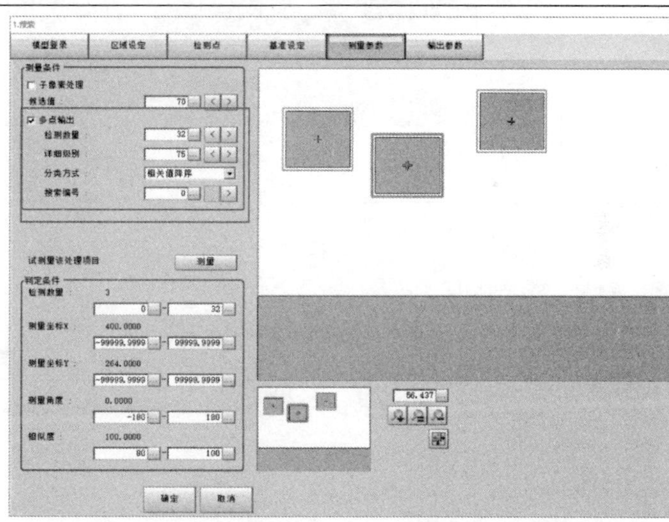
16	右图中模型虽然还是正方形，但因为有旋转角度，系统判定 NG	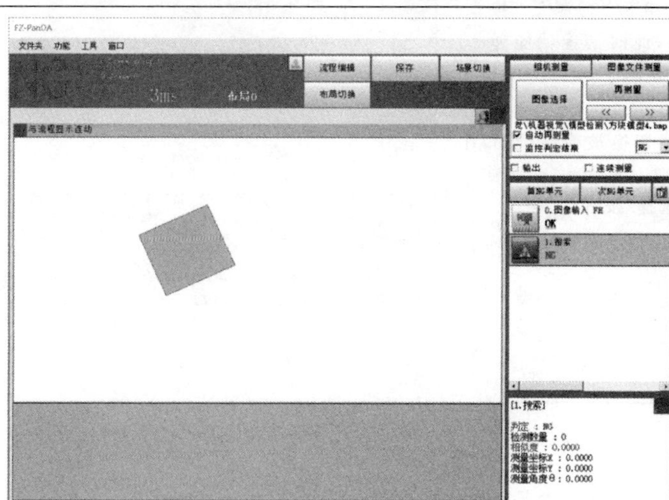

续表

步骤	操作	图示
17	进入“搜索”属性设定界面，选中“旋转”属性，再次登录模型，单击“确定”按钮	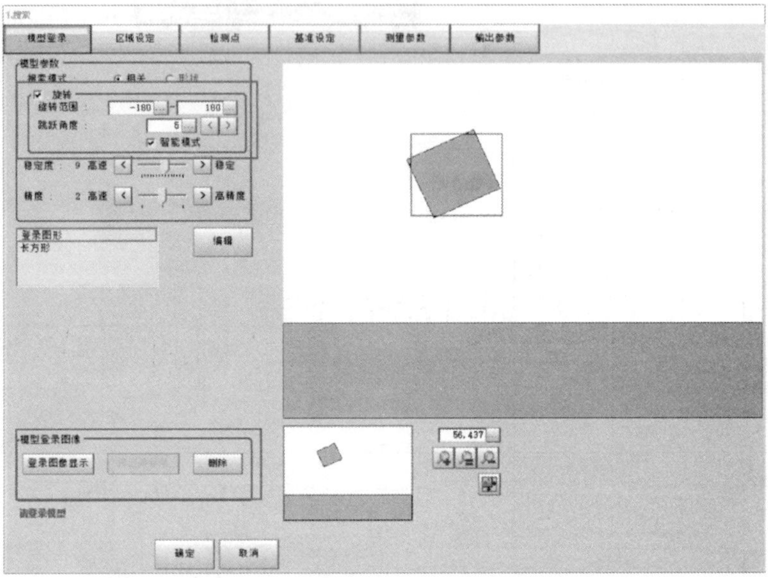
18	单击“再测量”按钮，此时图像就能通过检测	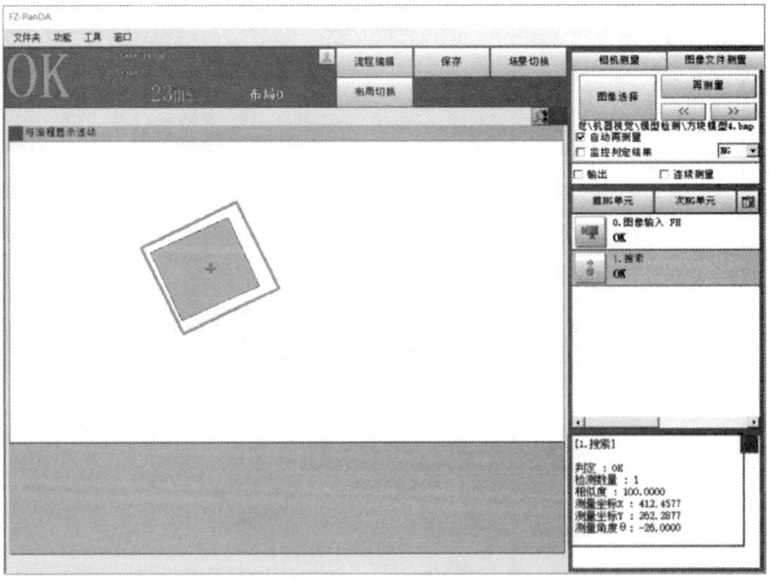

（2）旋转角度检测（表 4-13）［二维码 4-3-2 旋转角度检测］

4-3-2

表 4-13　旋转角度检测

步骤		操作	图示
编辑	1	1. 进入主界面	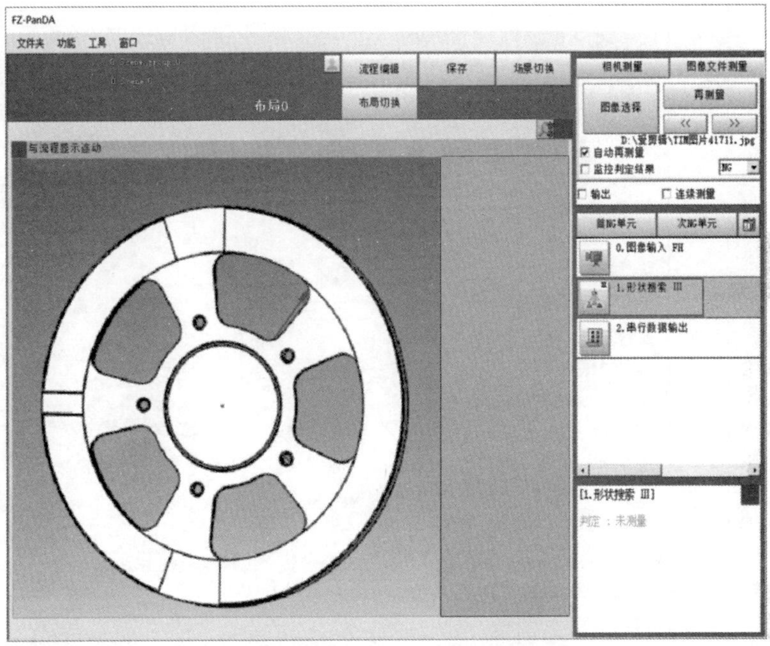
	2	2. 单击“形状搜索Ⅲ”	
	3	3. 进入形状搜索Ⅲ的编辑界面	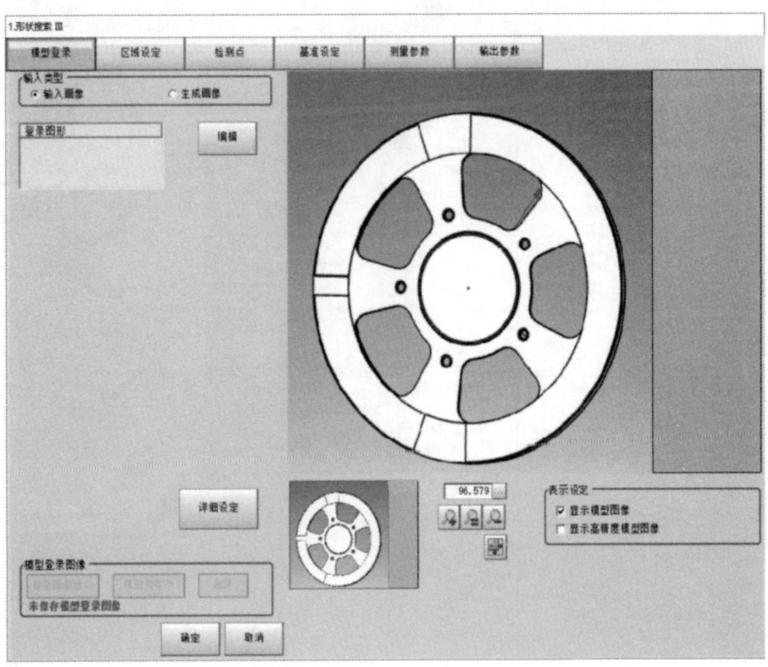

续表

<table>
<tr><th colspan="2">步骤</th><th>操作</th><th>图示</th></tr>
<tr><td rowspan="5">区域搜索（此选项为智能相机将要搜索的画幅区域，须根据具体情况调整大小）</td><td>4</td><td>1. 单击“区域设定”；
2. 选择“模型登录”，在“登录图形”处选择“长方形”图形，框选轮毂上左侧长方形的图形，以此作为判别轮毂旋转角度的基准图形。勾选“保存模型登录图像”，点击“适用”；再点击“确定”。</td><td>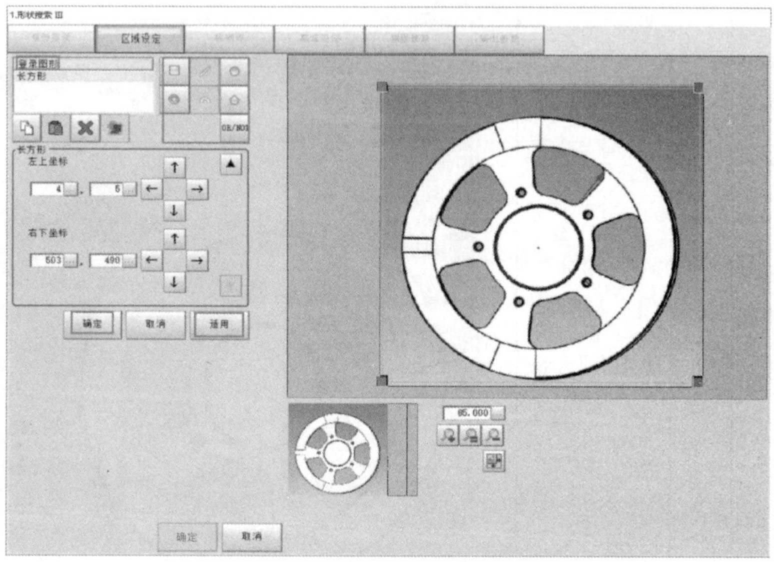</td></tr>
<tr><td>5</td><td>3. 在“登录图形”处选择相应图形（此例选择“长方形”），框选捕捉区域</td><td rowspan="4">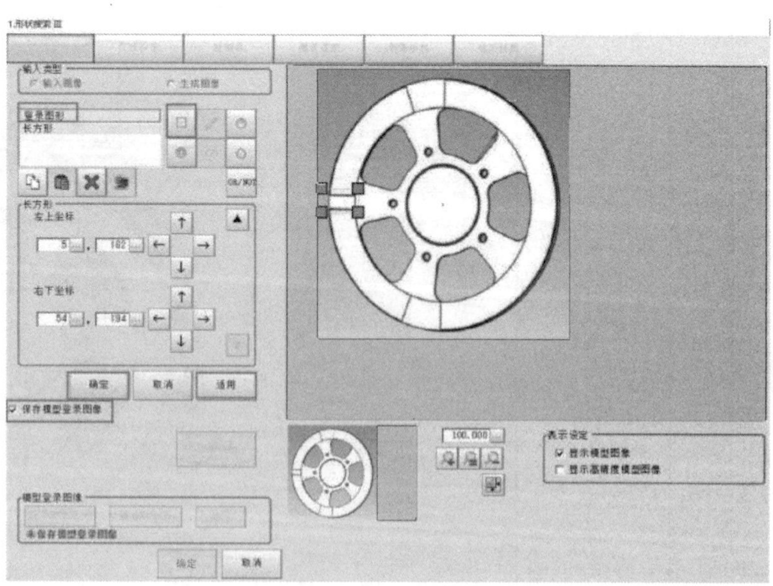</td></tr>
<tr><td>6</td><td>4. 其余参数使用默认设置</td></tr>
<tr><td>7</td><td>5. 点击“适用”</td></tr>
<tr><td>8</td><td>6. 再点击“确定”</td></tr>
</table>

续表

步骤		操作	图示
测量参数	9	1. 单击“测量参数”	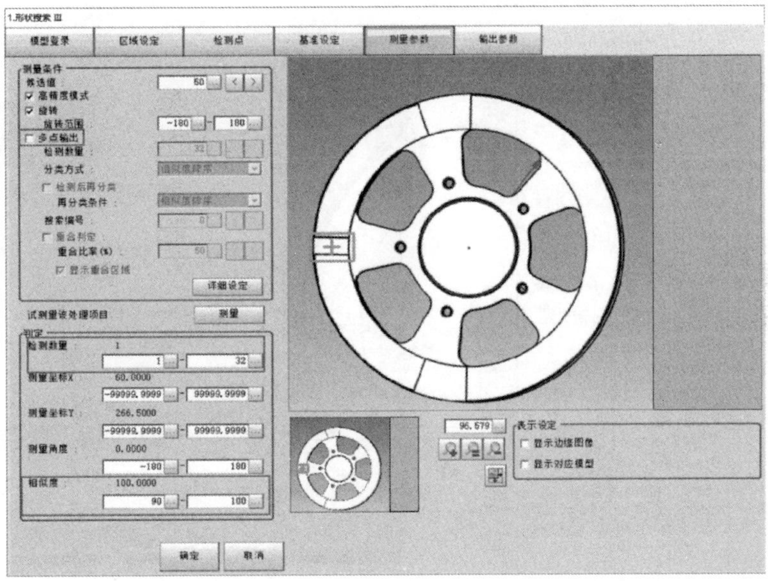
	10	2. 将多点输出关闭	
	11	3. 将“检测数量”更改为“1”～“32”	
	12	4. 将“相似度”数值更改为“90”～“100”	
	13	5. 其余参数使用默认值	
输出参数	14	1. 单击“输出参数”	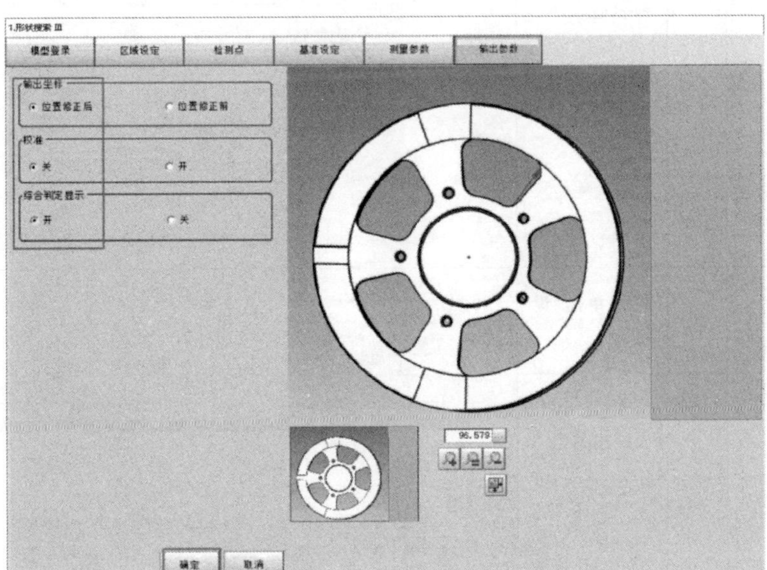
	15	2.“输出坐标”“校准”和“综合判定显示”默认都选择左边选项	
	16	3. 点击“确定”	

<table>
<tr><th colspan="2">步骤</th><th>操作</th><th>图示</th></tr>
<tr><td rowspan="3">串行数据输出</td><td>17</td><td>1. 进入主界面</td><td rowspan="2">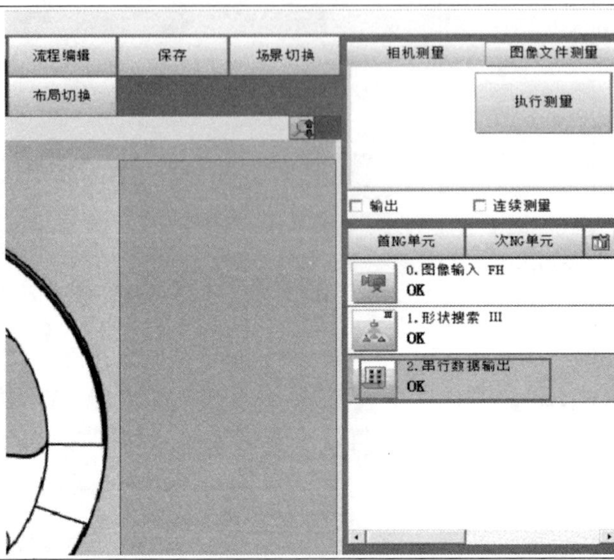
</td></tr>
<tr><td>18</td><td>2. 单击“串行数据输出”</td></tr>
<tr><td>19</td><td>3. 进入“串行数输出”编辑界面</td><td>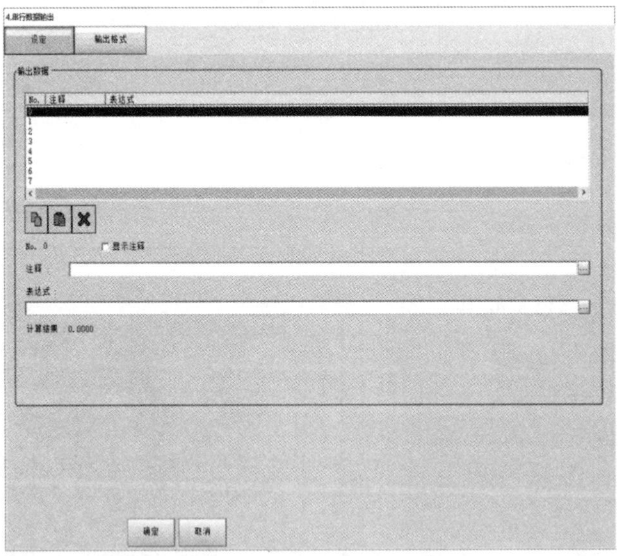
</td></tr>
<tr><td rowspan="3">基准角度</td><td>20</td><td>1. 单击“设定”</td><td rowspan="3">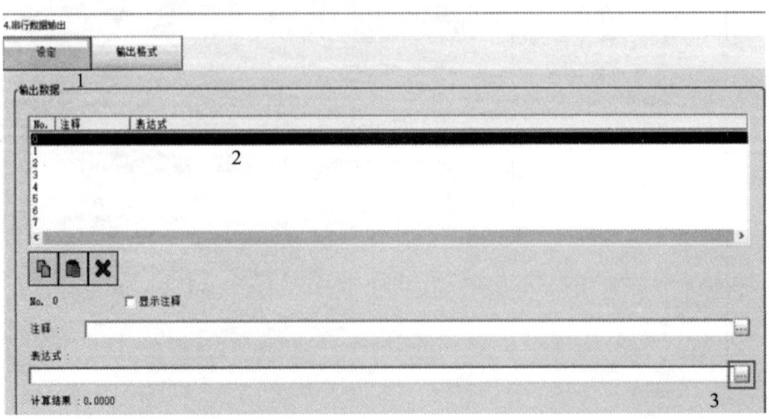
</td></tr>
<tr><td>21</td><td>2. 选中一个输出编号</td></tr>
<tr><td>22</td><td>3. 单击表达式框后面的扩展按钮</td></tr>
</table>

续表

<table>
<tr><th colspan="2">步骤</th><th>操作</th><th>图示</th></tr>
<tr><td rowspan="2">基准角度</td><td>23</td><td>4. 选择“形状搜索Ⅲ”</td><td rowspan="2">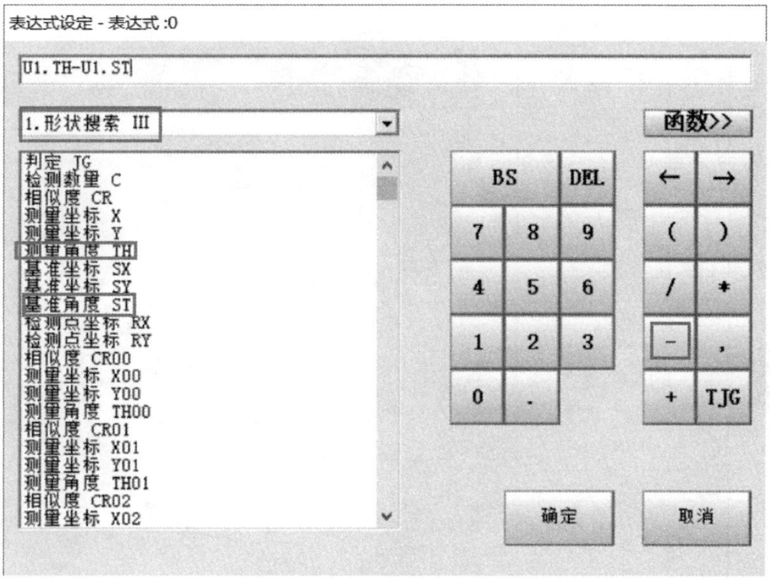
</td></tr>
<tr><td>24</td><td>5. 选择“测量角度TH”—“基准角度ST”</td></tr>
<tr><td rowspan="6">输出格式</td><td>25</td><td>1. 单击“输出格式”</td><td rowspan="6">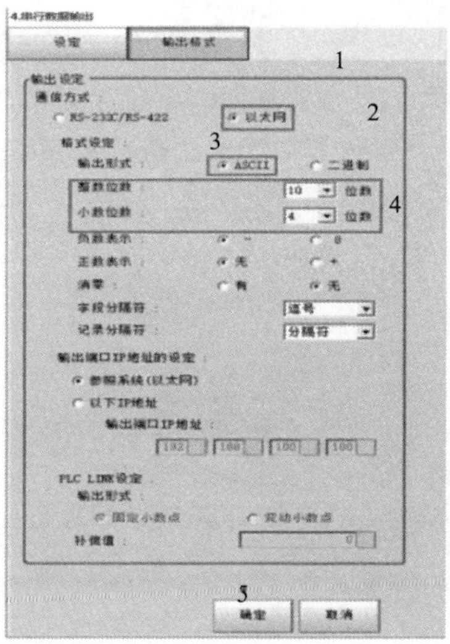 </td></tr>
<tr><td>26</td><td>2. 选择以太网通信</td></tr>
<tr><td>27</td><td>3. 输出形式选择ASCII</td></tr>
<tr><td>28</td><td>4. 小数位数和整数位数自行选择</td></tr>
<tr><td>29</td><td>5. 单击“确定”</td></tr>
<tr><td>30</td><td>6. 保存</td></tr>
</table>

续表

<table>
<tr><th colspan="2">步骤</th><th>操作</th><th>图示</th></tr>
<tr><td rowspan="2">测量（右下角会显示当前测量结果，在最后一行会显示出当前的角度）</td><td>31</td><td>1. 回到主菜单，单击“执行测量”</td><td rowspan="2">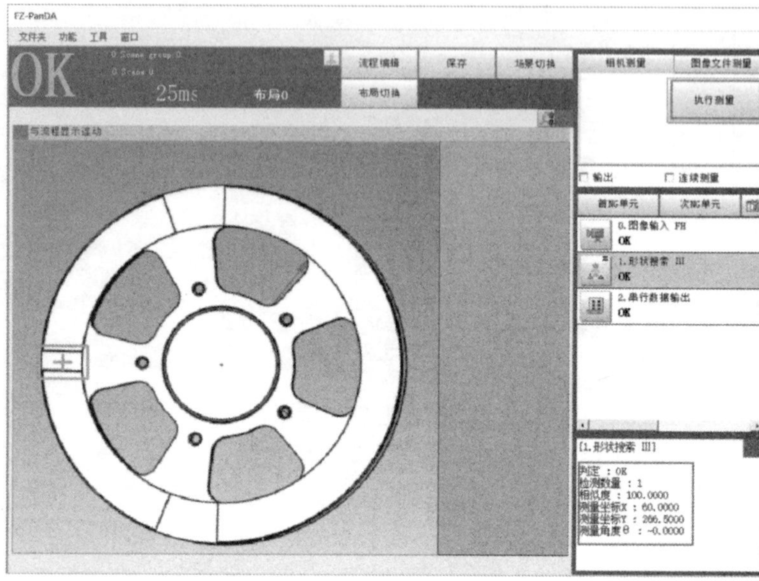
</td></tr>
<tr><td>32</td><td>2. 此处可以看到各流程的状态都显示 OK</td></tr>
<tr><td rowspan="3">任意角度测量</td><td>33</td><td>1. 用机器人将轮毂转一个任意角度</td><td rowspan="3">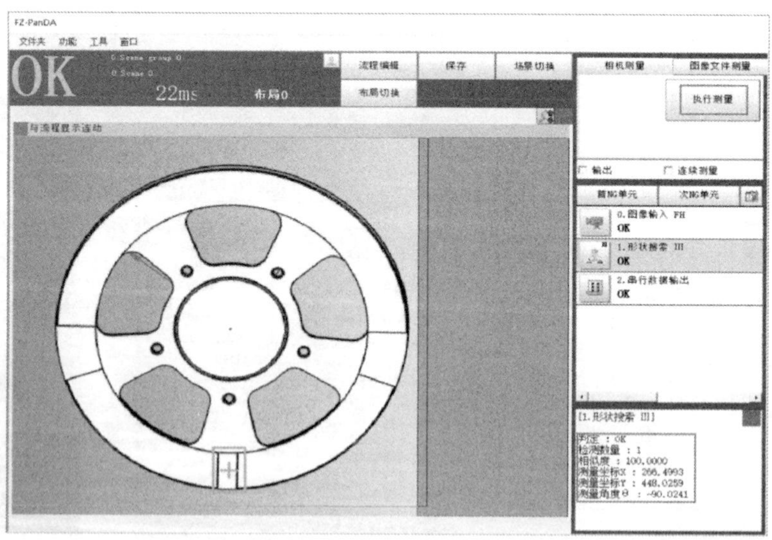
</td></tr>
<tr><td>34</td><td>2. 单击“执行测量”</td></tr>
<tr><td>35</td><td>3. 当各流程的状态都显示 OK，可以在右下角看到当前轮毂的角度变化值</td></tr>
</table>

4.3.3 药片个数检测［二维码 4-3-3 药片个数检测］

药片个数检测步骤如表 4-14 所示。

4-3-3

表 4-14　药片个数检测

步骤	操作	图示
1	选择所需登录图像，然后单击上方的“流程编辑”按钮	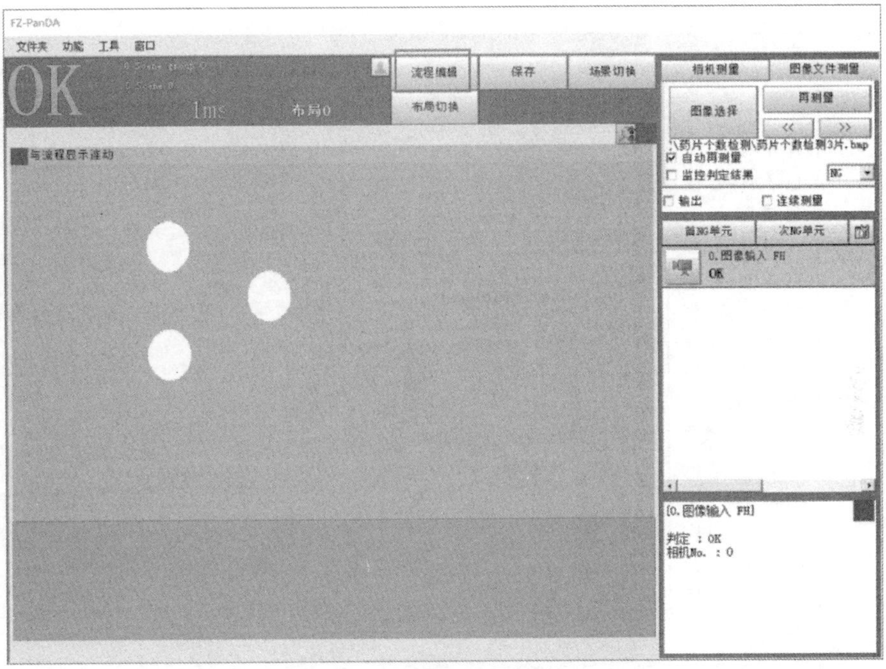
2	将界面右侧的“标签”属性添加到左侧的流程列表中，添加完成后单击“标签”属性设定按钮	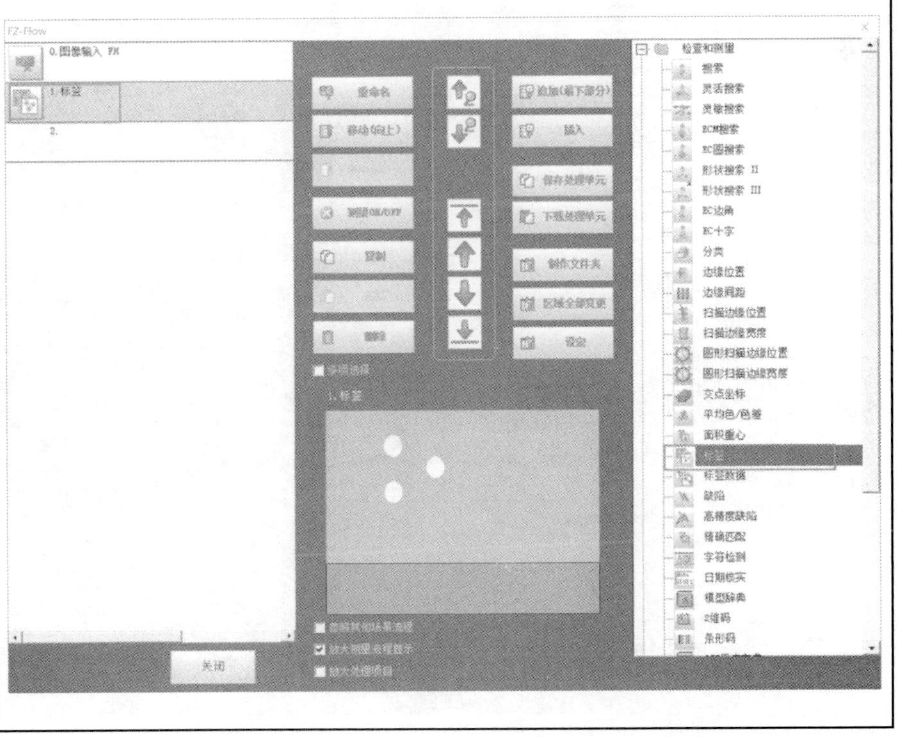

步骤	操作	图示
3	在“颜色指定”选项卡中选中“自动设定”，框选药片本体的颜色区域（若颜色指定与药片本体差异过大可重新选择至满意效果），出现如图所示黑白画面，将“图像种类”设定为“全色抽取图像”。 提示：当检测对象与背景颜色相近时，可选择“全色抽取图像”	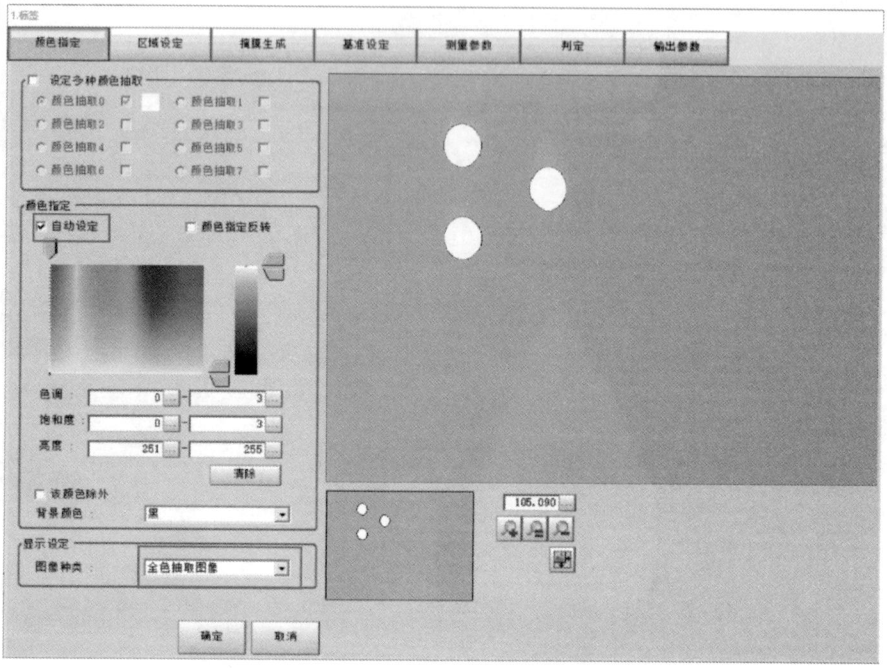
4	选择“区域设定”选项卡，单击“矩形”按钮，调整矩形框四角选择需要检测的区域，然后单击“确定”按钮	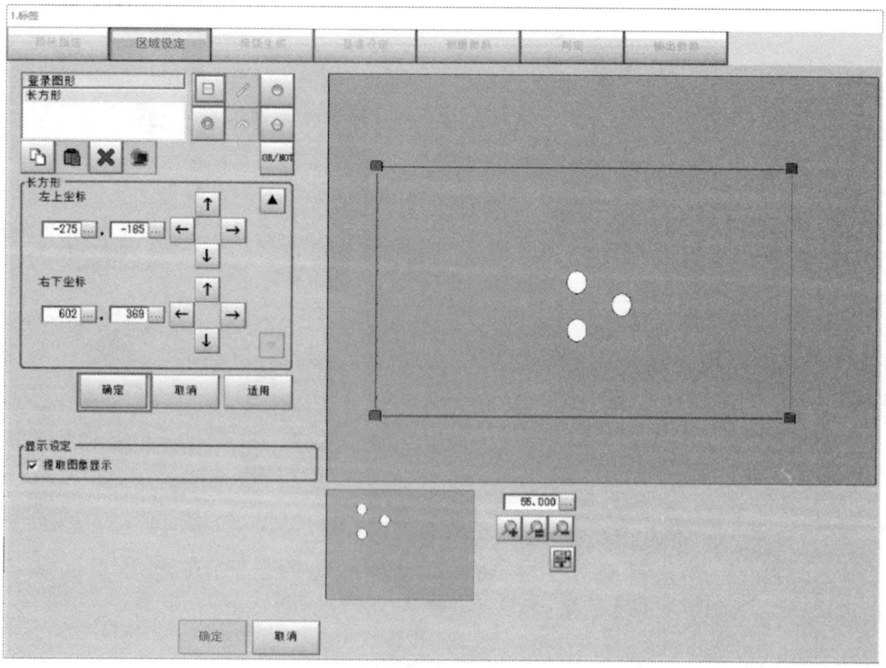

<table>
<tr><th>步骤</th><th>操作</th><th>图示</th></tr>
<tr><td>5</td><td>在“测量参数”选项卡中调整测量条件。“分类方法”选择“面积”，设定输出数据标签号（默认即可），单击“测量”按钮查看目标，在“抽取条件”中设定面积的范围</td><td>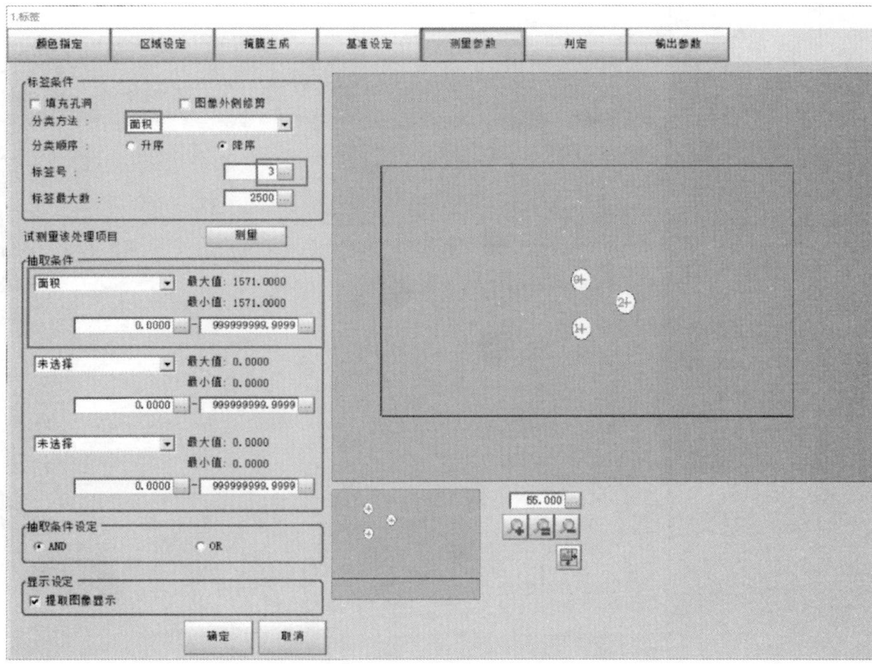
</td></tr>
<tr><td>6</td><td>在“判定”选项卡中设置判定条件。判定条件设定为“标签数”，数量设定为样品个数（3），然后单击“确定”按钮</td><td>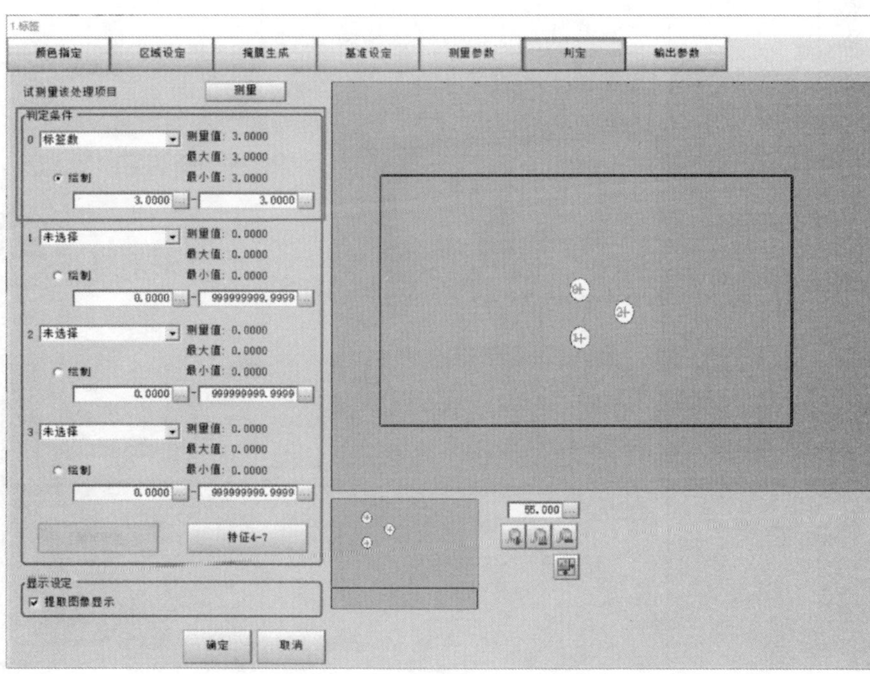
</td></tr>
</table>

步骤	操作	图示
7	回到软件主界面，单击“再测量”按钮，界面左上角显示检测结果为OK，选择流程显示窗口中的“标签”，即可在详细结果显示窗口中查看检测结果，其标签数为3，判定结果为OK	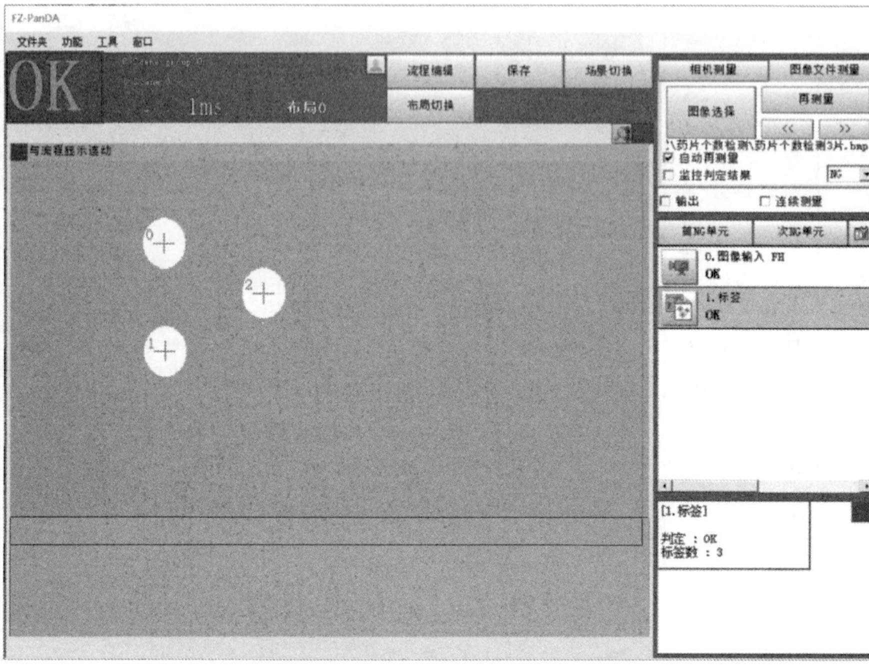
8	更换检测图像为两片药片，执行测量后检测到标签数为2，判定结果为NG	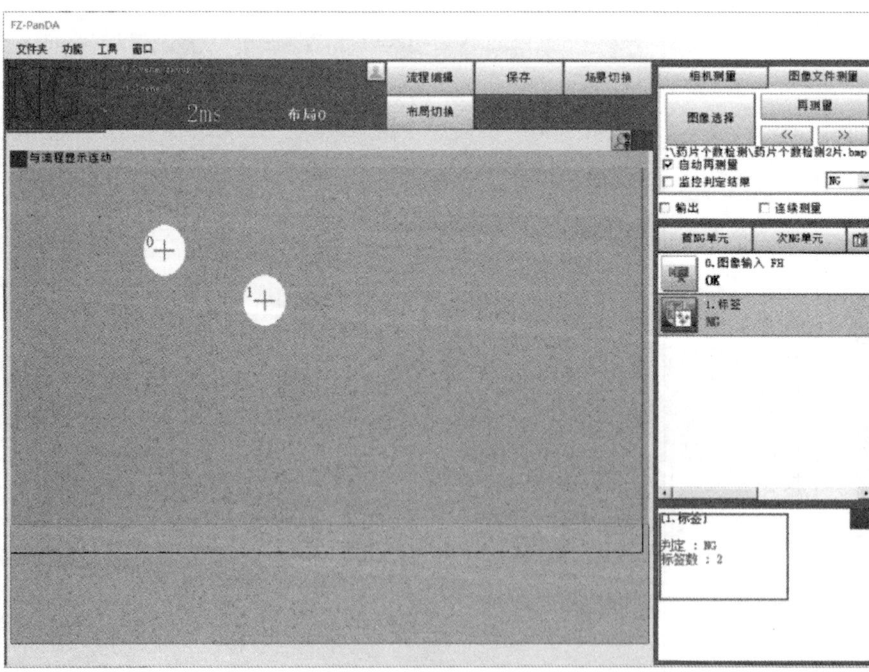

4.3.4 IC 芯片检测［二维码 4-3-4 IC 芯片检测］

4-3-4

IC 芯片检测步骤如表 4-15 所示。

表 4-15　IC 芯片检测

<table>
<tr><th>步骤</th><th>操作</th><th>图示</th></tr>
<tr><td>1</td><td>选择所需登录图像，然后单击上方的“流程编辑”按钮</td><td>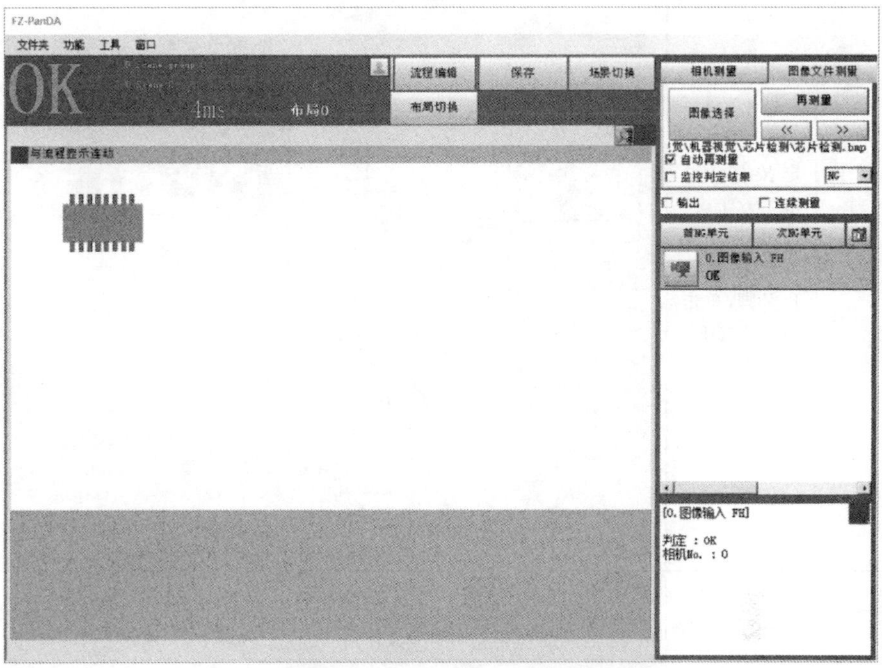
</td></tr>
<tr><td>2</td><td>将界面右侧的“边缘间距”和“扫描边缘宽度”属性添加到左侧的流程列表</td><td>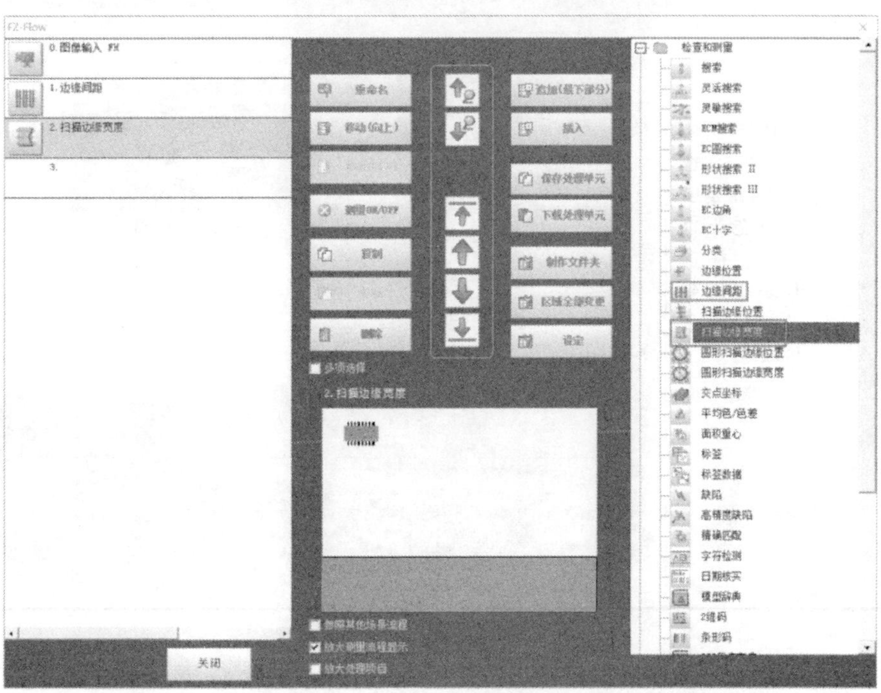
</td></tr>
</table>

续表

步骤	操作	图示
3	添加完成后单击“边缘间距”属性设定按钮。单击“宽直线”按钮，拖动宽直线选择芯片引脚，单击“确定”按钮	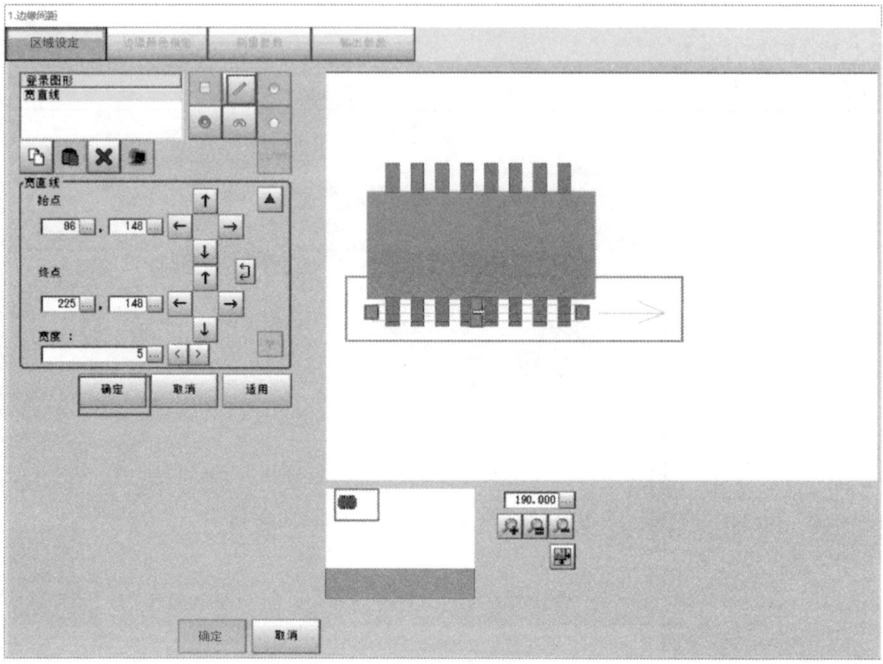
4	选择“边缘颜色指定”选项卡，指定引脚颜色为边缘色。框选任一引脚要选择的颜色区域	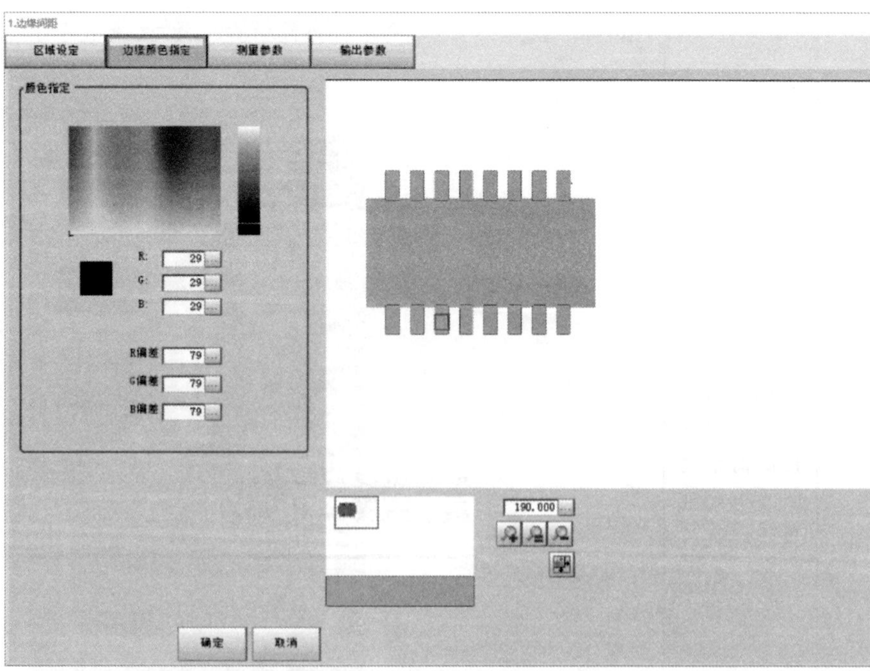

续表

步骤	操作	图示
5	在“测量参数”选项卡中设定测量和判定条件。此处保持默认即可，然后单击“确定”按钮	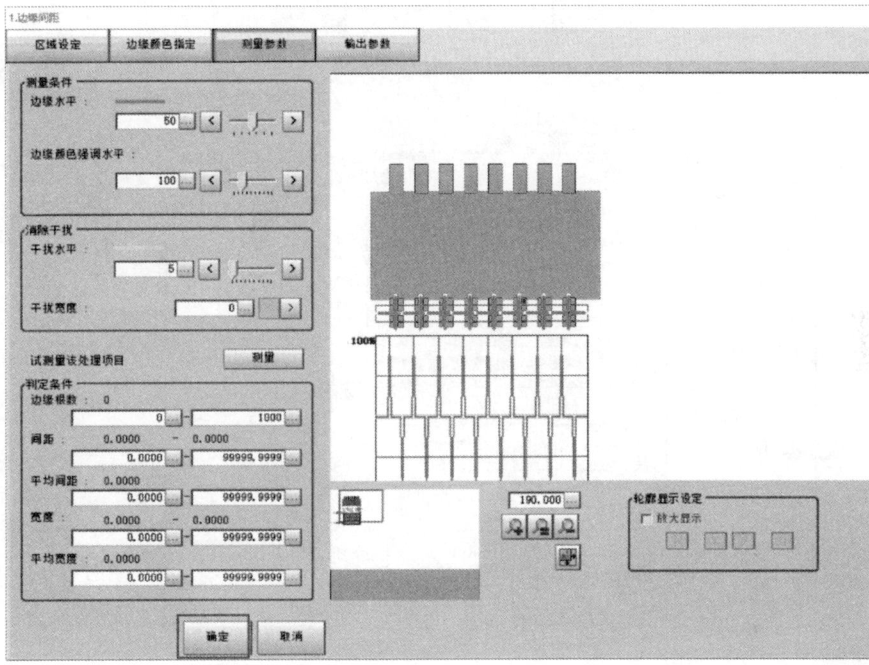
6	回到软件主界面，单击“再测量”按钮，选择流程显示窗口中的“边缘间距”，即可在详细结果显示窗口中查看检测结果；引脚间平均间距为15像素，引脚平均宽度为8像素	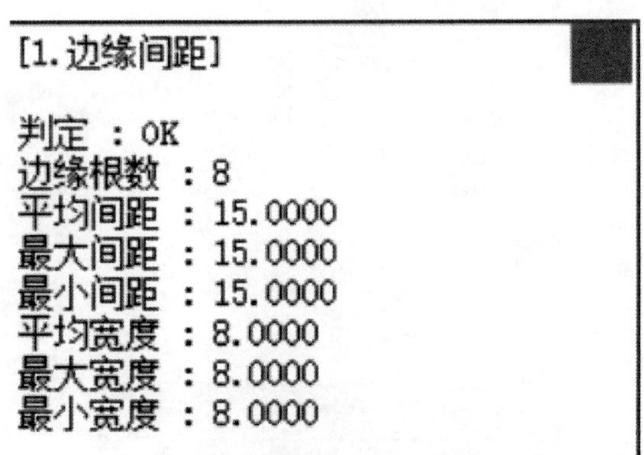

续表

<table>
<tr><th>步骤</th><th>操作</th><th>图示</th></tr>
<tr><td>7</td><td>单击"扫描边缘宽度"属性设定按钮，进入属性设置页面。单击"宽直线"按钮，拖动宽直线选择芯片，单击"确定"按钮</td><td>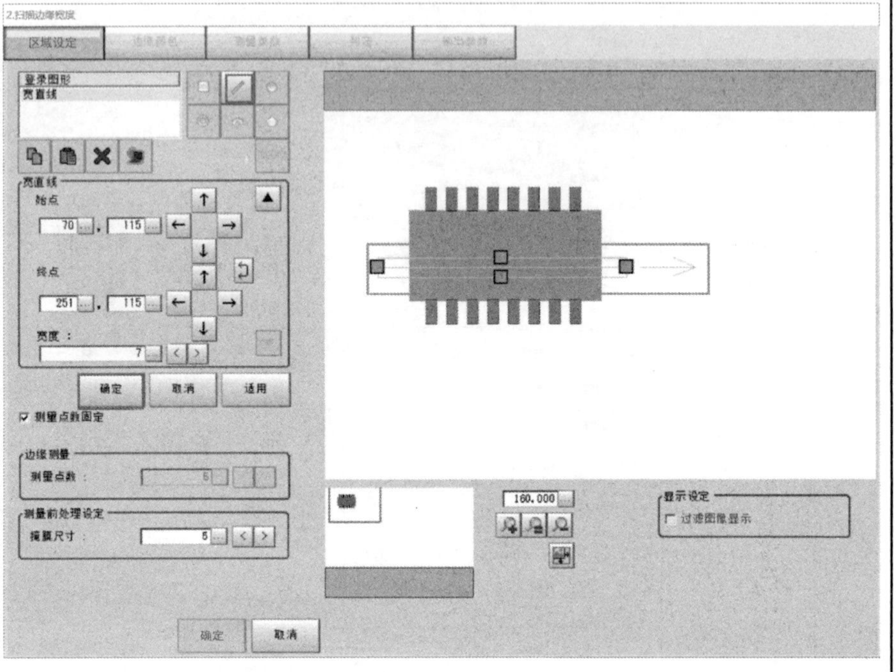</td></tr>
<tr><td>8</td><td>选择"边缘颜色"选项卡，选中"边缘颜色指定"，单击测量部分</td><td>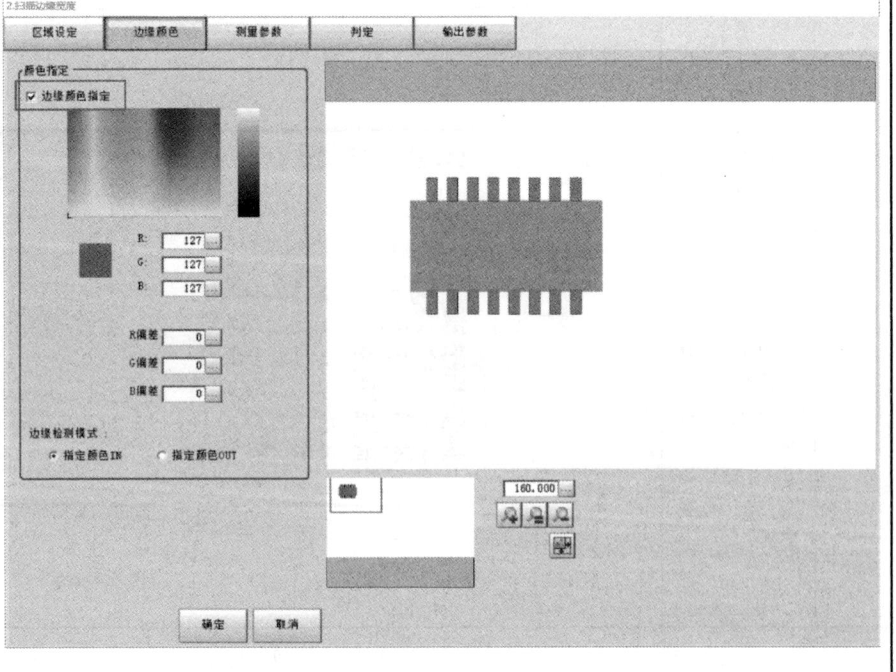</td></tr>
</table>

续表

步骤	操作	图示
9	在“测量参数”选项卡中设定相关测量参数。此处保持默认即可，单击“确定”按钮	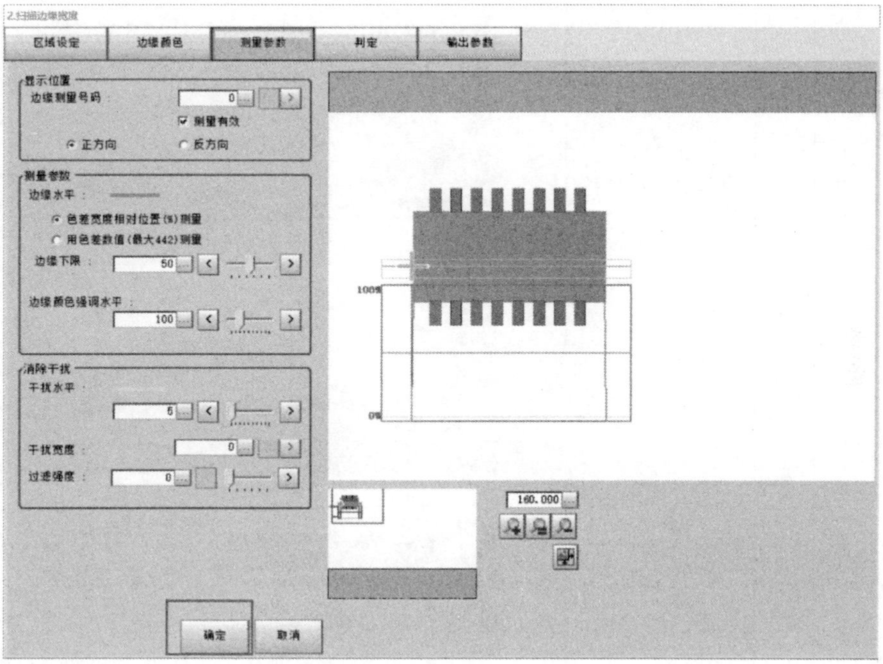
10	回到软件主页面，单击“再测量”按钮，选择流程显示窗口中的“扫描边缘宽度”，即可在详细结果显示窗口中查看芯片整体宽度检测结果，即平均边缘宽度为140像素	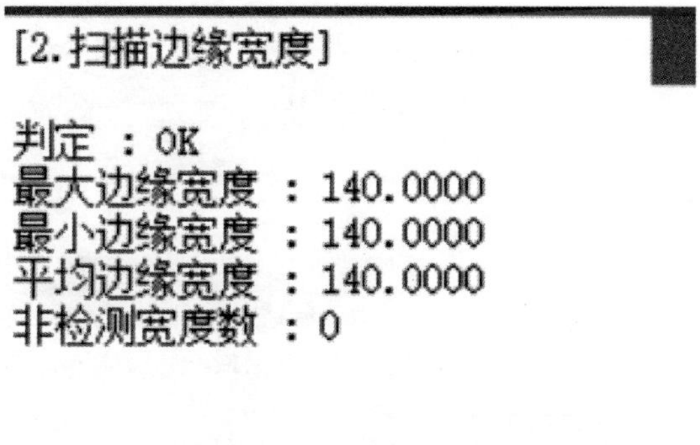

4.3.5 芯片装配-颜色识别［二维码 4-3-5 颜色识别］

4-3-5

芯片装配-颜色识别步骤如表 4-16 所示。

表 4-16　芯片装配-颜色识别

<table>
<tr><th colspan="4">视觉检测编辑</th></tr>
<tr><th colspan="2">步骤</th><th>操作</th><th>图示</th></tr>
<tr><td>场景切换</td><td>1</td><td>单击“场景切换”按钮，选择场景组 0. Scene group 0，新建视觉检测场景 0. Scene 0</td><td>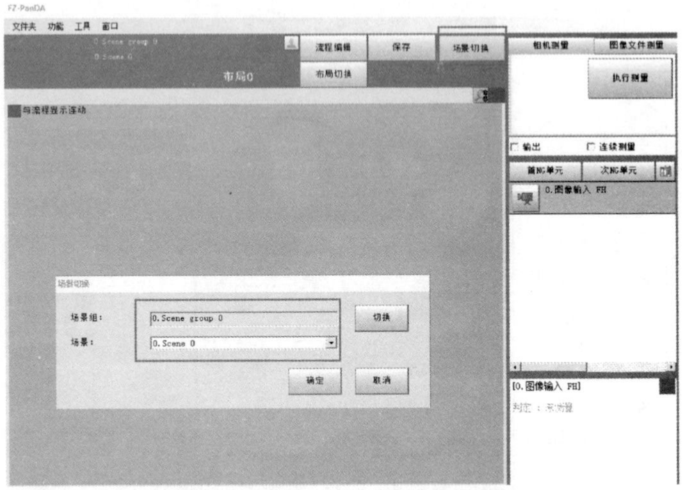
</td></tr>
<tr><td rowspan="2">图像输入设置</td><td>2</td><td>单击“0. 图像输入 FH”，设定相机参数</td><td>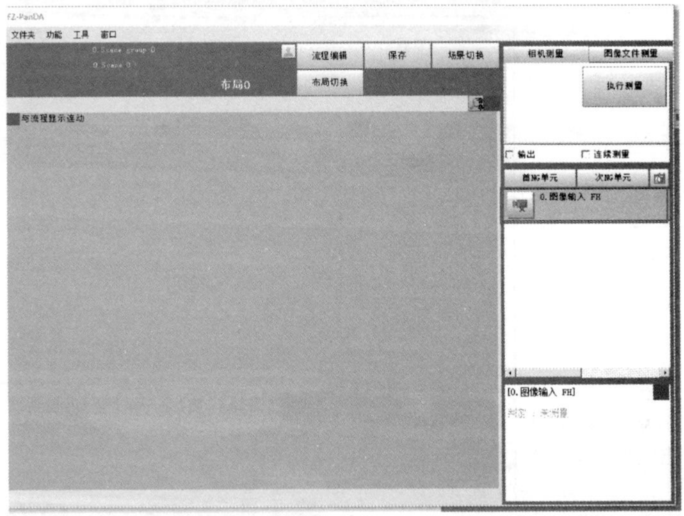
</td></tr>
<tr><td>3</td><td>单击左上角绿色矩形，“图像模式”选择“相机图像动态”，之后就可以看到相机拍摄场景</td><td>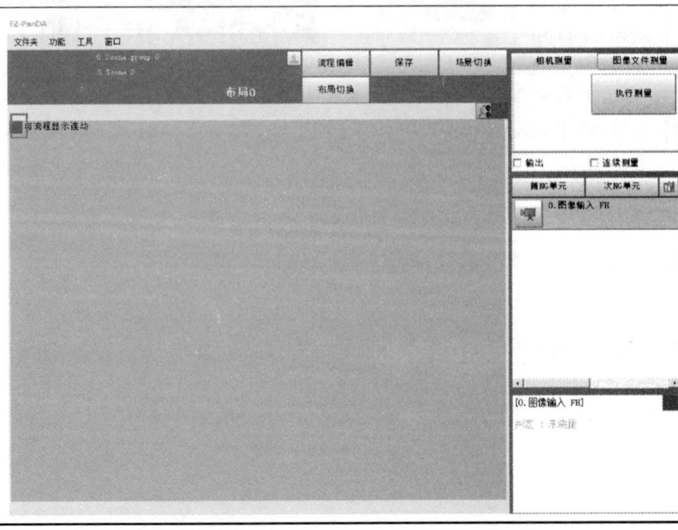
</td></tr>
</table>

续表

<table>
<tr><th colspan="4">视觉检测编辑</th></tr>
<tr><th colspan="2">步骤</th><th>操作</th><th>图示</th></tr>
<tr><td>图像输入设置</td><td>3</td><td>单击左上角绿色矩形，“图像模式”选择“相机图像　动态”，之后就可以看到相机拍摄场景</td><td>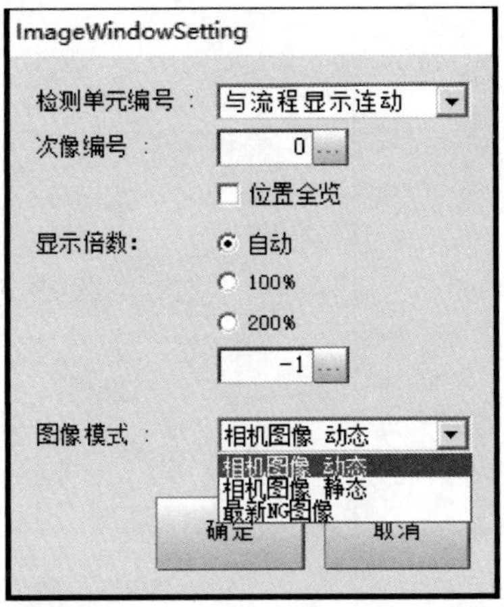
</td></tr>
<tr><td rowspan="3">相机设置界面</td><td>4</td><td>1. 相机选择。
选择正在使用的相机</td><td rowspan="3">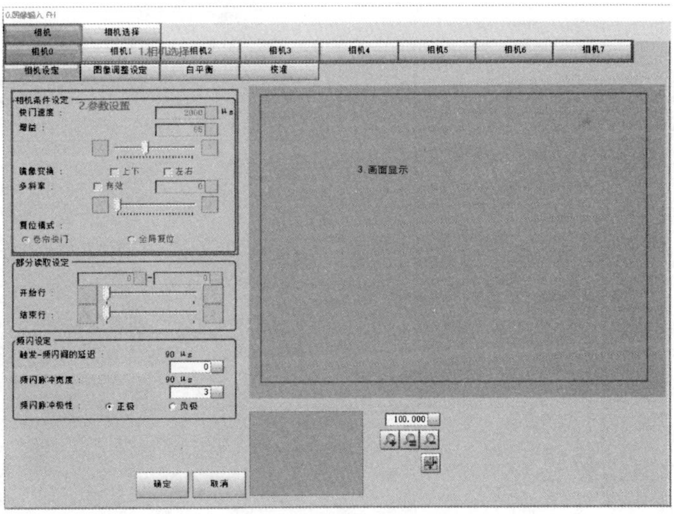
</td></tr>
<tr><td>5</td><td>2. 参数设置。
a. 快门速度：
如果测量对象快速移动，且图像模糊，应选择更大的快门速度。
b. 增益：
如果调整快门速度，光圈和照明无法使图像变亮，应调整相机增益</td></tr>
<tr><td>6</td><td>3. 画面显示。
可以显示相机的动态画面</td></tr>
<tr><td rowspan="3">视觉检测流程搭建</td><td>7</td><td>1. 点击“流程编辑”，进入测试流程搭建界面</td><td rowspan="3">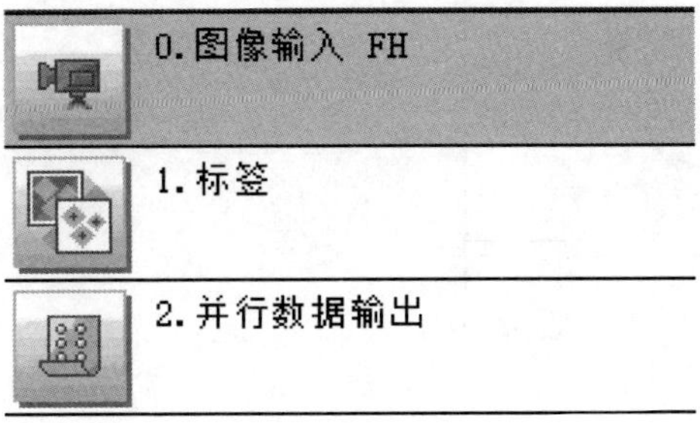
</td></tr>
<tr><td>8</td><td>2. 从右侧项目处理单元中，选择“标签”项目添加到流程</td></tr>
<tr><td>9</td><td>3. 从右侧项目处理单元中，选择“并行数据输出”项目添加到流程</td></tr>
</table>

视觉检测编辑			
步骤		操作	图示
搜索设置	10	在主界面中，单击“标签”项目，进入标签的编辑界面	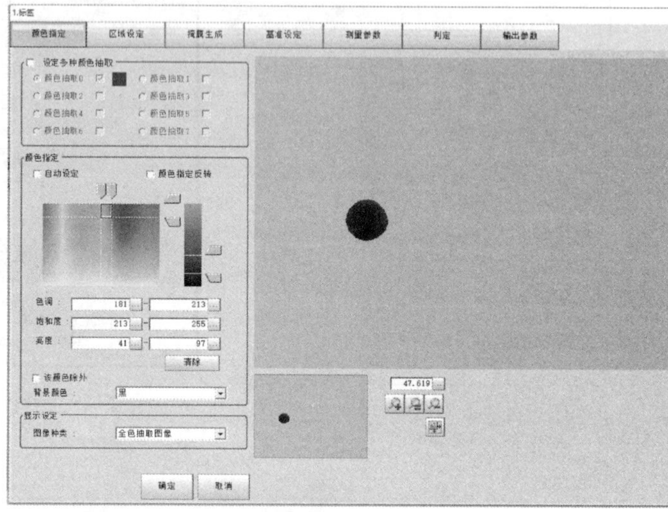
模型登录设置	11	1. 单击“颜色设定”	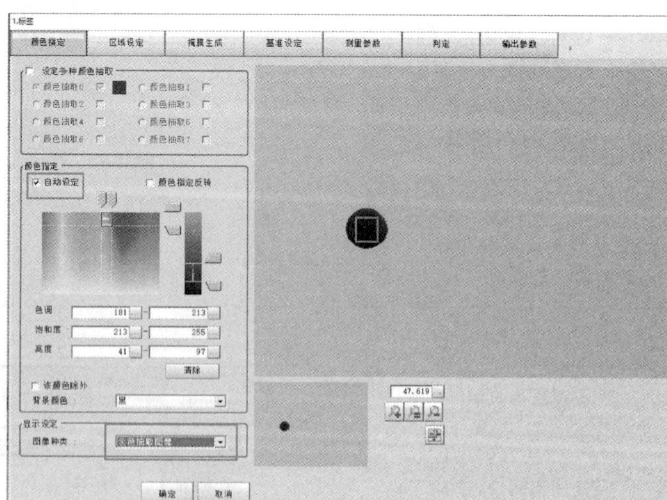
	12	2. 勾选“自动设定”，在右侧窗口中框选需要识别的颜色	
	13	3. 其余参数使用默认设置	
	14	4. 在显示设定中选择“全色抽取图像”	
	15	5. 再点击“确定”	

续表

<table>
<tr><th colspan="4">视觉检测编辑</th></tr>
<tr><th colspan="2">步骤</th><th>操作</th><th>图示</th></tr>
<tr><td rowspan="5">区域设定（注意：此选项为智能相机将要搜索的画幅区域，需根据具体情况调整大小）</td><td>16</td><td>1. 单击“区域设定”</td><td rowspan="5">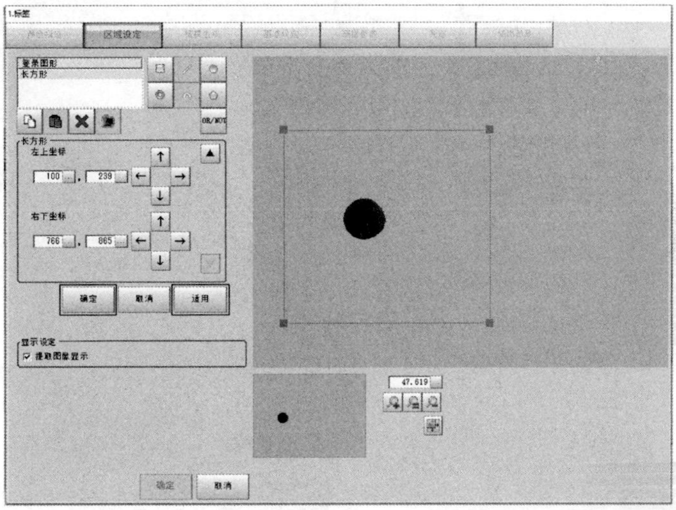
</td></tr>
<tr><td>17</td><td>2. 在“登录图形”中单击“长方形”，右侧图像中会出现一个矩形方框，框选中需要的区域</td></tr>
<tr><td>18</td><td>3. 其余参数使用默认设置</td></tr>
<tr><td>19</td><td>4. 点击“适用”</td></tr>
<tr><td>20</td><td>5. 再点击“确定”</td></tr>
<tr><td rowspan="5">测量参数设定</td><td>21</td><td>1.“掩膜生成”与“基准设定”使用默认设置</td><td rowspan="5">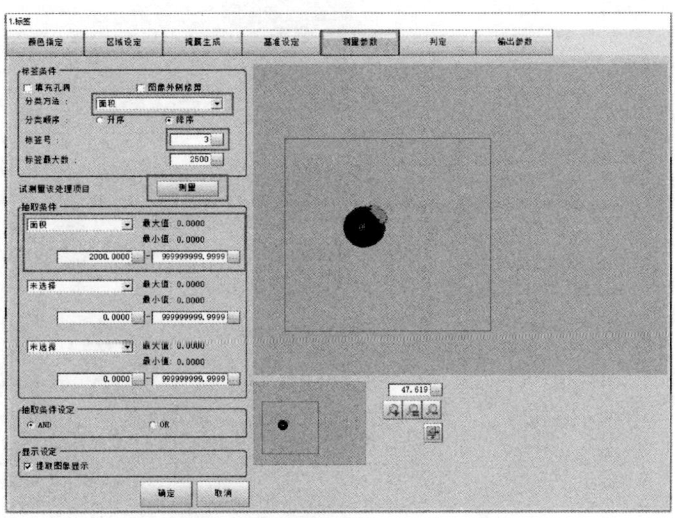
</td></tr>
<tr><td>22</td><td>2. 单击“测量参数”</td></tr>
<tr><td>23</td><td>3.“分类方法”选择“面积”，设定输出数据标签号（默认即可），单击“测量”</td></tr>
<tr><td>24</td><td>4. 在“抽取条件”中设定面积的范围</td></tr>
<tr><td>25</td><td>5. 其余参数使用默认值</td></tr>
</table>

<table>
<tr><th colspan="4">视觉检测编辑</th></tr>
<tr><th colspan="2">步骤</th><th>操作</th><th>图示</th></tr>
<tr><td rowspan="3">视觉系统通信设置</td><td>26</td><td>在“判定”选项卡中设置判定条件。“判定条件”设定为“标签数”，数量设定为1，然后单击“确定”按钮</td><td>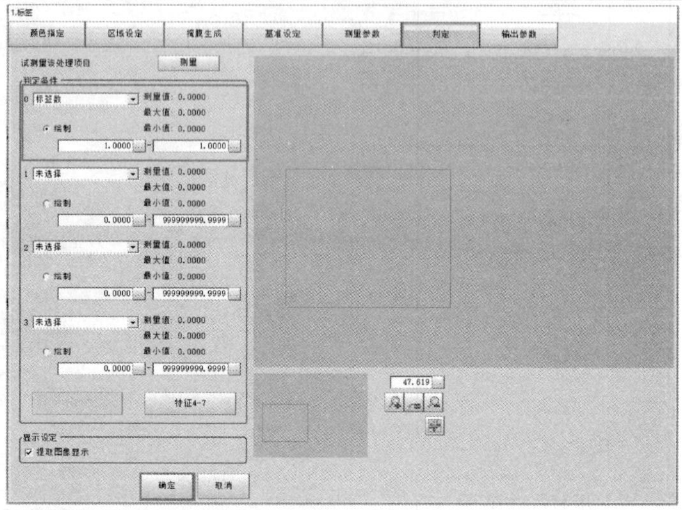
</td></tr>
<tr><td>27</td><td>当芯片颜色为蓝色时，结果显示OK</td><td>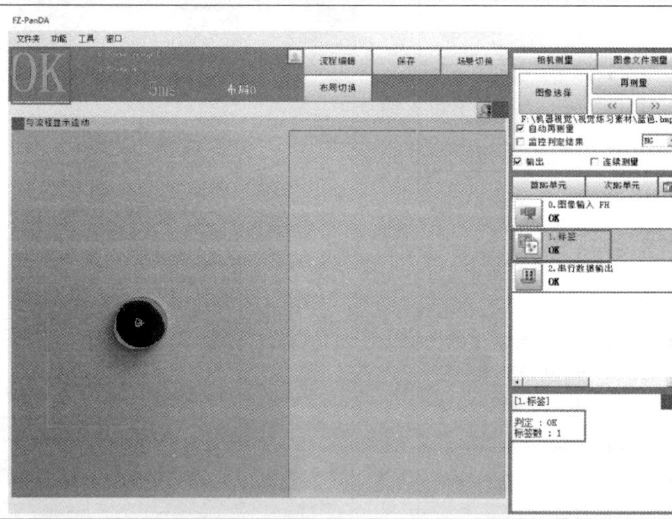
</td></tr>
<tr><td>28</td><td>当芯片颜色为黄色时，结果显示NG</td><td>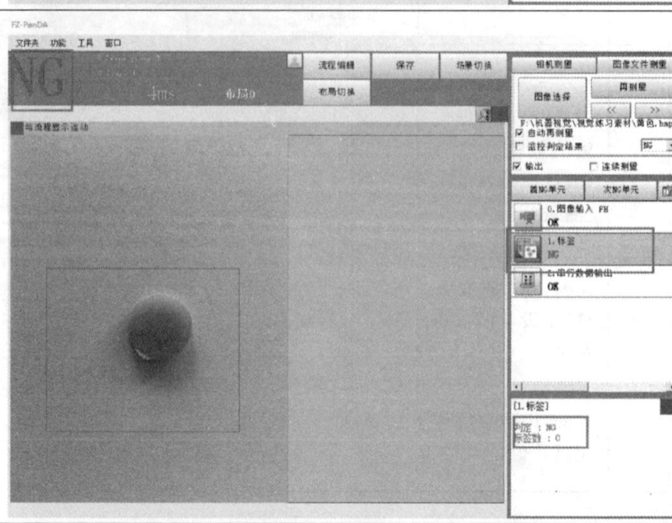
</td></tr>
</table>

续表

<table>
<tr><th colspan="4">视觉检测编辑</th></tr>
<tr><th colspan="2">步骤</th><th>操作</th><th>图示</th></tr>
<tr><td rowspan="3">并行数据输出</td><td>29</td><td>在主界面中，单击“并行数据输出”项目，进入并行数据输出的编辑界面</td><td>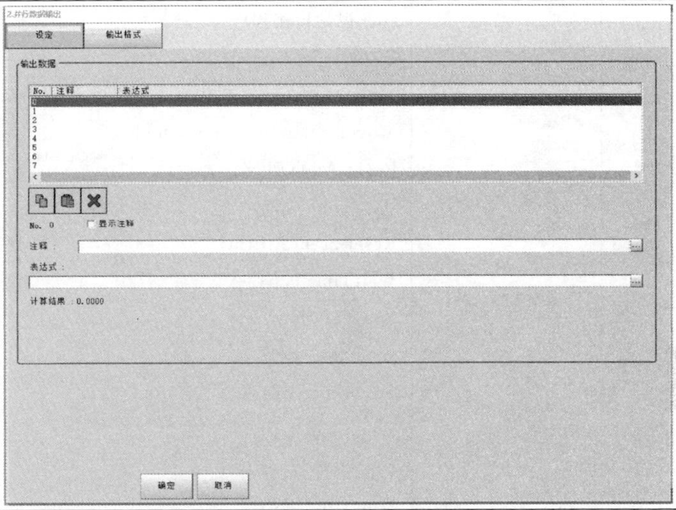
</td></tr>
<tr><td>30</td><td>1. 单击“表达式”</td><td rowspan="2">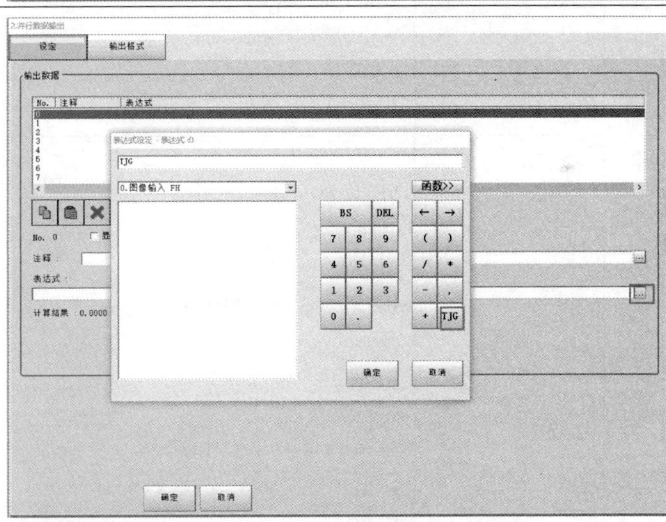
</td></tr>
<tr><td>31</td><td>2. 选择“TJG”，点击“确定”</td></tr>
<tr><td rowspan="2">场景切换</td><td>32</td><td>单击“场景切换”按钮，选择场景组 0. Scene group 0，新建视觉检测场景 1. Scene 1</td><td rowspan="2">
</td></tr>
<tr><td>33</td><td>在场景 1 里，编辑黄色芯片检测流程，可参考蓝色芯片检测流程</td></tr>
</table>

续表

工业机器人程序设计			
程序设计	34	视觉检测程序	sjjc(视觉检测程序) PROC sjjc(num cj) MoveJ Offs(jcwz,0,0,50), v200, fine, tool0; MoveL jcwz, v50, fine, tool0; Reset AllowPhoto; WaitTime 0.5; Reset SceneAffirm; WaitTime 0.5; SetGO Scene, cj; WaitTime 0.5; Set SceneAffirm; WaitTime 0.5; Set AllowPhoto; WaitTime 0.5; WaitDI CCDFinish, 1; ENDPROC

	35	主程序	PROC main()
			quliao;
			sjjc 0;
			IF CCDOK = 1 THEN
			gw1;
			ELSE
			sjjc 1;
			IF CCDOK = 1 THEN
			gw2;
			ELSE
			fangliao;
			ENDIF
			ENDIF
			ENDPROC

4.3.6 码垛入库检测-二维码识别［二维码 4-3-6 二维码识别］

4-3-6

码垛入库检测-二维码识别步骤如表 4-17 所示。

表 4-17　码垛入库检测-二维码识别

视觉检测编辑			
步骤		操作	图示
场景切换	1	单击“场景切换”按钮，选择场景组 0. Scene group 0，新建视觉检测场景 0. Scene 0	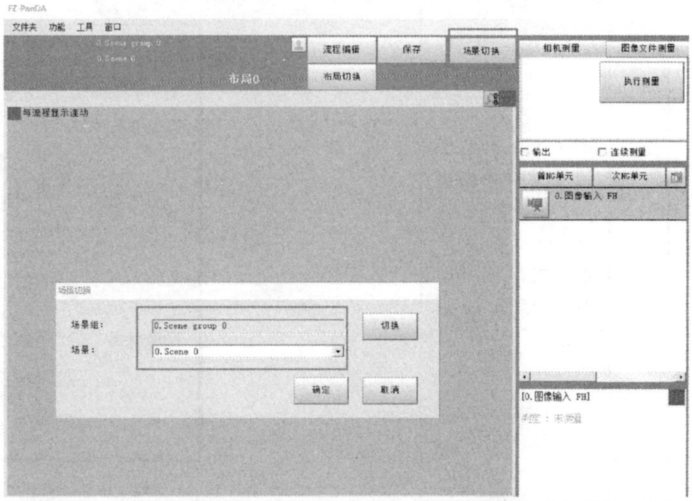
图像输入设置	2	单击“0. 图像输入 FH”，设定相机参数	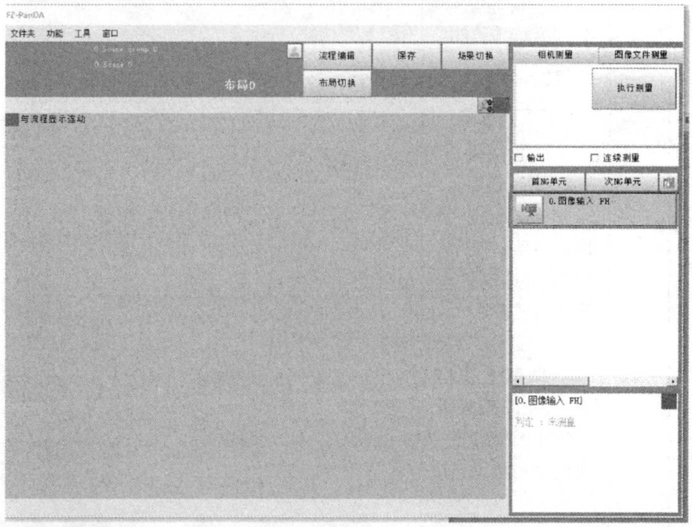
	3	单击如右图所示左上角绿色矩形，“图像模式”选择“相机图像　动态”，之后就可以看到相机拍摄场景	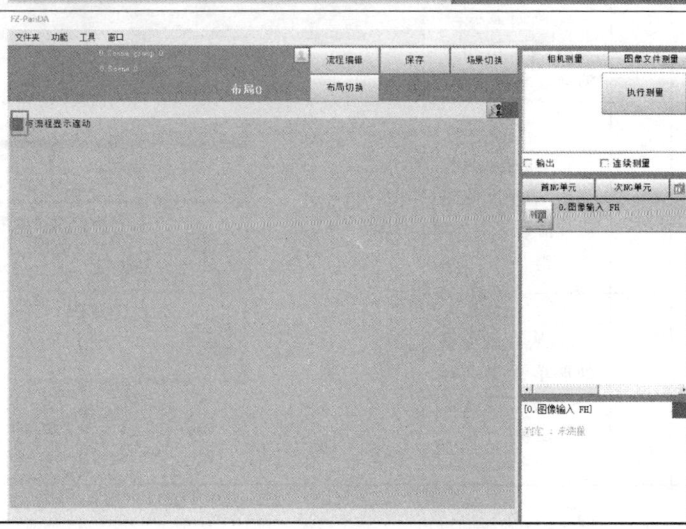

续表

<table>
<tr><th colspan="4">视觉检测编辑</th></tr>
<tr><th colspan="2">步骤</th><th>操作</th><th>图示</th></tr>
<tr><td>图像输入设置</td><td>4</td><td>单击如右图所示左上角绿色矩形,“图像模式”选择“相机图像动态”,之后就可以看到相机拍摄场景</td><td>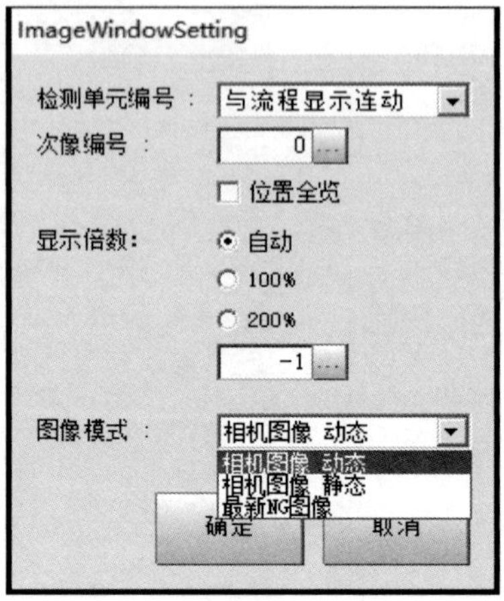
</td></tr>
<tr><td rowspan="3">相机设置界面</td><td>5</td><td>1. 相机选择。
选择正在使用的相机</td><td rowspan="3">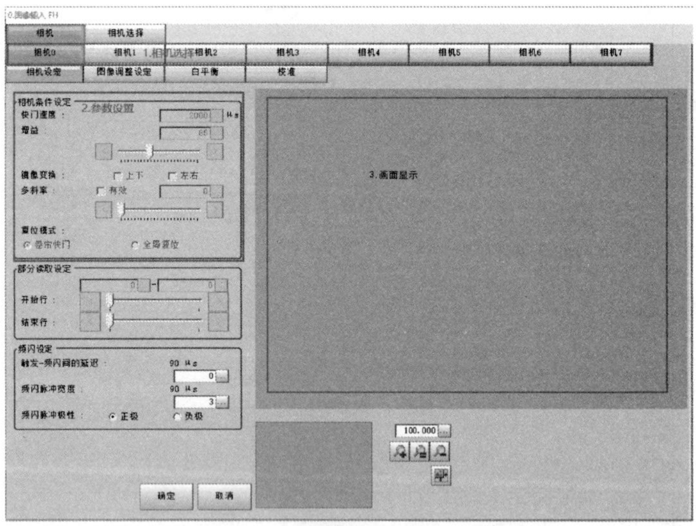</td></tr>
<tr><td>6</td><td>2. 参数设置。
a. 快门速度:
如果测量对象快速移动,且图像模糊,应选择更大的快门速度。
b. 增益:
如果调整快门速度,光圈和照明无法使图像变亮,应调整相机增益</td></tr>
<tr><td>7</td><td>3. 画面显示。
可以显示相机的动态画面</td></tr>
<tr><td rowspan="2">视觉检测流程搭建</td><td>8</td><td>1. 点击“流程编辑”,进入测试流程搭建界面</td><td rowspan="2">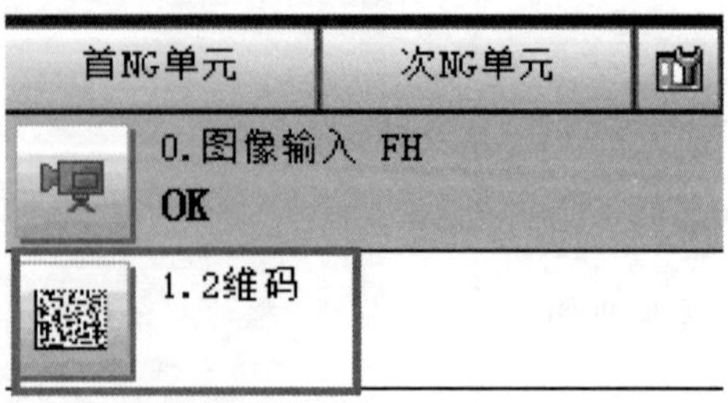
</td></tr>
<tr><td>9</td><td>2. 从右侧项目处理单元中选择“2维码”项目添加到流程</td></tr>
</table>

续表

<table>
<tr><th colspan="4">视觉检测编辑</th></tr>
<tr><th colspan="2">步骤</th><th>操作</th><th>图示</th></tr>
<tr><td>搜索设置</td><td>10</td><td>在主界面中，单击“2 维码”项目，进入二维码的编辑界面</td><td></td></tr>
<tr><td rowspan="2">二维码设置</td><td>11</td><td>1. 单击“区域设定”</td><td rowspan="2"></td></tr>
<tr><td>12</td><td>2. 选择“长方形”，单击“编辑”，进行区域设定</td></tr>
<tr><td rowspan="3">测量参数设定</td><td>13</td><td>1. 单击“测量参数”</td><td rowspan="3"></td></tr>
<tr><td>14</td><td>2. 在“测量参数”中单击“示教”，右侧图像会出现一个绿色小矩形方框，即为识别的二维码框</td></tr>
<tr><td>15</td><td>3. 其余参数使用默认设置</td></tr>
</table>

<table>
<tr><th colspan="4">视觉检测编辑</th></tr>
<tr><th colspan="2">步骤</th><th>操作</th><th>图示</th></tr>
<tr><td rowspan="3">输出参数设定</td><td>16</td><td>1. 勾选“字符输出”</td><td rowspan="3">
</td></tr>
<tr><td>17</td><td>2. 通信输出选择“以太网”</td></tr>
<tr><td>18</td><td>3. 单击“确定”按钮</td></tr>
<tr><td>检测结果</td><td>19</td><td>在主界面中，选择流程显示窗口中的“2 维码”，即可在详细结果显示窗口中查看检测结果</td><td>
</td></tr>
<tr><th colspan="4">工业机器人程序设计</th></tr>
<tr><td>检测结果存储</td><td>20</td><td>在主界面，选择程序数据，string 类型中新建 rukunumber 变量，维数为 1，大小为 10</td><td>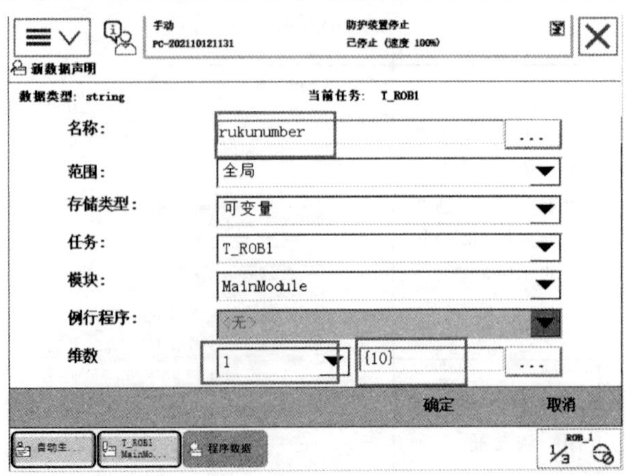
</td></tr>
</table>

续表

工业机器人程序设计			
步骤		操作	图示
程序设计	21	视觉检测程序	sjjc(视觉检测程序) PROC sjjc(num cj) MoveJ Offs(jcwz,0,0,50), v200, fine, tool0; MoveL jcwz, v50, fine, tool0; Reset AllowPhoto; WaitTime 0.5; Reset SceneAffirm; WaitTime 0.5; SetGO Scene, cj; WaitTime 0.5; Set SceneAffirm; WaitTime 0.5; Set AllowPhoto; WaitTime 0.5; WaitDI CCDFinish, 1; ENDPROC

	22	主程序	PROC main()
			quliao;
			sjjc 0;
			IF CCDOK = 1 THEN
			gw1;
			ELSE
			sjjc 1;
			IF CCDOK = 1 THEN
			gw2;
			ELSE
			fangliao;
			ENDIF
			ENDIF
			ENDPROC

4.3.7 视觉综合项目［二维码 4-3-7 装配任务视觉流程］

视觉综合项目及流程如表 4-18 所示。

4-3-7

4-3-8

表 4-18 视觉综合项目

<table>
<tr><td colspan="4">根据识别芯片的不同颜色，机器人进行不同的装配任务。如果识别的颜色为黄色，则将黄色芯片装配在 1 号工位电路板上，如果识别的颜色为绿色，则将绿色芯片装配在 2 号工位电路板上，如果识别的颜色既不是黄色也不是绿色，则将芯片放回原料区，按照此要求进行视觉及程序设计[二维码 4-3-8 机器人装配流程]</td></tr>
<tr><td rowspan="3">程序设计</td><td>1</td><td>数据定义</td><td>VAR socketdev socket；
VAR string strip：="192.168.2.15"；
VAR num numport：=1400；
VAR num numtime：=60；
VAR string strrec：=""；
VAR num wz；
pers robtarget gd；
pers jointtarget home；</td></tr>
<tr><td>2</td><td>机器人主程序</td><td>PROC main()
quliao 1；
CConnect 0；
IF strresult0 = "1" THEN
gw1；
ELSEIF strresult0 = "2" THEN
gw2；
ELSE
fangliao 1；
ENDIF
quliao 2；
CConnect 0；
IF strresult0 = "1" THEN
gw1；
ELSEIF strresult0 = "2" THEN
gw2；
ELSE
fangliao 2；
ENDIF
quliao 3；
CConnect 0；
IF strresult0 = "1" THEN
gw1；
ELSEIF strresult0 = "2" THEN
gw2；
ELSE
fangliao 3；
ENDIF
ENDPROC</td></tr>
<tr><td>3</td><td>视觉程序</td><td>PROC CConnect(num NumScene)
MoveL gd,v500,z10,tool0；
SocketClose socket；
SocketCreate socket；
SocketConnect socket, strip, numport\Time：=numtime；
TPWrite "socket client initial ok"；
WaitTime 1；
strcommand ：= "S 1"；
strwrite ：= strcommand；</td></tr>
</table>

续表

<table>
<tr><td rowspan="6">程序设计</td><td>3</td><td>视觉程序</td><td>SocketSend socket\Str:=strwrite;
WaitTime 0.5;
MoveL bsj, v1000, fine, tool0;
SocketSend socket\Str:="M";
WaitTime 0.5;
SocketReceive socket\Str:=strrec;
WaitTime 0.5;
strresult0 := StrPart(strrec,7,1);
SocketClose socket;
ENDPROC</td></tr>
<tr><td>4</td><td>取料子程序</td><td>PROC quliao(num h)
MoveL gd,v500,z10,tool0;
MoveJ Offs(ylq{h},0,0,100),v500,z10,tool0;
MoveL Offs(ylq{h},0,0,20),v500,z10,tool0;
MoveL Offs(ylq{h},0,0,0),v50,fine,tool0;
Set odx;
waittime 0.5;
MoveL Offs(ylq{h},0,0,100),v500,z10,tool0;
ENDPROC</td></tr>
<tr><td>5</td><td>放料子程序</td><td>PROC fangliao(num h)
MoveL gd,v500,z10,tool0;
MoveL Offs(ylq{h},0,0,100),v500,z10,tool0;
MoveL Offs(ylq{h},0,0,20),v500,z10,tool0;
MoveL Offs(ylq{h},0,0,0),v50,fine,tool0;
Reset odx;
waittime 0.5;
MoveL Offs(ylq{h},0,0,100),v500,z10,tool0;
ENDPROC</td></tr>
<tr><td>6</td><td>工位 1 子程序</td><td>PROC gw1()
MoveL gd,v500,z10,tool0;
MoveL Offs(flq{1},0,0,20),v500,z10,tool0;
MoveL Offs(flq{1},0,0,20),v500,z10,tool0;
set odx;
waittime 0.5
MoveL Offs(flq{1},0,0,20),v500,z10,tool0;
ENDPROC</td></tr>
<tr><td>7</td><td>工位 2 子程序</td><td>PROC gw2()
MoveL gd,v500,z10,tool0;
MoveL Offs(flq{2},0,0,20),v500,z10,tool0;
MoveL Offs(flq{2},0,0,20),v500,z10,tool0;
Set odx;
waittime 0.5
MoveL Offs(flq{2},0,0,20),v500,z10,tool0;
ENDPROC</td></tr>
<tr><td>8</td><td>回 home 点子程序</td><td>PROC home()
MoveL gd,v500,z10,tool0;
moveabsj home,v500,z10,tool0;
ENDPROC</td></tr>
</table>

第5章 筑梦科技和康耐视视觉系统的应用

5.1 视觉系统的安装调试

5.1.1 筑梦科技的视觉安装［二维码5-1 安装筑梦科技视觉模块］

图5-1是典型的视觉工作设备，主要由实训机台、电控板、XY轴运动模组、Z轴运动模组、外置θ轴、报警灯、按钮盒、视觉安装夹具、产品托盘、光幕保护传感器、工控机、显示器、机器视觉器件箱、机器视觉工具箱等组成，设备组成如图5-2所示，视觉布局如图5-3所示。

5-1

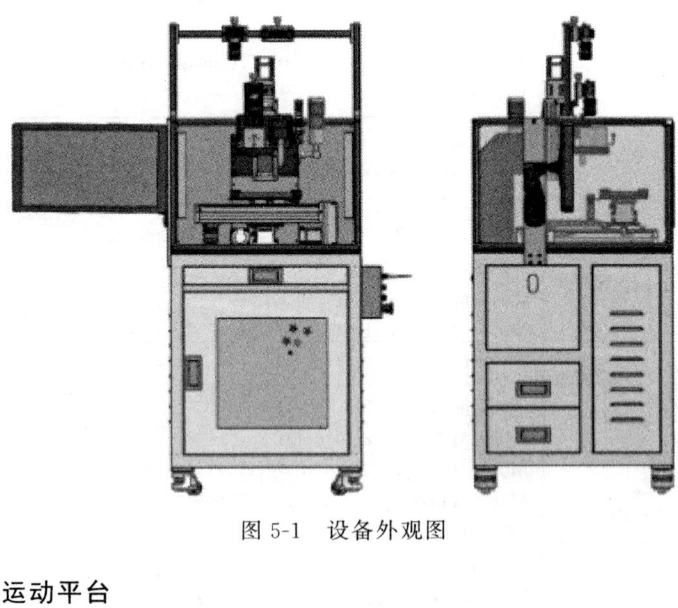

图5-1　设备外观图

（1）XYZ三轴运动平台

如图5-4所示，三轴运动平台由X、Y、Z三轴组成，Z轴是多功能轴，自带快换装置，可方便安装2D相机、3D相机等多种工业相机，也可方便安装背光、同轴光、环形光等多种常见光源。Z轴也可以扩展安装旋转θ轴，平台可根据实验要求合理布置各类支架。

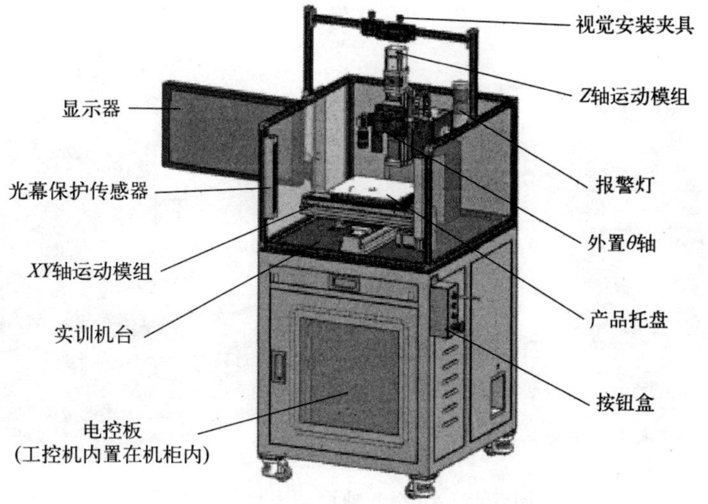

图 5-2　设备组成图

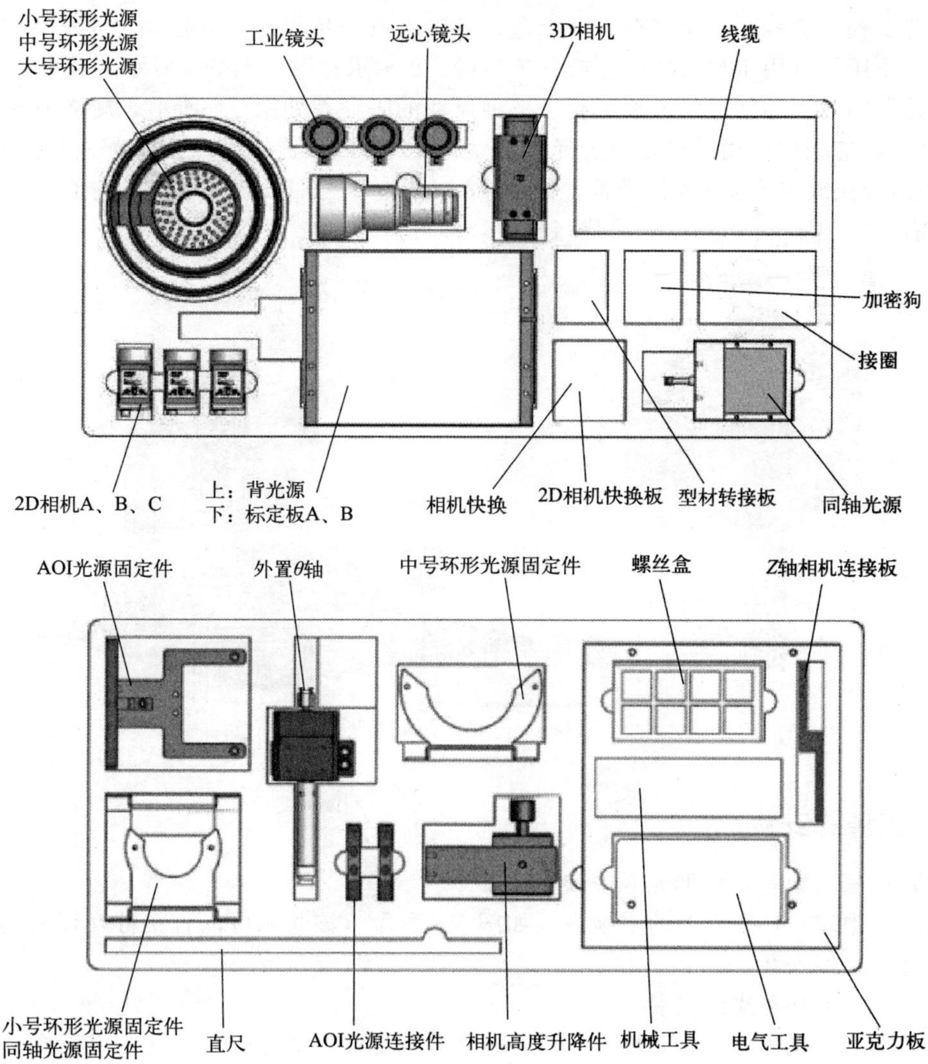

图 5-3　视觉布局

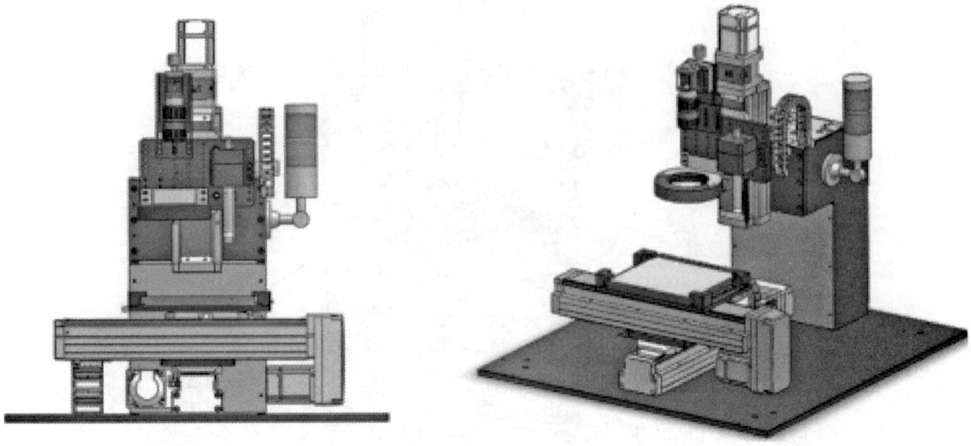

图 5-4　*XYZ* 三轴运动平台结构图

(2) 外置θ轴

外置 θ 轴（旋转轴）连接有一个吸盘，可以吸取样品并旋转角度，实现样品按照指定角度摆放的作用，可用于物品的搬运或分拣实验。θ 轴示意图如图 5-5 所示。其可安装在 Z 轴上，可连续回转。旋转轴的末端配套了三种尺寸的吸嘴，如图 5-6 所示，规格为 SP-06、SP-08、SP-10，应根据应用需求正确选择吸嘴。θ 轴上有四根连接线，分别为 A+、A-、B+、B-，将对应接线端子接入控制面板上的 A+、A-、B+、B-（θ 轴接线端子如图 5-7 所示，从左到右依次位于 4、5、6、7 接线口位置）即可。

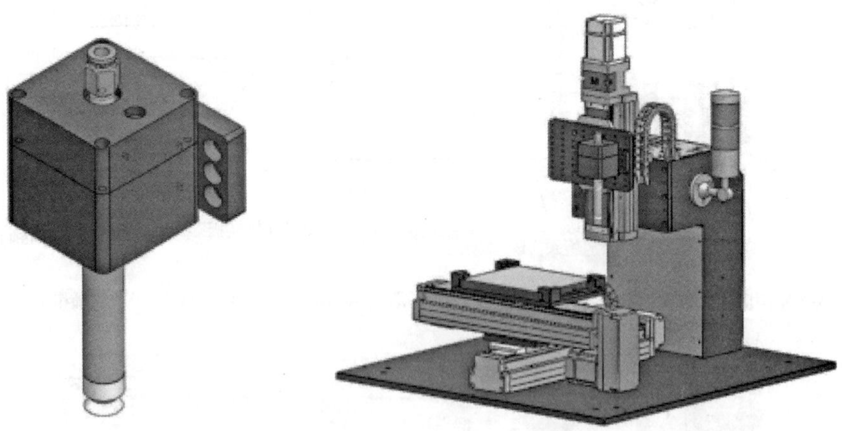

图 5-5　外置 θ 轴及安装示意

5.1.2 光源的安装

(1) 小号（中号）环形光源安装

小号（中号）环形光源的安装方式如图 5-8 所示（该光源可以直接拧在镜头的前端，也可以通过钣金件安装）。

(2) 低角度环形光源安装

低角度环形光源的发光角度与水平面成 15°，发光颜色为蓝色。其中，三个环形光源可以合并成 AOI 光源，如图 5-9 所示。

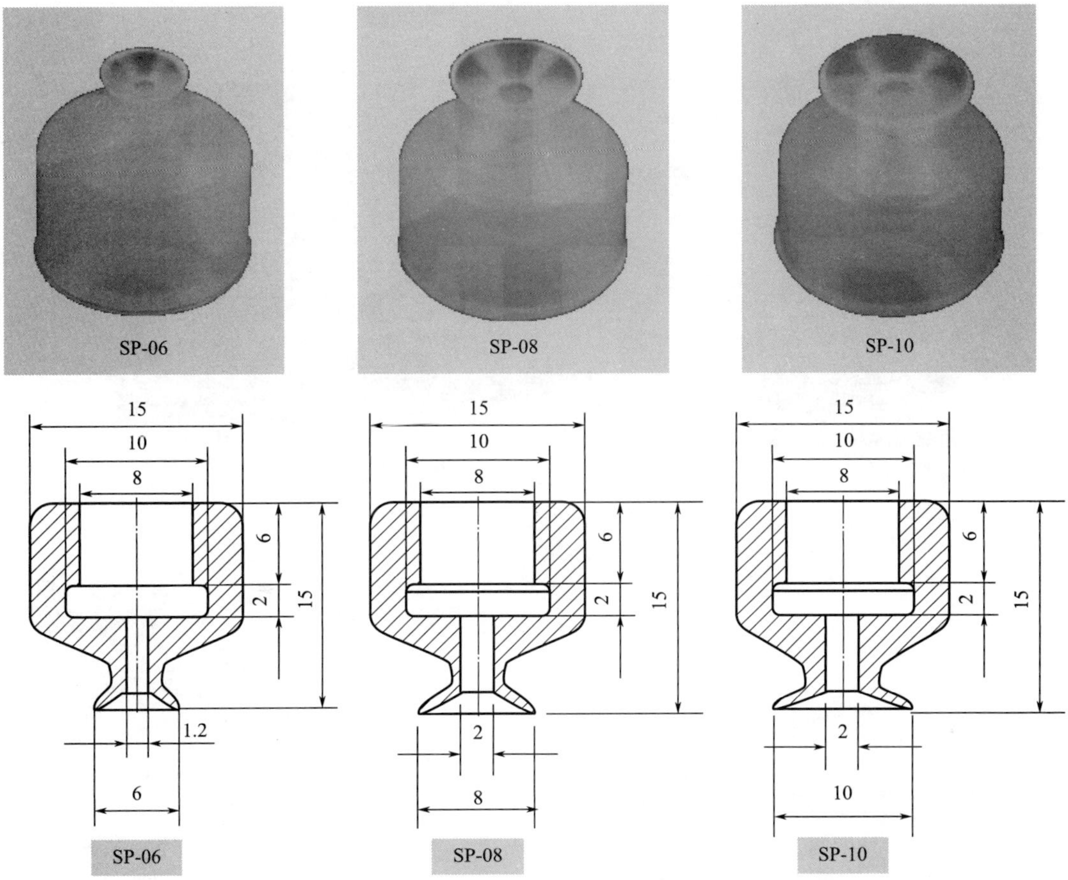

图 5-6 吸嘴

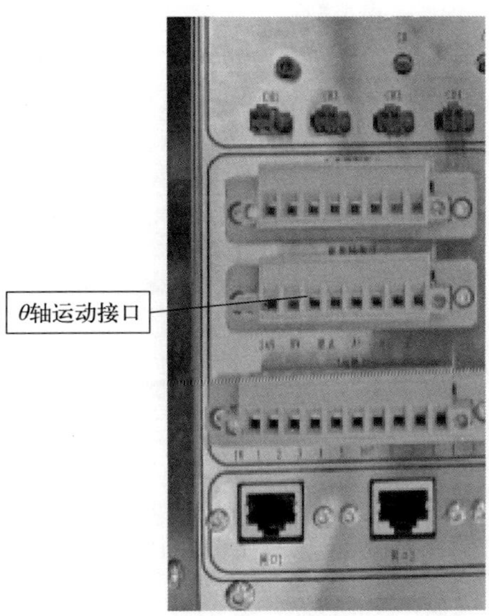

图 5-7 θ 轴接线端子

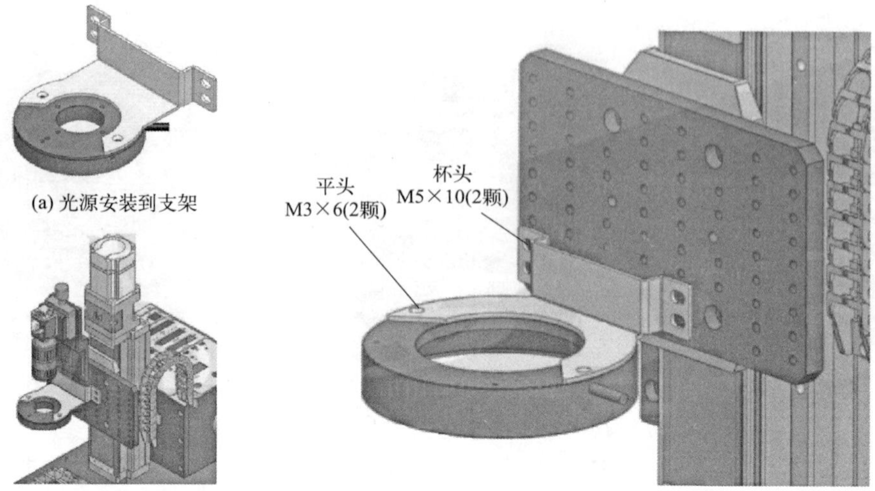

(a) 光源安装到支架

(b) 支架安装到工作台上

(c) 安装工艺

图 5-8　小号（中号）环形光源安装

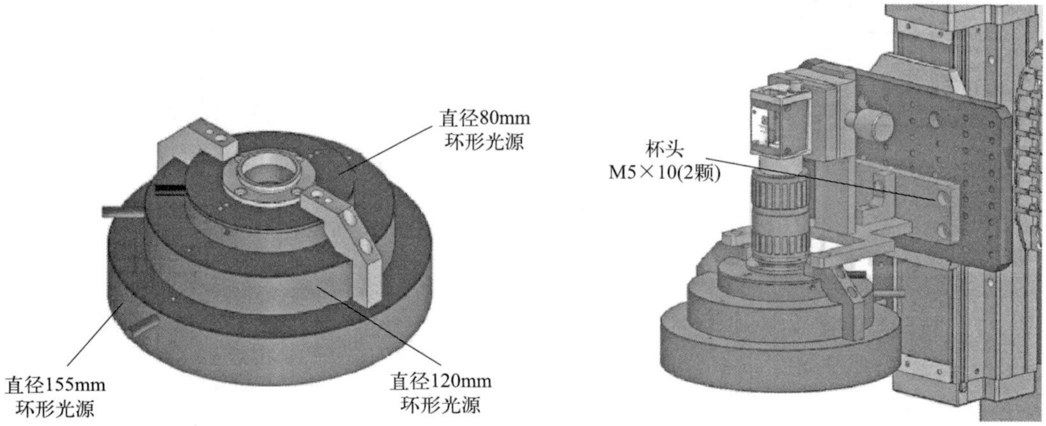

(a) 光源安装

(b) 支架安装

图 5-9　低角度环形光源安装

(3) 同轴光源安装

同轴光源的发光颜色为 RGB，光源均匀度高于 90%，发光面为 60mm×60mm，三通道单独控制。其安装如图 5-10 所示。

(4) 平行背光源安装

平行背光源的发光颜色为白色，其底部贴片为 LED，光源均匀度高于 90%，发光面为 169mm×145mm，光源安装使用方式如图 5-11 所示。

(5) LED 光源与转换件的连接

对于 LED 环形光源或者同轴光源，根据光源的安装孔位，找到对应的连接件（不锈钢材质），用螺钉固定上去，如图 5-12 所示。转换件固定板的安装如图 5-13 所示。

(6) 视觉器件的安装

① 工业相机与工业镜头的连接　根据应用需要，选取合适的 1 台 2D 工业相机和 1 只工业镜头，将相机和镜头上的保护盖取下并放置到原位置，以防丢失；然后将工业镜头顺时针

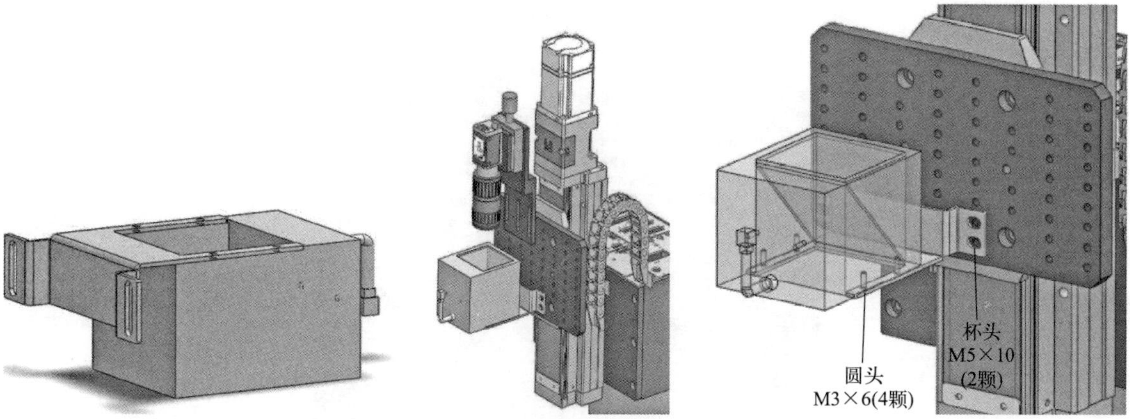

(a) 光源安装支架　　(b) 支架安装到工作台上　　(c) 安装工艺

图 5-10　同轴光源安装

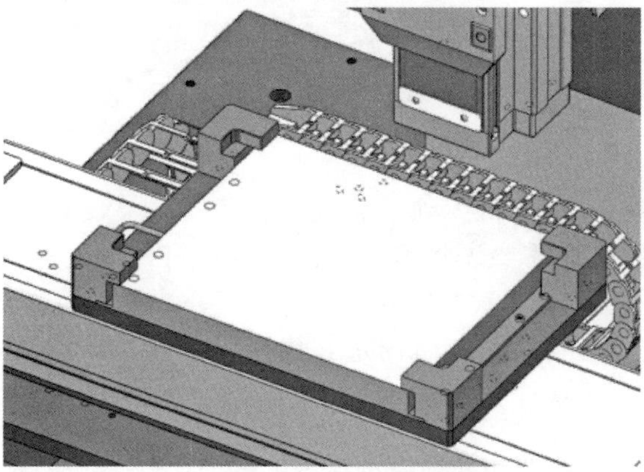

图 5-11　平行背光源安装

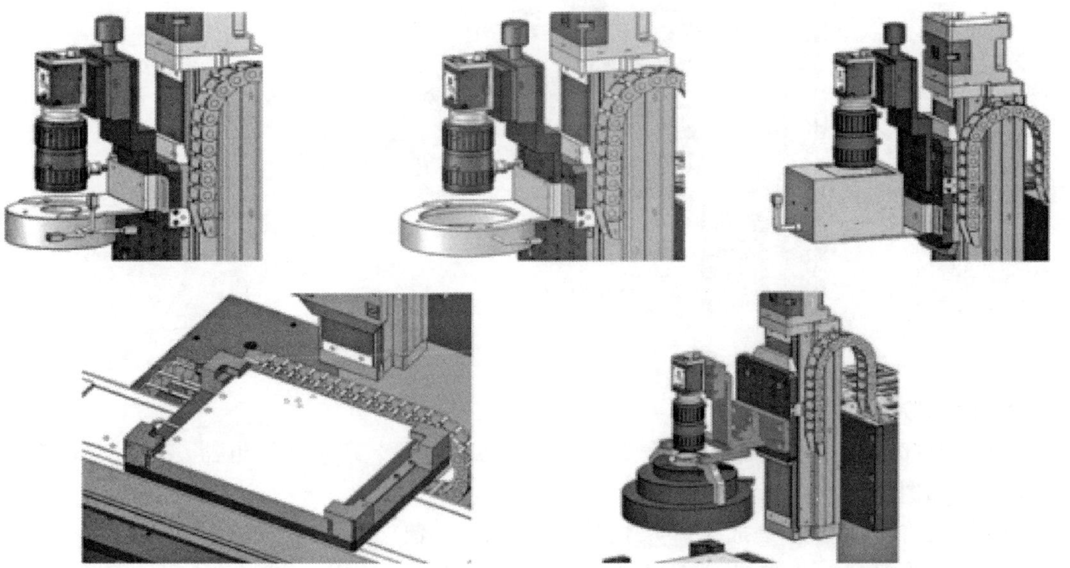

图 5-12　LED 光源与转换件的连接

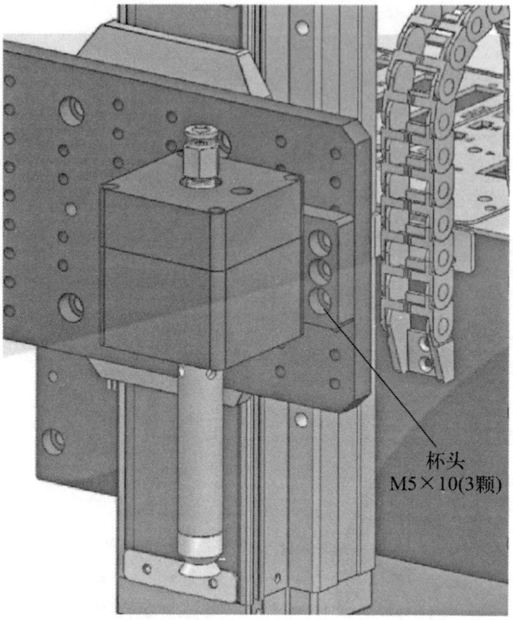

图 5-13　转换件固定板的安装

拧到相机上即可完成安装。3D 相机无须安装镜头。

调节镜头光圈和焦距时，需要先将镜头上的手拧螺钉松开，等调节好之后，再次拧紧。

② 工业相机与快换板的连接　选取相机的快换板，快换板上有 3 个孔的为 2D 相机连接件，4 个孔的为 3D 相机连接件；将相机固定到快换板上，即可完成安装。如图 5-14 所示是 2D 相机桁架安装示意图，安装工艺如图 5-15 所示。

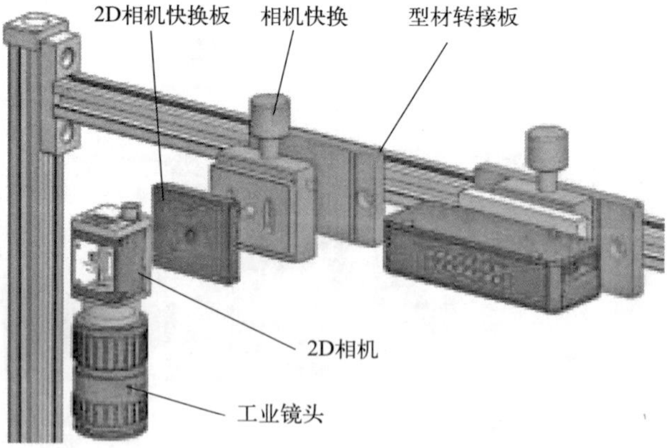

图 5-14　桁架安装示意图

（7）电气安装

电气主要部分包括过载保护空开、交流接触器、电源、PLC、继电器、电机驱动器和外部引线等，如图 5-16 所示。

有的平台将所有接口集成到一块快捷接线板上，便于操作人员操作，如图 5-17 所示。接口包括光源连接口、光源外部控制端口、θ 轴运动接口、PLC 扩展 IO 口、系统进气口、光源控制串口、工控机 USB 接口、PLC 下载接口，外接电源接口以及电脑外接网口等。

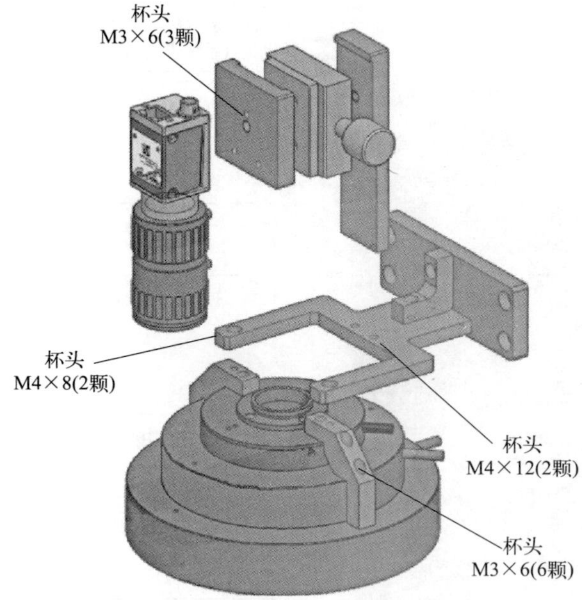

(a) 视觉器件与光源位置图

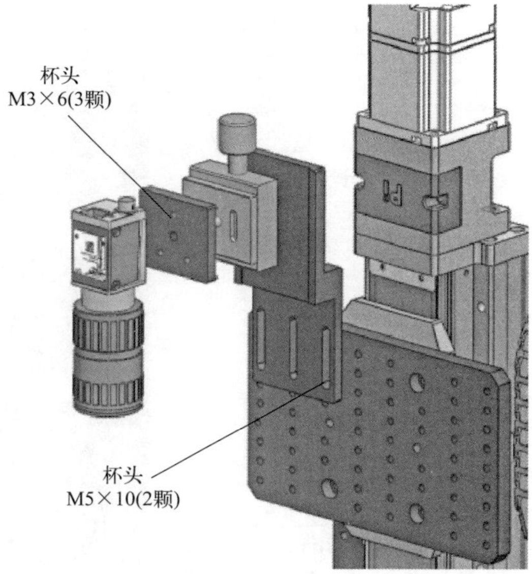

(b) 视觉器件安装

图 5-15 安装工艺

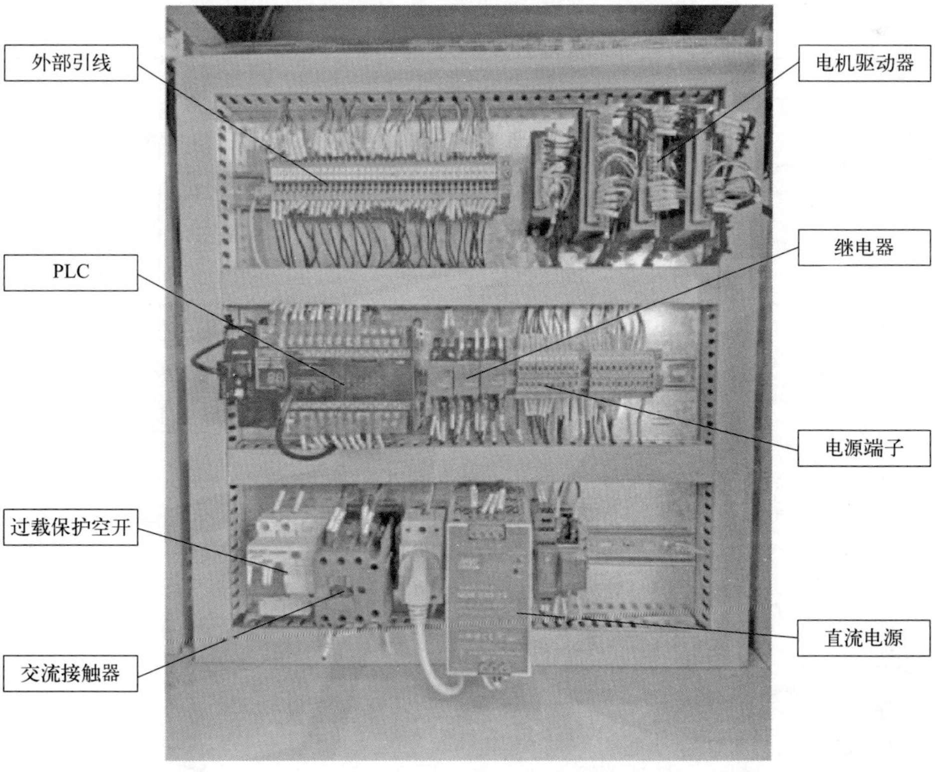

图 5-16 电气主要部分

不同的视觉系统其电气设计是有异的，图 5-18 是某工业机器人视觉电路连接图。

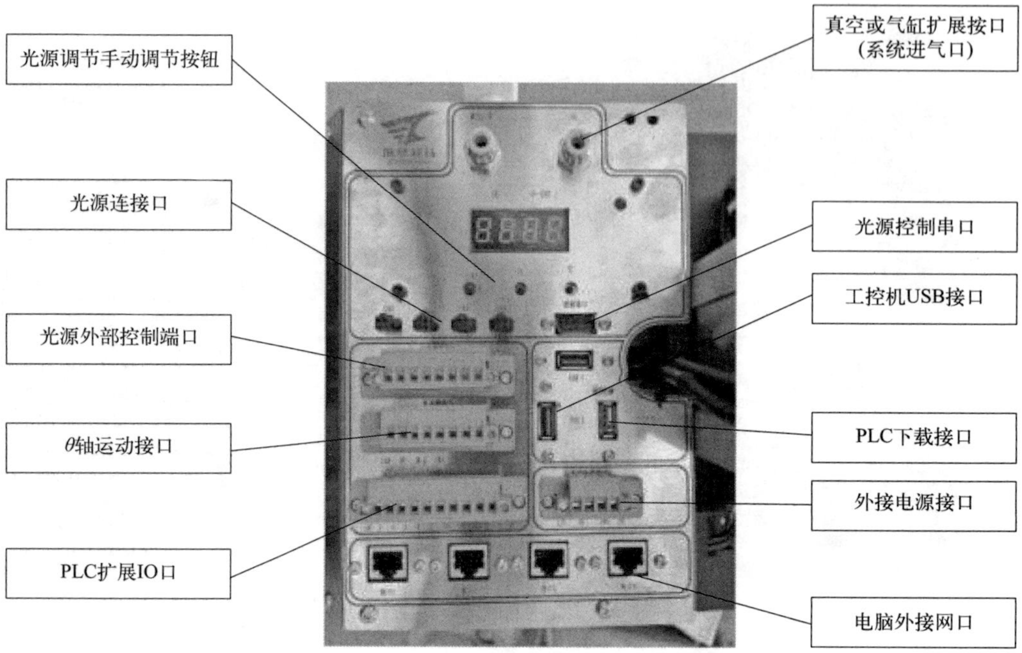

图 5-17　快捷接线板

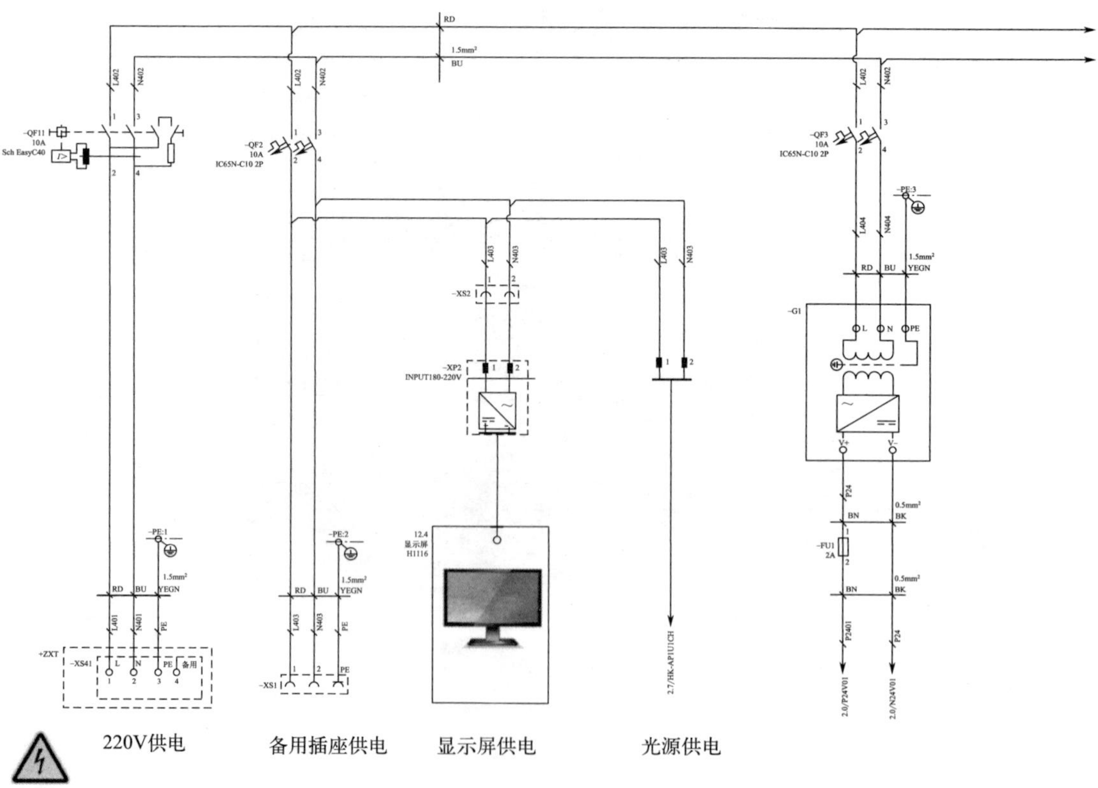

(a) 视觉供电(220V)

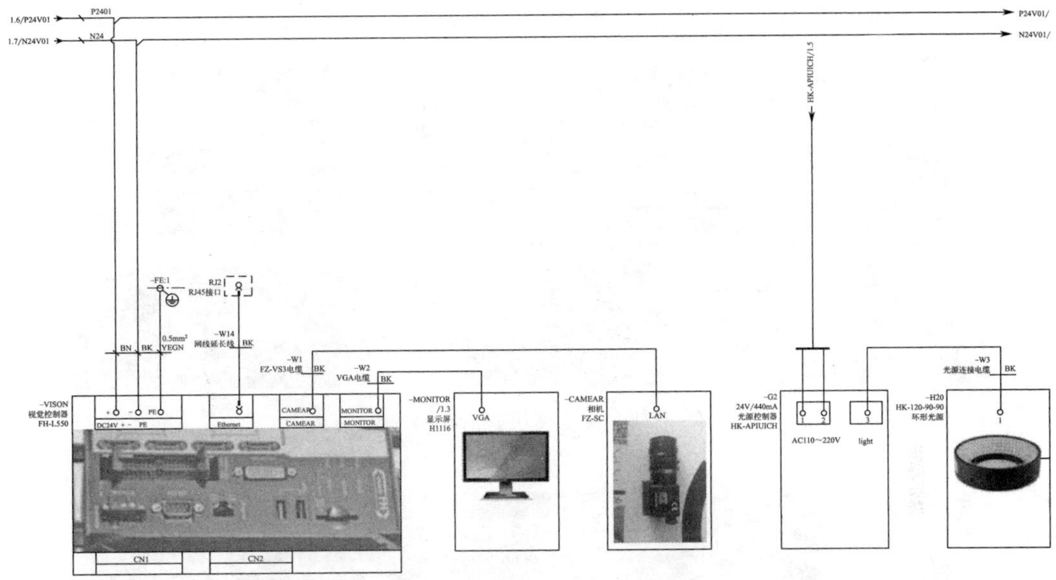

(b) 视觉控制(相机控制器/光源控制器)

图 5-18　某工业机器人视觉电路连接图

5.1.3　康耐视视觉模块的安装［二维码 5-2 安装康耐视视觉模块］

安装视觉模块包括如图 5-19 所示的内容，其步骤如下。

5-2

① 将视觉模块安装到如图 5-20 所示位置。

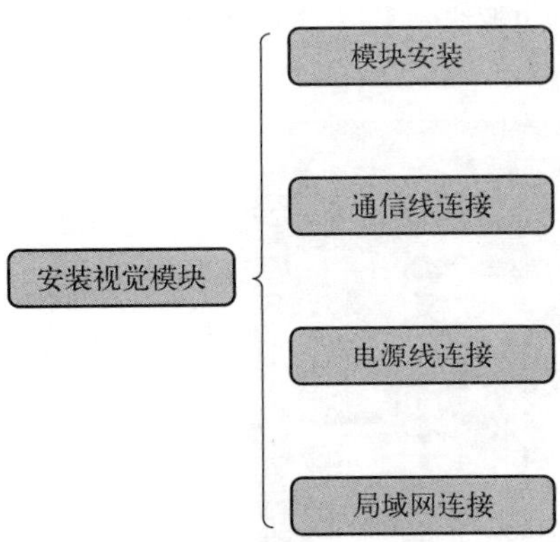

图 5-19　安装视觉模块内容

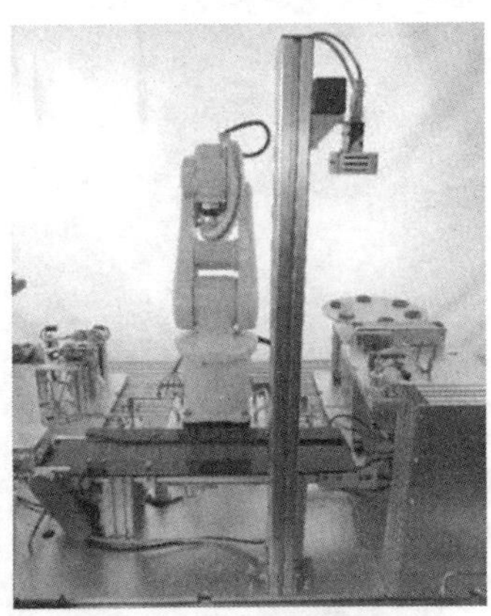

图 5-20　安装位置

② 安装视觉模块的通信线：一端连接到通用电气接口板上 J2 接口位置，另一端连接到相机通信口，如图 5-21 所示。

③ 安装视觉模块的电源线：一端连接到通用电气接口板上 J7 接口位置，另一端连接到相机电源口，如图 5-22 所示。

④ 安装局域网网线：将电脑和相机连接到同一局域网。网线一端接到电脑的网口，网线另一端接到通用电气接口板上的 LAN1 网口，如图 5-23 所示。

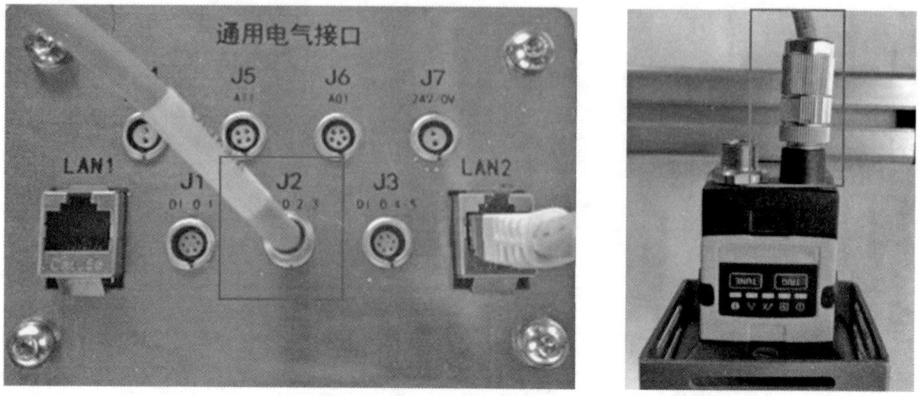

图 5-21　视觉模块通信线的安装

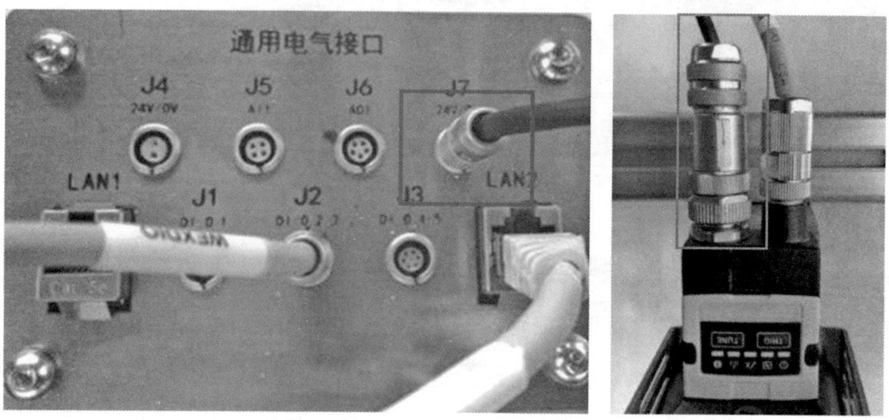

图 5-22　安装视觉模块的电源线

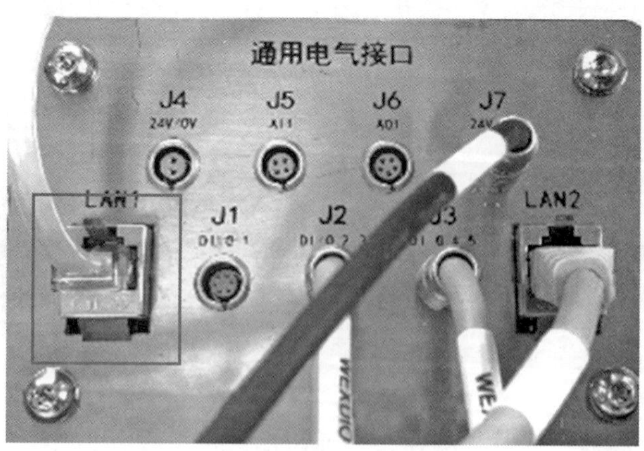

图 5-23　安装视觉模块的局域网网线

5-3

5.1.4 视觉系统的调试

（1）调整视觉参数［二维码 5-3 调整视觉参数］

视觉参数的调试是为了得到高清画质的图像，获取更加准确的图像数据。相机参数调试的主要任务包括调试图像亮度、曝光、光源强度、焦距等参数，具体调试步骤如图 5-24 所示。

① 测试相机网络。

a. 手动将电脑的 IP 地址设为 192.168.101.88，子网掩码设为 255.255.255.0，单击“确定”完成 IP 设置，如图 5-25 所示。

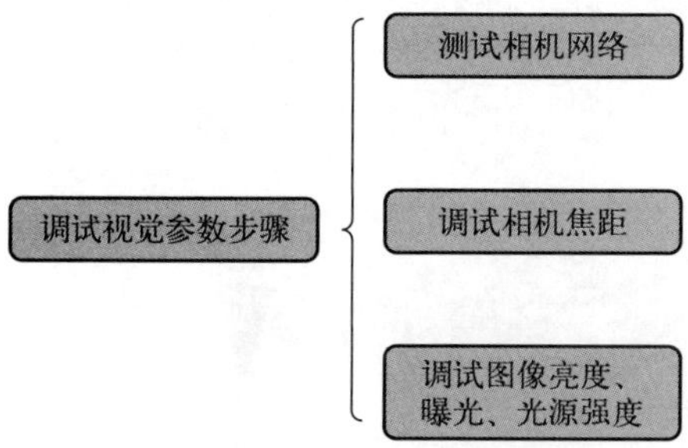

图 5-24 调整视觉参数步骤

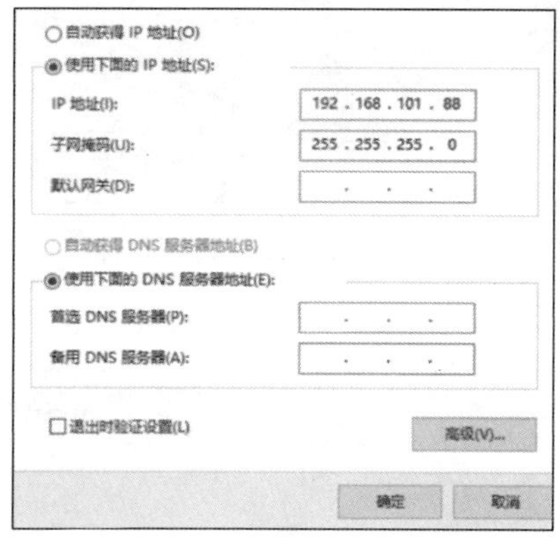

图 5-25 设置电脑 IP 地址

b. 打开 insight 软件，点击菜单栏中系统下的“将传感器/设备添加到网络”，输入相机的 IP 地址 192.168.101.50，点击应用，如图 5-26 所示。

c. 在开始运行中打开“选择命令提示符”窗口，输入“ping 192.168.101.50”，测试电脑与相机之间的通信。若能收发数据包，说明网络正常通信，如图 5-27 所示。

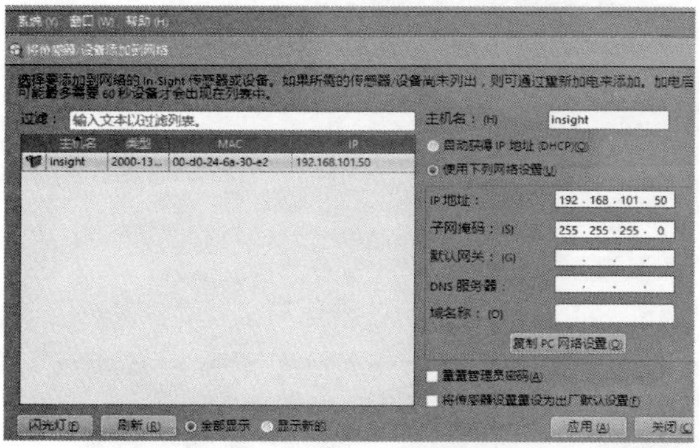

图 5-26 设置相机 IP 地址

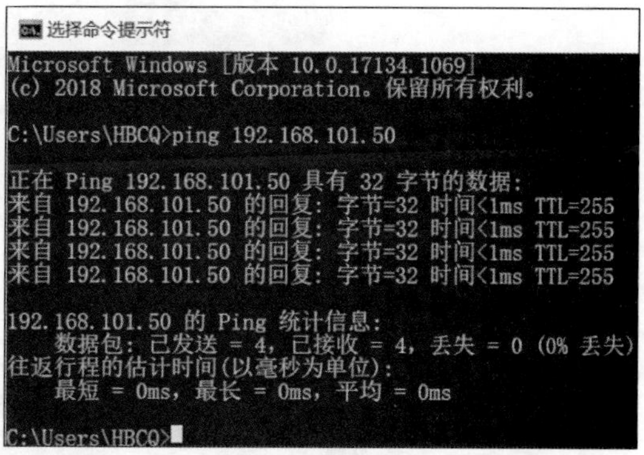

图 5-27 测试电脑与相机之间的通信

② 调试相机焦距。

a. 打开视觉编程软件 In-sight 浏览器，如图 5-28 所示。

b. 双击“In-sight 网络”下的“insight”，自动加载相机中已保存的工程，如图 5-29 所示。

c. 将相机模式设为实况视频模式，即相机进行连续拍照，如图 5-30 所示。

d. 相机实况视频拍照如图 5-31 所示，当前焦点为 4.12。

e. 使用一字旋具，顺时针或逆时针旋转相机焦距调节器，直到相机拍照获得的图像清晰为止，如图 5-32 所示，当前焦点为 4.15。

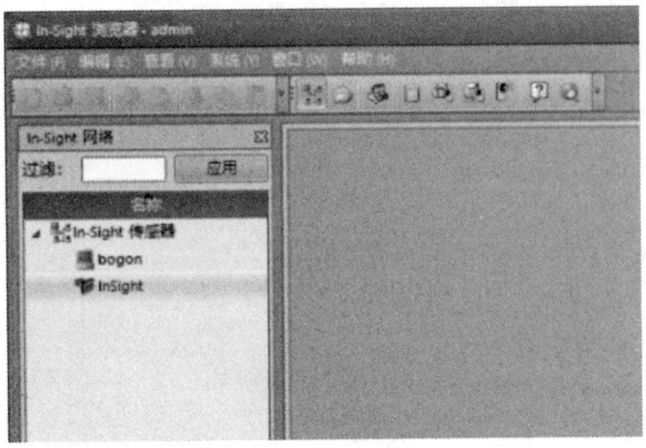

图 5-28　打开视觉编程软件

图 5-29　加载相机数据

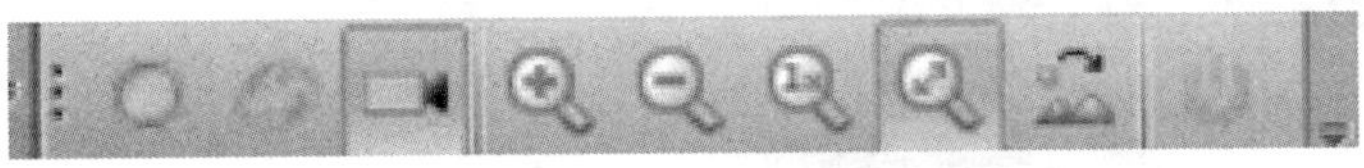

图 5-30　设置相机模式

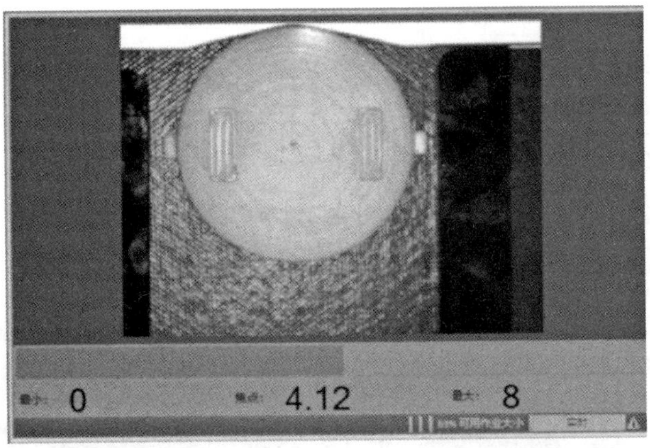

图 5-31　相机实况视频拍照

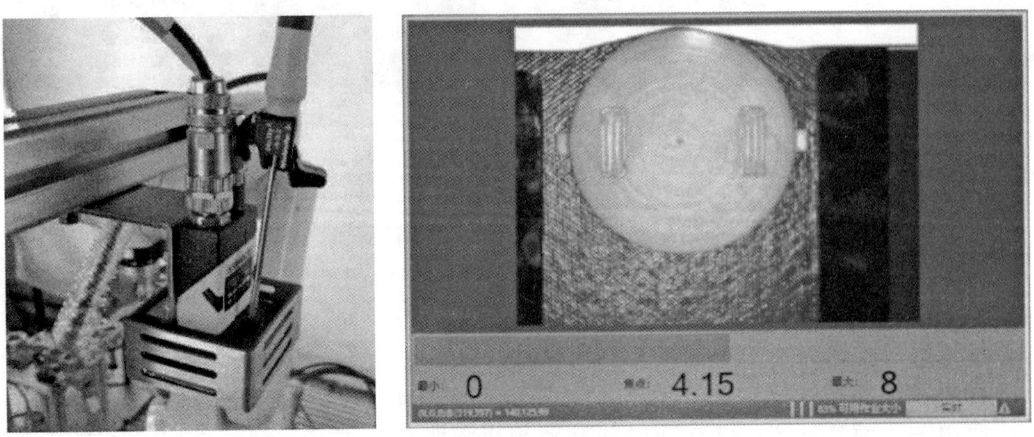

图 5-32　调焦距

③ 调试图像高度。主要包括调试图像亮度、曝光和光源强度等。

a. 单击“应用程序步骤”下的“设置图像”，如图 5-33 所示。

b. 选择“灯光”—“手动曝光”，然后调试“目标图像亮度”“曝光”“光源强度”参数，如图 5-34 所示。

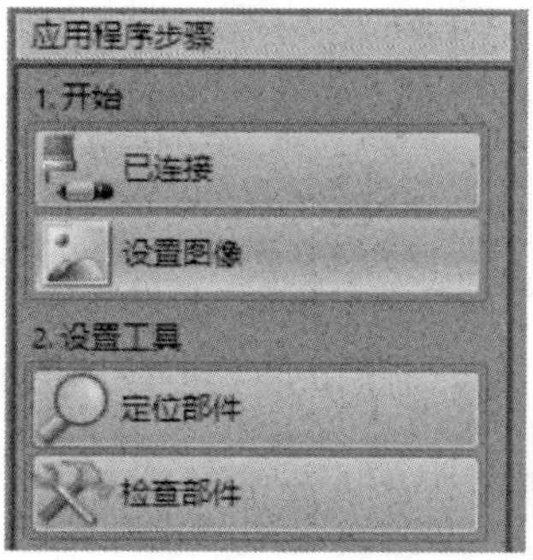

图 5-33　设置图像

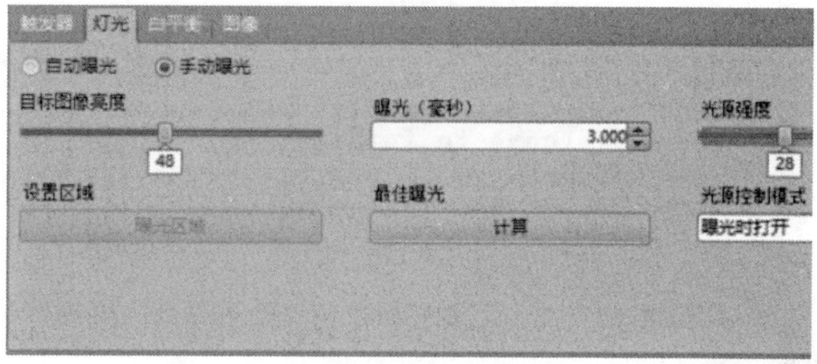

图 5-34　调节参数

c. 重复步骤 b.，直到图像颜色和形状的清晰度满足要求为止，如图 5-35 所示。

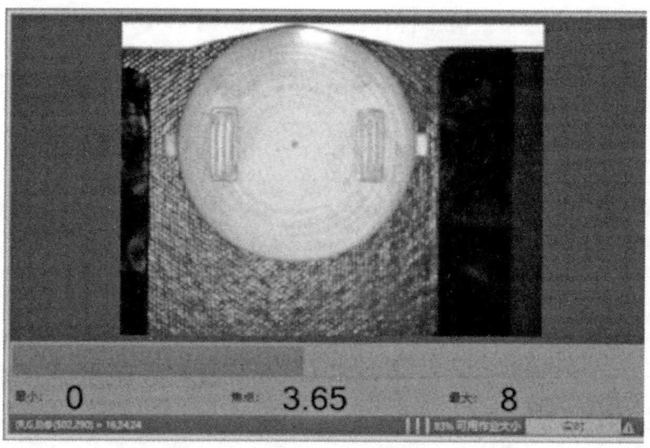

图 5-35　调节图像颜色和形状的清晰度

d. 单击“定位部件”，在位置工具栏中双击图案工具，把紫色的矩形框范围覆盖两个矩形凹槽的两端，点击“确定”。

e. 在编辑工具下，把旋转公差改为－90～90，把名称改为 Flange，点击“模型区域训练图像”。

(2) 测试视觉数据 [二维码 5-4 测试视觉数据]

下载 sscom 串口调试助手软件，测试相机通信数据，操作步骤如下。

① 在视觉编程软件中，单击联机按钮，切换到联机模式，如图 5-36 所示。

图 5-36　切换到联机模式

5-4

② 打开通信调试助手，选择“TCP Client”模式。相机进行 TCP _ IP 通信时，相机为服务器，工业机器人或其他设备为客户端。打开通信调试助手，输入相机的 IP 地址

192.168.101.50，端口号 3010，建立通信连接，如图 5-37 所示。

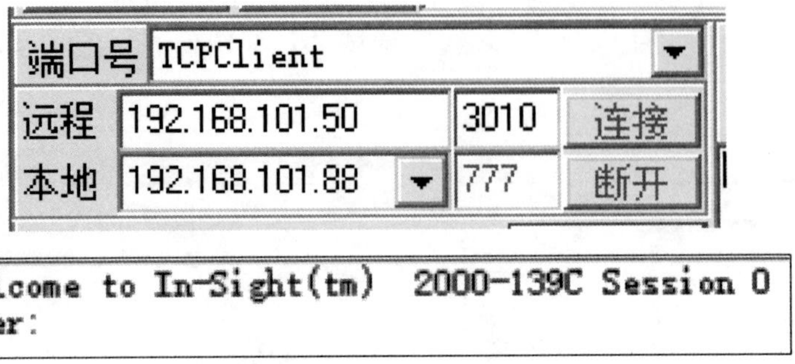

图 5-37　建立通信连接

③ 发送指令“admin”到相机，调试助手收到相机返回的数据“Password”，如图 5-38 所示。

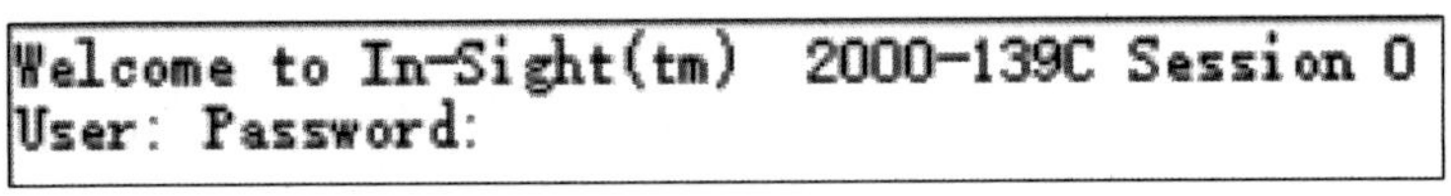

图 5-38　收到相机返回的数据“Password”

④ 发送指令“ ”（空指令）到相机，调试助手收到相机返回的数据“User Logged In”，如图 5-39 所示。

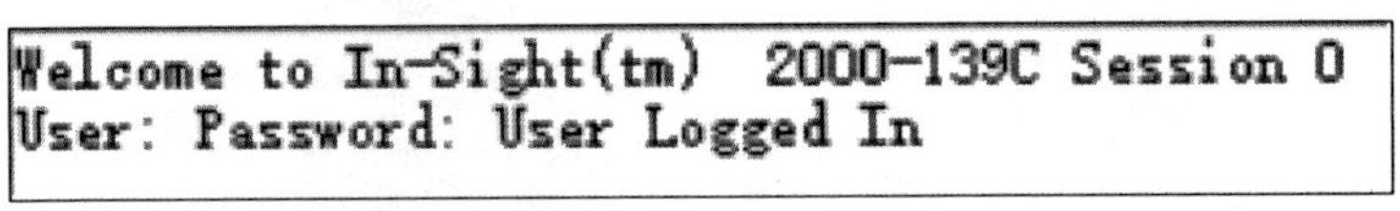

图 5-39　收到相机返回的数据“User Logged In”

⑤ 发送指令“se8”到相机，控制相机执行一次拍照，调试助手收到相机返回的数据“1”，代表指令发送成功。

⑥ 发送 GVFalan. Fixture. X 到相机，调试助手收到相机返回的数据“1 156.105”。“1”代表指令发送成功，“156.105”代表工件在 *X* 方向的位置，如图 5-40 所示。

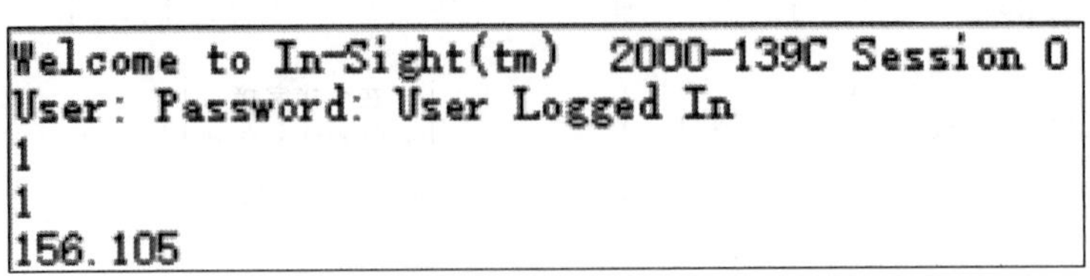

图 5-40　收到相机返回的数据“1 156.105”

5.2 工业机器人与相机通信

ABB 工业机器人提供了丰富的 IO 接口，如 ABB 标准通信，不仅可以与 PLC 的现场总线通信，还可以与工业视觉和 PC 进行通信，轻松实现与周边设备的通信。本节主要介绍 Socket 通信指令，实现 ABB 工业机器人与康耐视相机的数据通信。

5.2.1 Socket 通信相关指令

ABB 工业机器人在进行 Socket 通信编程时，其指令见表 5-1，如图 5-41 所示为 Socket 指令在示教器中调用画面。

表 5-1 ABB 工业机器人 Socket 通信指令

<table>
<tr><th rowspan="2">指令</th><th colspan="2">说明</th><th colspan="2">参数及说明</th><th rowspan="2" colspan="2">示例</th></tr>
<tr><th>书写格式</th><th>功能</th><th>参数</th><th>说明</th></tr>
<tr><td>SocketClose</td><td>SocketClose Socket</td><td>关闭套接字</td><td>Socket</td><td>有待关闭的套接字</td><td>SocketClose Socket1;</td><td>关闭套接字 Socket1</td></tr>
<tr><td>SocketCreate</td><td>SocketCreate Socket</td><td>创建 Socket 套接字</td><td>Socket</td><td>用于存储系统内部套接字数据的变量</td><td>SocketCreate Socket1;</td><td>创建套接字 Socket1</td></tr>
<tr><td rowspan="3">SocketConnect</td><td rowspan="3">SocketConnect Socket,Address,Port</td><td rowspan="3">建立 Socket 连接</td><td>Socket</td><td>有待连接的服务器套接字，必须创建尚未连接的套接字</td><td rowspan="3">SocketConnect Socket1,"192.168.0.1",1025;</td><td rowspan="3">尝试与 IP 地址 192.168.0.1 和端口 1025 处的远程计算机相连</td></tr>
<tr><td>Address</td><td>远程计算机的 IP 地址，不能使用远程计算机的名称</td></tr>
<tr><td>Port</td><td>位于远程计算机上的端口</td></tr>
<tr><td rowspan="2">SocketGetStatus</td><td rowspan="2">SocketGetStatus (Socket)</td><td rowspan="2">获取套接字当前的状态</td><td>Socket</td><td>用于存储系统内部套接字数据的变量</td><td>state := SocketGetStatus (Socket1);</td><td>返回 Socket1 套接字当前状态</td></tr>
<tr><td colspan="4">套接字状态：Socket_CREATED、Socket_CONNECTED、Socket_BOUND、Socket_LISTENING、Socket_CLOSED</td></tr>
<tr><td rowspan="2">SocketSend</td><td rowspan="2">SocketSend Socket [\Str]\ [\RawData]\ [\Data]</td><td rowspan="2">发送数据至远程计算机</td><td>Socket</td><td>在套接字接收数据的客户端应用中，必须已经创建和连接套接字</td><td rowspan="2">SocketSend Socket1 \Str:= "Hello world";</td><td rowspan="2">将消息“Hello world”发送给远程计算机</td></tr>
<tr><td>[\Str]\ [\RawData]\ [\Data]</td><td>将数据发送到远程计算机。同一时间只能使用可选参数 \Str、\RawData 或\Data 中的一个</td></tr>
</table>

续表

指令	说明		参数及说明		示例	
	书写格式	功能	参数	说明		
SocketReceive	SocketReceive Socket [\Str]\ [\RawData]\ [\Data]	接收远程计算机数据	Socket	在套接字接收数据的客户端应用中，必须已经创建和连接套接字	SocketReceive Socket1 \Str ：= str_data;	从远程计算机接收数据，并将其存储在字符串变量 str_data 中
			[\Str]\ [\RawData]\ [\Data]	应当存储接收数据的变量。同一时间只能使用可选参数\Str、\RawData 或\Data 中的一个		
StrPart	StrPart(Str ChPos Len)	获取从指定位置开始指定长度的字符串	Str	字符串数据	Part ：= StrPart ("Robotics", 1,5)；	变量 Part 的值为“Robot”
			ChPos	字符串开始的位置		
			Len	截取字符串的长度		
StrToVal	StrToVal (Str Val)	将字符串转化为数值	Str	字符串数据	ok ：= StrToVal ("3. 14", nval)；	变量 nval 的值为 3. 14
			Val	保存转换得到的数值的变量		
StrLen	StrLen(Str)	获取字符串的长度	Str	字符串数据	len ：= StrLen ("Robotics")；	变量 len 的值为 8

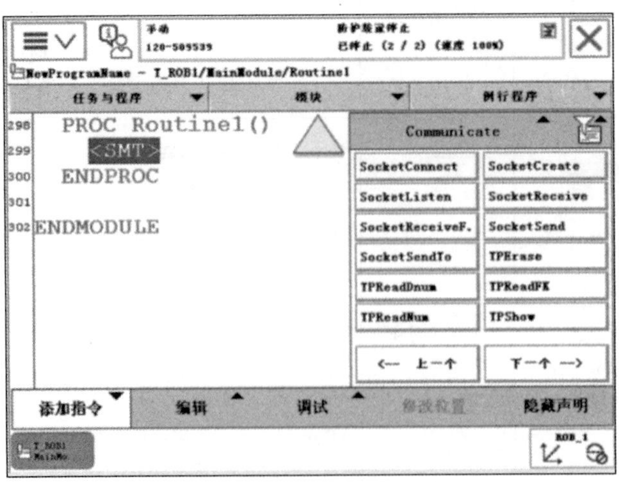

图 5-41 Socket 指令在示教器中调用画面

5.2.2 相机通信流程

工业机器人与相机的通信采用后台任务执行的方式，即工业机器人和相机的通信及数据交互在后台任务执行，工业机器人的动作及信号输入输出在工业机器人系统任务执行，后台任务和工业机器人系统任务是并行运行的。在后台任务中，工业机器人获取相机图像处理后的数据通过任务间的共有变量共享给工业机器人系统任务；在工业机器人系统任务中，根据后台任务共享得到的数据，控制工业机器人执行相应的程序。某工业机器人与相机的通信流程如图 5-42 所示。

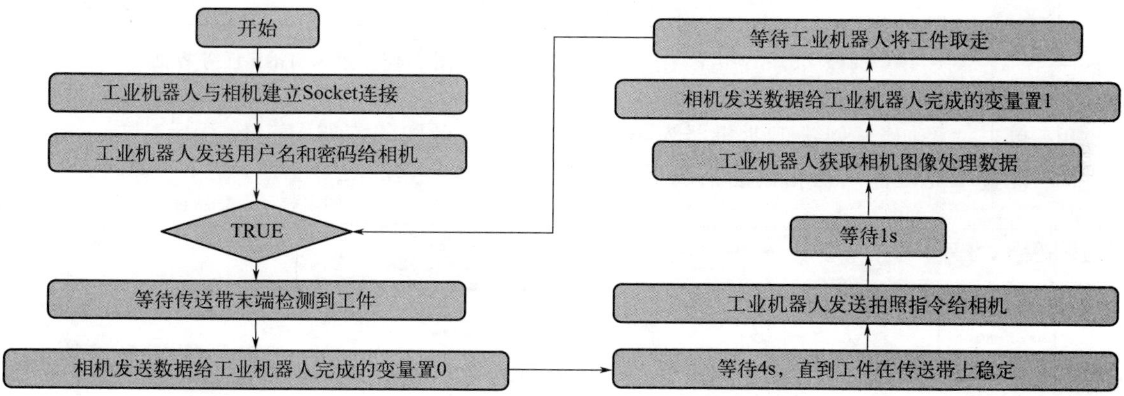

图 5-42　某工业机器人与相机的通信流程

(1) 配置相机通信任务

配置相机通信任务具体操作步骤如下。

① 按顺序选择“主菜单”→“系统信息”→“系统属性”→“控制模块”→“选项”。确认系统中是否存在创建多个任务选项，即“Multitasking”，如图 5-43 所示。

② 依次选择“主菜单”→“控制面板”→“配置系统参数”，打开配置系统参数界面，如图 5-44 所示。

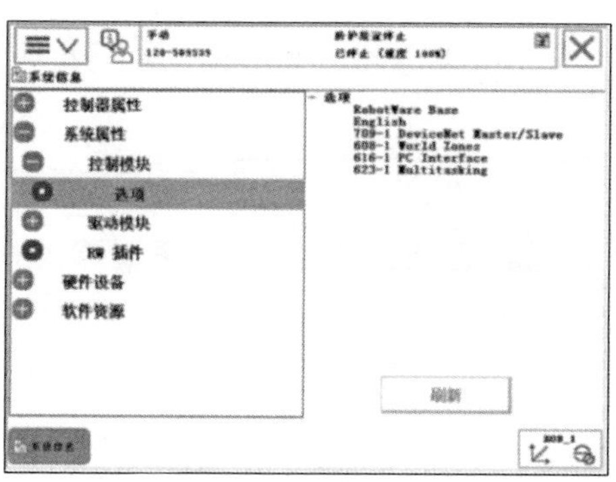

图 5-43　创建多任务选项“Multitasking”

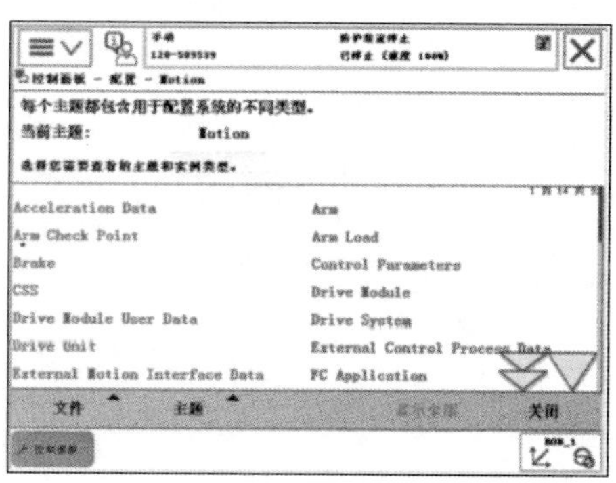

图 5-44　打开配置系统参数界面

③ 单击“主题”，选择“Controller”，双击“Task”，如图 5-45 所示。

④ 进入 Task 任务界面，如图 5-46 所示。T _ ROB1 是默认的机器人系统任务，用于执行工业机器人运动程序。

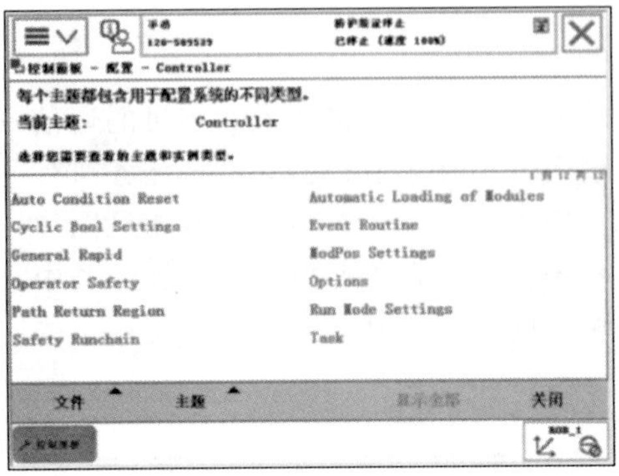

图 5-45　选择“Controller”

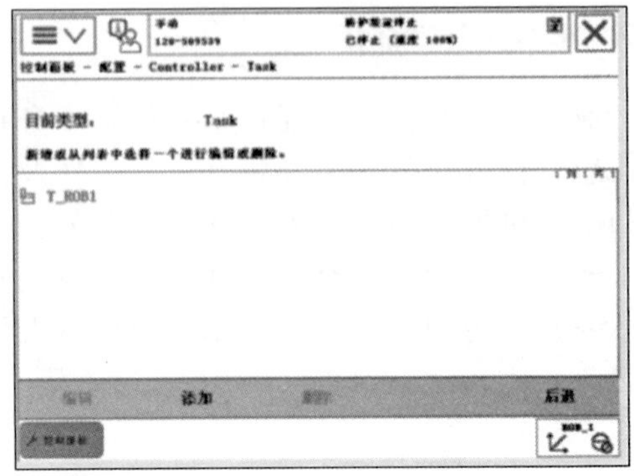

图 5-46　进入 Task 任务界面

⑤ 单击“添加”，创建工业机器人与相机通信的后台任务，如图 5-47 所示。

⑥ 配置工业机器人与相机通信的后台任务，如图 5-48 所示。

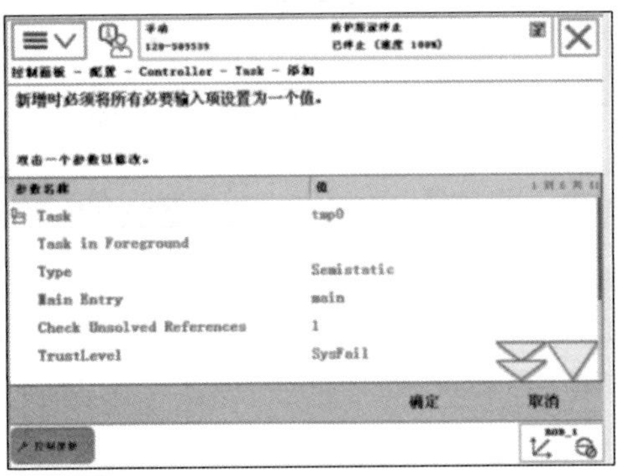

图 5-47　创建工业机器人与相机通信的后台任务

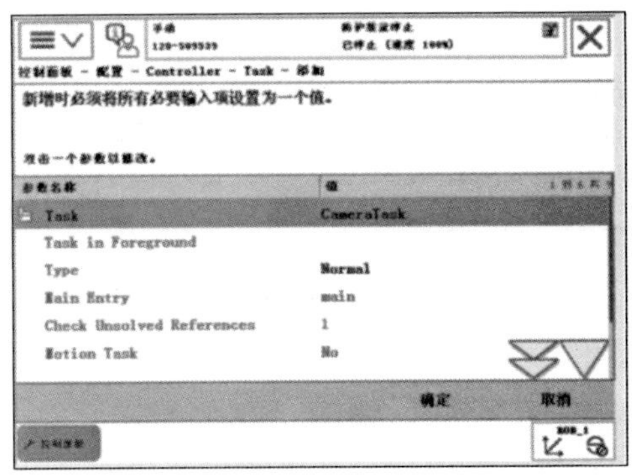

图 5-48　配置工业机器人与相机通信的后台任务

参数 Task 的值为 CameraTask，Type 的值为 Normal。其他参数为默认值。单击“确定”，重启工业机器人控制器。

⑦ 系统重启后，Task 参数中就多一个 CameraTask 任务，如图 5-49 所示。

⑧ 依次选择“主菜单”→“程序编辑器”，选中 CameraTask，在出现的界面中选择“新建”，如图 5-50 所示。

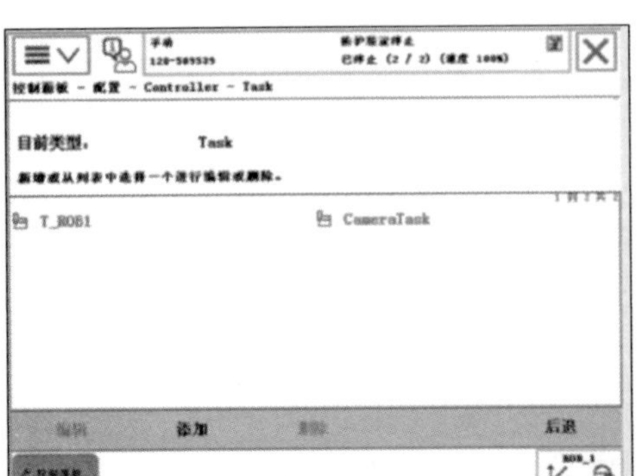

图 5-49　系统重启后的 Task 参数

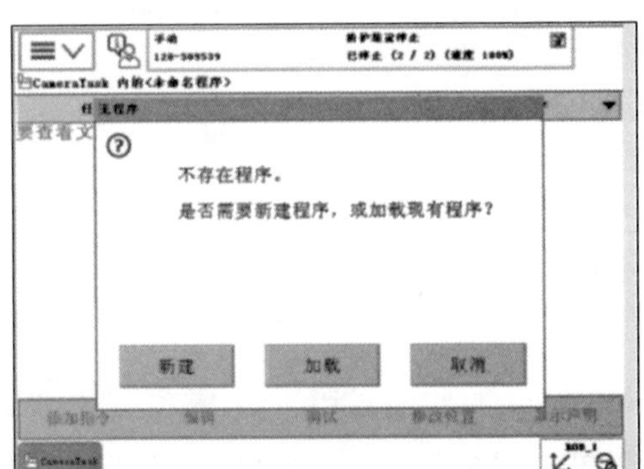

图 5-50　选择“新建”

⑨ 系统会自动新建模块“MainModule”以及程序“main”，完成相机通信任务的配置，如图 5-51 所示。

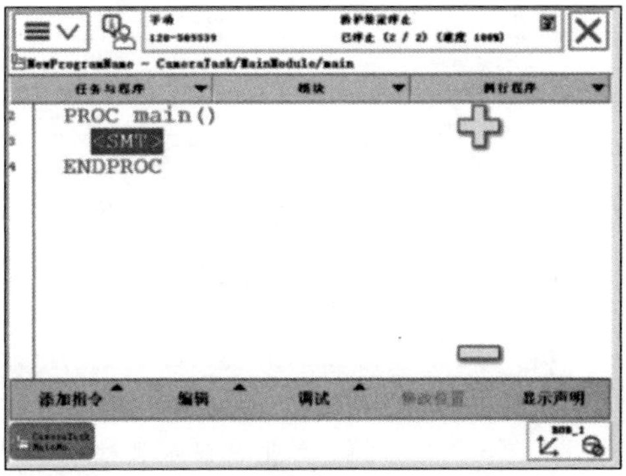

图 5-51 完成相机通信任务的配置

(2) 创建 Socket 及其变量

工业机器人与相机通信所需要用到的 Socket 及其相关变量如表 5-2 所示。PartType、Rotation、CamSendDataToRob 为 CameraTask 和 T_ROB1 任务共享的变量，其存储类型必须为可变量。CameraTask 任务中创建 Socket 相关变量的步骤如下。

表 5-2 Socket 及其相关变量

序号	变量名称	变量类型	存储类型	所属任务	变量说明
1	ComSocket	socketdev	默认	CameraTask	与相机 Socket 通信套接字设备变量
2	strReceived	string	变量	CameraTask	接收相机数据的字符串变量
3	PartType	num	可变量	CameraTask	1—减速器工件,2—法兰工件
4	Rotation	num	可变量	CameraTask	相机识别工件的旋转角度
5	CamSendDataToRob	bool	可变量	CameraTask	相机处理数据完成信号

① 依次选择“主菜单”→“程序数据”→“视图”→“全部数据类型”，单击“更改范围”，如图 5-52 所示。

② 将“任务”参数选为“CameraTask”，单击“确定”，如图 5-53 所示。

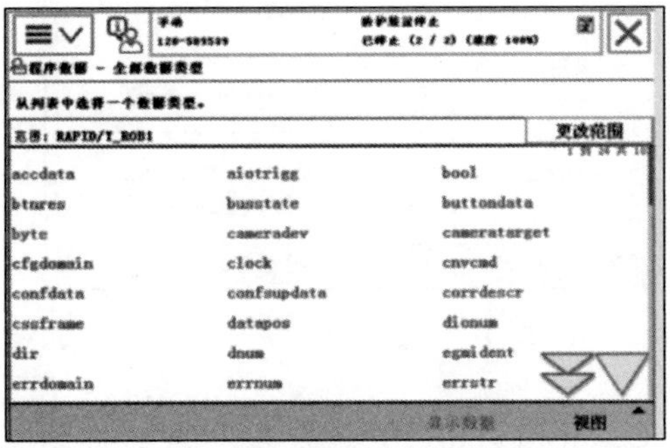

图 5-52 单击“更改范围”

图 5-53 选择参数“CameraTask”

③ 选中数据类型“socketdev”，单击“显示数据”，如图 5-54 所示。

④ 单击“新建”，创建 socketdev 类型变量，如图 5-55 所示。设置名称为 ComSocket，范围为全局，任务为 CameraTask，模块为 MainModule；单击“确定”，如图 5-56 所示。

⑤ 选中数据类型“string”，新建变量“strReceived”。设置变量名称为 strReceived，存储类型为变量，任务为 CameraTask，如图 5-57 所示。

⑥ 选中数据类型“num”，新建变量“PartType”。设置变量名称为 PartType，存储类型为可变量，任务为 CameraTask，如图 5-58 所示。

⑦ 选中数据类型“num”，新建变量“Rotation”。设置变量名称为 Rotation，存储类型为可变量；任务为 CameraTask，如图 5-59 所示。

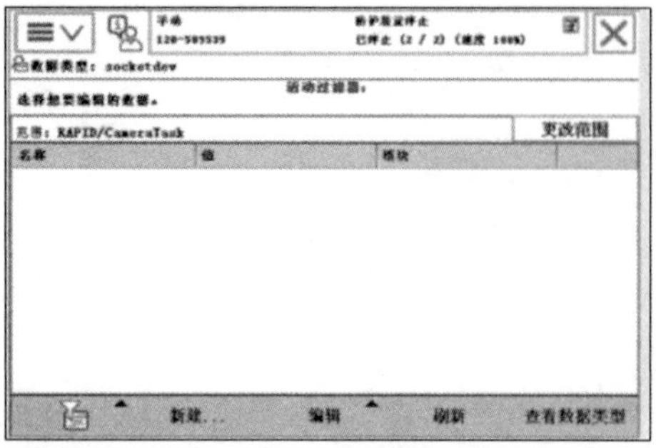

图 5-54　单击“显示数据”

图 5-55　创建 socketdev 类型变量

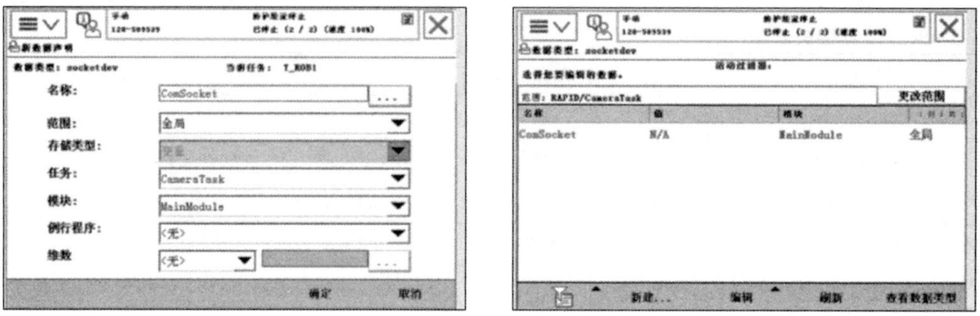

图 5-56　创建 ComSocket

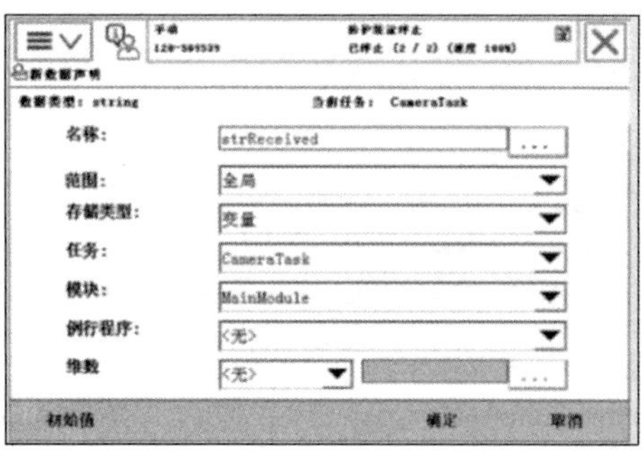

图 5-57　新建变量“strReceived”

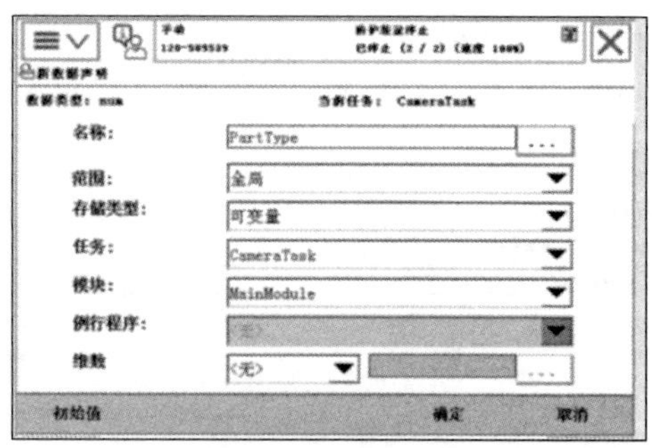

图 5-58　新建变量“PartType”

⑧ 选中数据类型“bool”，新建变量“CamSendDataToRob”。设置变量名称为 CamSendDataToRob，存储类型为可变量，任务为 CameraTask，如图 5-60 所示。

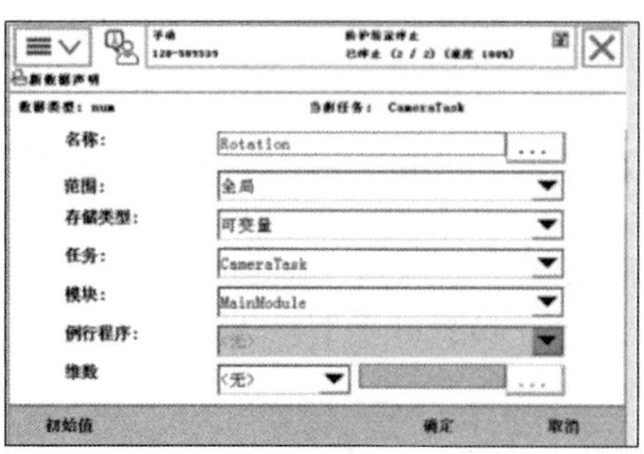

图 5-59　新建变量“Rotation”

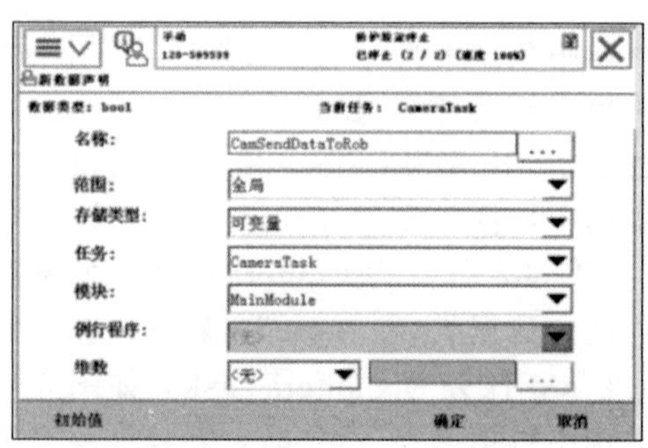

图 5-60　新建变量“CamSendDataToRob”

5.2.3 编写相机通信程序［二维码 5-5 获取工件形状及工业机器人的通信］

相机通信程序一般包括如图 5-61 所示的几种。

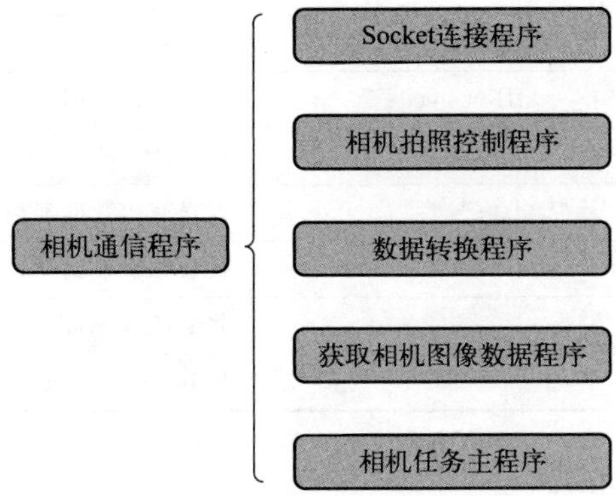

5-5

图 5-61　相机通信程序

（1）编写 Socket 连接程序

工业机器人与相机通信时，相机作为服务器，工业机器人作为客户端。Socket 通信例行程序的创建如图 5-62 所示。Socket 通信程序的流程是：

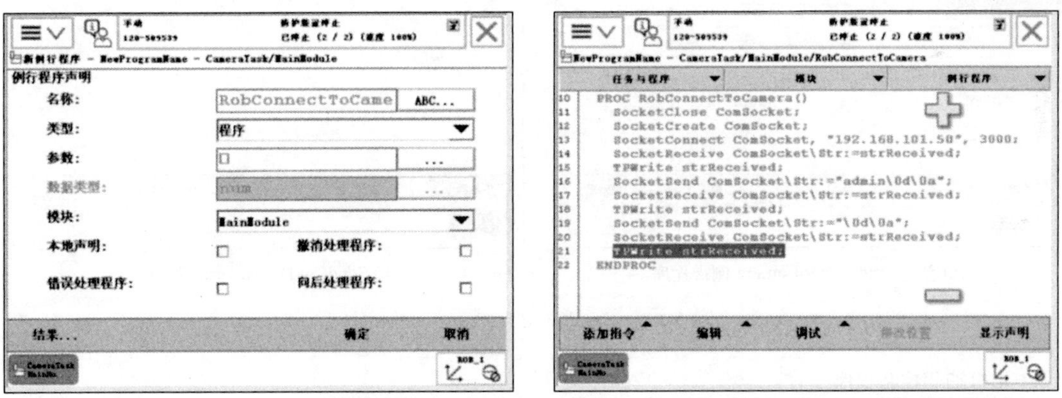

(a) 新建RobConnectToCamera例行程序　　(b) RobConnectToCamera子程序

图 5-62　工业机器人与相机的通信程序流程

① 工业机器人同相机建立 Socket 连接；

② 工业机器人发送用户名（“admin \ 0d \ 0a”）给相机，相机返回确认信息；

③ 工业机器人发送密码（“ \ 0d \ 0a”）给相机，相机返回确认信息。

Socket 通信程序示例，如表 5-3 所示。

表 5-3　Socket 通信程序示例

行号	示例程序	程序说明
1	PROC RobConnectToCamera	RobConnectToCamera 例行程序开始
2	SocketClose ComSocket;	关闭套接字设备 ComSocket
3	SocketCreate ComSocket;	创建套接字设备 ComSocket
4	SocketConnect ComSocket,"192.168.101.50";3010;	连接相机 IP:192.168.101.50;端口:3010

续表

行号	示例程序	程序说明
5	SocketReceive ComSocket\Str:=strReceived;	接收相机数据并保存到变量 strReceived
6	TPWrite strReceived;	将 strReceived 数据显示在示教器界面上
7	SocketSend ComSocket\Str:="admin\0d\0a";	发送用户名 admin,\0d\0a 代表回车换行
8	SocketReceive ComSocket\Str:=strReceived;	接收相机数据存到变量 strReceived
9	TPWrite strReceived;	将 strReceived 数据显示在示教器界面上
10	SocketSend ComSocket\Str:="\0d\0a";	发送密码数据到相机,密码数据:\0d\0a
11	SocketReceive ComSocket\Str:=strReceived;	接收相机数据存到变量 strReceived
12	TPWrite strReceived;	将 strReceived 数据显示在示教器界面上
13	ENDPROC	RobConnectToCamera 例行程序结束

(2) 编写相机拍照控制程序

创建相机拍照例行程序如图 5-63 所示，相机拍照控制程序示例如表 5-4 所示。

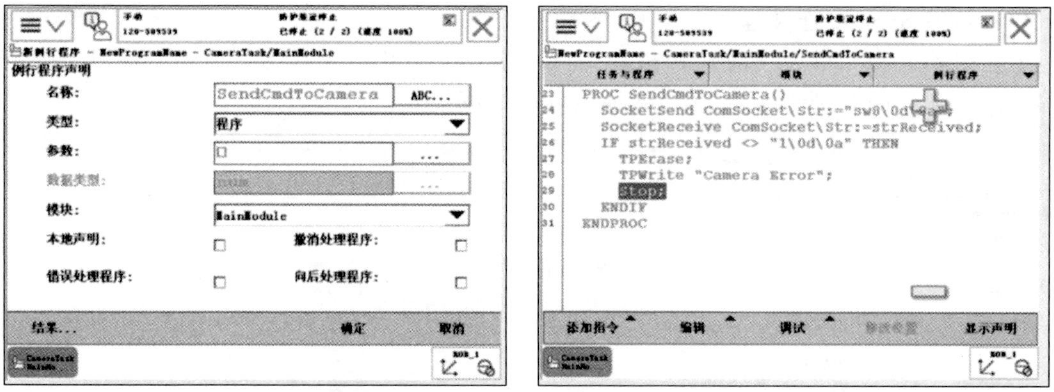

(a) 新建SendCmdToCamera 例行程序　　(b) SendCmdToCamera子程序

图 5-63　SendCmdToCamera 程序

表 5-4　相机拍照控制程序

行号	示例程序	程序说明
1	PROC Send CmdToCamera()	Send CmdToCamera 例行程序开始
2	SocketSend ComSocket\Str:="sw8\0d\0a";	发送相机拍照控制指令:sw8\0d\0a
3	SocketReceive ComSocket\Str:=strReceived;	接收数据:1 为拍照成功;不为 1 则相机故障
4	IF strReceived <> "1\0d\0a" THEN	使用 IF 指令判断相机是否拍照成功
5	TPErase;	示教器画面清除
6	TPWrite "Camera Error"	示教器上显示"Camera Error"
7	Stop;	停止
8	ENDIF	判断结束
9	ENDPROC	SendCmdToCamera 例行程序结束

(3) 编写数据转换程序

数据转换程序示例如表 5-5 所示。

表 5-5　数据转换程序示例

行号	示例程序	程序说明
1	FUNC num StringToNumData(string strData)	StringToNumData 例行程序开始
2	strData2 := StrPart(strData, 4, StrLen(strData)-3);	分割字符串，获取工件类型数据字符串
3	is Ok:=StrToVal(strData2,numData);	将工件类型数据字符串转化为数值
4	RETURN numData;	使用 RETURN 指令返回数据 numData
5	ENDFUNC	StringToNumData 例行程序结束

① 在 CameraTask 任务中新建功能程序“StringToNumData”，如图 5-64 所示。设置类型为功能，数据类型为 num。

② 创建参数 strData，如图 5-65 所示。设置数据类型为 string。

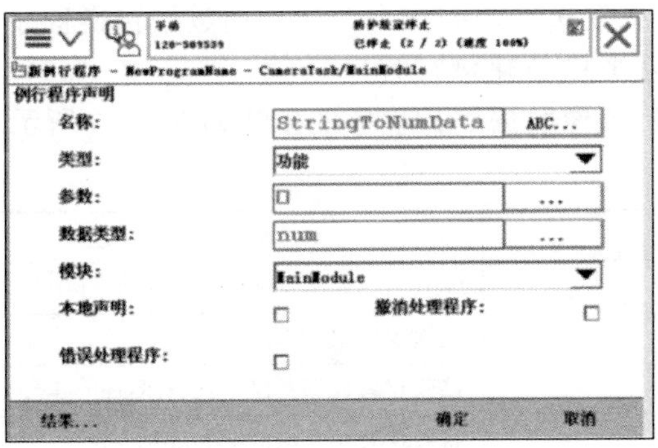

图 5-64　新建功能程序

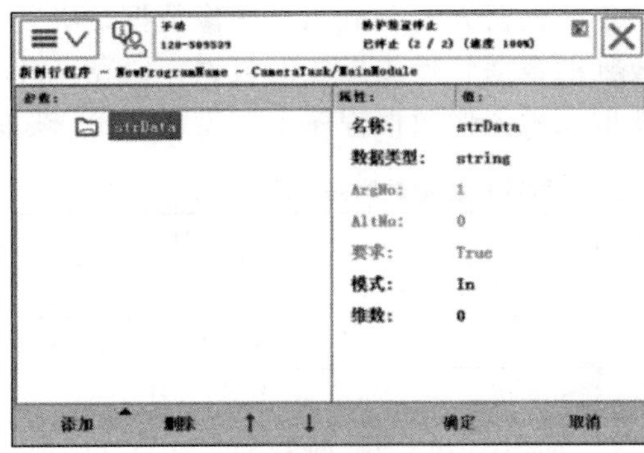

图 5-65　创建参数 strData

③ 进入功能程序“StringToNumData”，添加指令“:=”，如图 5-66 所示。

④ <VAR>选择新建本地 string 类型变量，即 strData2，如图 5-67 所示。<EXP>选择 StrPart 指令，并输入相应的参数。StrPart 指令用于拆分字符串，并返回得到的字符串。strData 为程序参数，strData2 为程序本地变量。

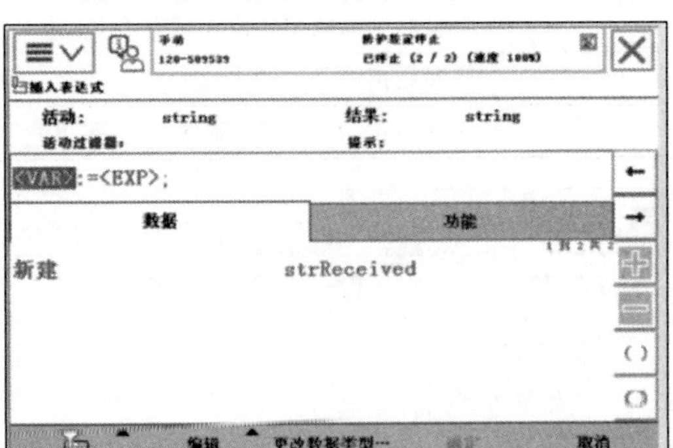

图 5-66　进入功能程序

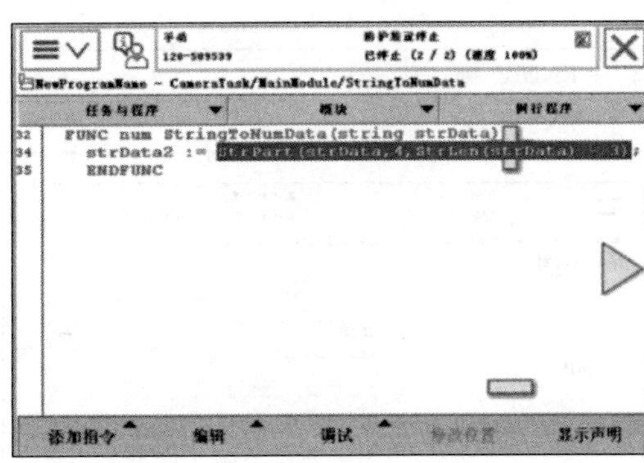

图 5-67　新建本地 string 类型变量

⑤ 使用赋值指令将 string 数据类型转换成 num 数据类型，如图 5-68 所示。StrToVal 指令用于将字符串转换为数值，返回值为 1 代表转换成功；返回值为 0 代表转换失败。

⑥ 使用 RETURN 指令返回数据 numData，如图 5-69 所示。

图 5-68　将 string 数据类型转换成 num 数据类型

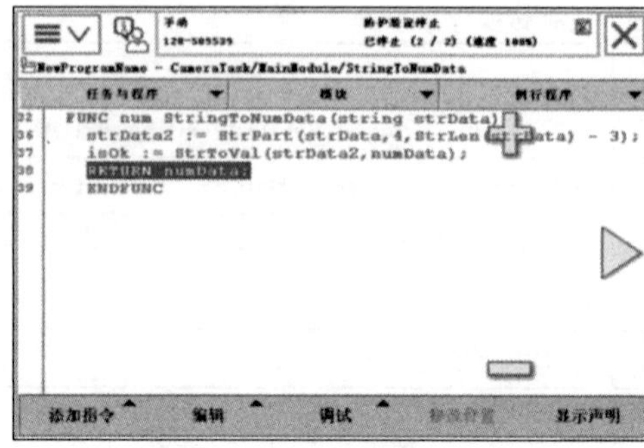

图 5-69　返回数据 numData

（4）编写获取相机图像数据程序

工业机器人要获取相机图像数据，必须向相机发送特定的指令，然后用数据转换程序将接收到的数据转换成想要的数据。CameraTask 任务中新建例行程序"GetCameraData"，编程获取相机图像数据程序示例见表 5-6。获取相机图像数据例行程序的创建如图 5-70 所示。

表 5-6　获取相机图像数据程序示例

行号	示例程序	程序说明
1	PROC GetCameraData()	GetCameraData 例行程序开始
2	SocketSend ComSocket\Str:="GVFalan. Pass\0d\0a";	发送识别工件类型指令
3	SocketReceive ComSocket\Str:=strReceived;	接收相机数据并保存到 strReceived
4	numReceived := StringToNumData(strReceived);	将数据转换并赋值给 numReceived
5	IF numReceived = 0　THEN	如果 numReceived 为 0
6	PartType:=1;	当前工件为减速器，PartType 设为 1
7	ELSEIF numReceived = 1　THEN	如果 numReceived 为 1
8	PartType:=2;	当前工件为法兰，PartType 设为 2
9	SocketSend ComSocket\Str:="GVFalan. Fixture. Angle \0d\0a";	发送获取工件旋转角度指令
10	SocketReceive ComSocket\Str:=strReceived;	接收相机数据并保存到 strReceived
11	Rotation:= StringToNumData(strReceived);	将接收到的数据转换并赋值给 Rotation
12	ENDIF	判断结束
13	ENDPROC	GetCameraData 例行程序结束

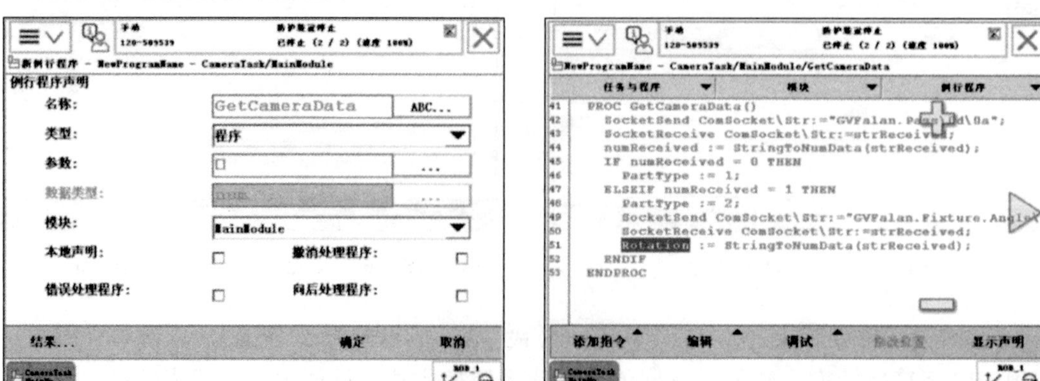

(a) 新建GetCameraData例行程序　(b) GetCameraData子程序

图 5-70　创建 GetCameraData 程序

（5）相机任务主程序示例（表 5-7）

表 5-7　相机任务主程序示例

行号	示例程序	程序说明
1	PROC main ( )	相机任务(CameraTask)主程序开始
2	RobConnectToCamera;	调用例行程序"RobConnectToCamera"
3	WHILE　TRUE　DO	使用循环指令 WHILE,参数设为 TRUE
4	WaitDI　EXDI4, 1;	等待皮带运输机前限光电开关信号置 1
5	CamSendDataToRob:= FALSE;	相机处理数据完成信号置 0
6	WaitTime 4;	等待 4s
7	SendCmdToCamera;	调用相机拍照控制程序
8	WaitTime 0.5;	等待 0.5s
9	GetCameraData;	调用获取相机图像数据程序
10	CamSendDataToRob:= TRUE;	相机处理数据完成信号置 1
11	WaitDI　EXDI4, 0;	等待皮带运输机前限光电开关信号置 0
12	ENDWHILE	WHILE 循环结束
13	ENDPROC	main 主程序结束

5.3　装配应用程序的编制

5.3.1　关键信息与坐标系的转化

由于通常点位相对于坐标系关系不变，通过相机寻找物体特征点并调整工件坐标系的 Oframe 为常见做法，如图 5-71 所示。

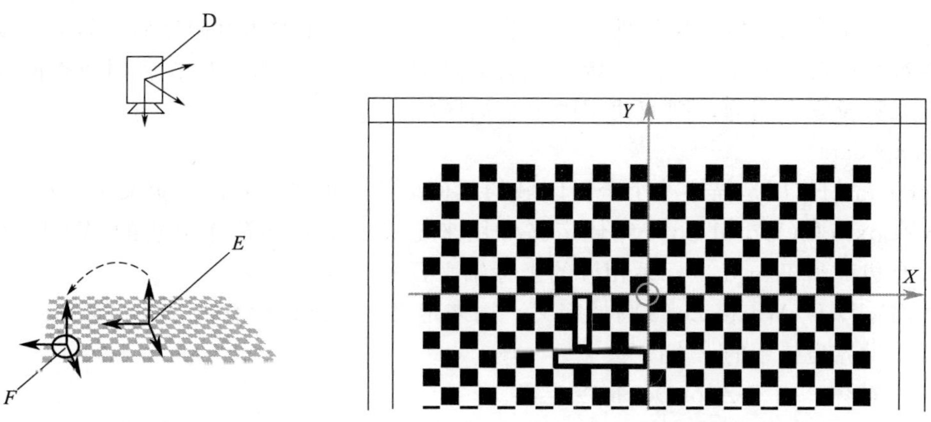

(a) 工件坐标系　　(b) 原点校准

图 5-71　调整工件坐标

D 为相机；E 为工件坐标系的 Uframe，通常和相机坐标系的 O 点对齐；F 为工件坐标系的 Oframe，即相机得到目标特征点的位置。

5.3.2 相机安全区域设置

（1）特点

在工业机器人视觉应用过程中，工业机器人和相机的距离非常近，稍有操作不慎，工业机器人就有撞到相机的可能，所以需要设置工业机器人的全局区域监控，当工业机器人进入所设置的全局区域时，将立即停止运动，避免工业机器人撞到相机。全局区域监控具有如下特性：

① 当 TCP 或者关节值进入某个区间或离开某个区间的时候，设置一个输入输出信号；

② 当机器人到达某个区间的边界时，停止机器人；

③ 可以定义长方体、圆柱体、球体以及关节值区域；

④ 可以通过启动自动激活，也可以使用程序进行激活与禁用；

⑤ 手动、自动都有效；

⑥ 如果是多机器人系统，每个机器人都有自己独立的 World Zone；

⑦ 当两台机器人的工作区域部分重叠时，可通过 World Zone 监控来安全地消除这两台机器人相撞的可能性；

⑧ 当机器人的工作区域内有某种永久性障碍或某些临时外部设备时，可创建一个禁区来防止机器人与此类设备相撞；

⑨ 出于安全考虑，不可使用此功能进行人员安全的保护。

（2）数据

全局区域监控数据类型有三种，分别是 wztemporary、wzstationary 和 shapedata。

① wztemporary。

wztemporary 的作用是识别临时全局区域，并可用在 RAPID 程序中的任何位置。

可通过 RAPID 指令来禁用、重新启用或擦除临时全局区域。当载入一段新程序时，或当从 main 例程的起点处开始执行程序时，系统便会自动擦除临时全局区域。

② wzstationary。

wzstationary 的作用是识别固定全局区域，并仅能用在与事件“通电”相关联的一则事件例程中。固定全局区域会始终处于激活状态，而重启（先关闭电源然后再打开电源，或更改系统参数）则会再次激活此类区域。无法通过 RAPID 指令来禁用、启用或擦除固定全局区域。如果涉及安全问题，则应使用固定全局区域。

③ shapedata。

shapedata 的作用是描述一个全局区域的几何形状，可将全局区域定义为 4 种形状。

a. WZBoxDef（World Zone 箱体定义）用来定义一个直立箱体形状的 World Zone，该箱体的所有边都和 World 坐标系相应的坐标轴平行。

b. WZCylDef（World Zone 圆柱定义）用来定义一个圆柱形状的 World Zone，该圆柱的轴线平行于世界坐标系的 Z 轴。

c. 一个球体，由 WZSphDef 指令定义。

d. 针对机器人轴或外轴的一个关节角区域，由指令 WZHomeJointDef 或者 WZLimJointDef 定义。

（3）全局区域监控指令

全局区域监控指令包括 WZEnable、WZFree、WZBoxDef、WZLimSup。

① WZEnable 指令。

WZEnable 指令用于重新启用对临时全局区域的监控，其参数说明见表 5-8，要预先定义，以便停止移动或设置输出。

② WZFree 指令。

WZFree 指令用于擦除临时全局区域的定义，其参数说明见表 5-8，要预先定义，以便停止移动或设置输出。

③ WZBoxDef 指令。

WZBoxDef 指令用于定义拥有直线箱形状，且各侧均与世界坐标系各轴平行的全局区域，其参数说明见表 5-8。

④ WZLimSup 指令。

WZLimSup 指令用于定义行动，并启用区域，以监控机械臂或外轴的工作区域，其参数说明见表 5-8。

表 5-8　指令说明

指令	WZEnable WorldZone	
参数	WorldZone	wztemporary 型变量或永久变量，其包含待启用全局区域的识别号
示例	WZEnable wzone;	
指令	WZFree WorldZone	
参数	WorldZone	wztemporary 型变量或永久变量，其包含待启用全局区域的识别号
示例	WZFree wzone;	
指令	WZBoxDef [\Inside]|[\Outside]Shape LowPoint HighPoint	
参数	Shape	用于储存指定体积的变量(系统专用数据)
	LowPoint	用于定义箱子的一个较低角位置(x、y、z)，以 mm 计
	HighPoint	用于定义与先前角相对的角的位置(x、y、z)，以 mm 计
示例	VAR shapedata volume; CONST pos corner1:=[200,100,100]; CONST pos corner2:=[600,400,400]; WZBoxDef \Inside, volume, corner1, corner2;	
指令	WZLimSup [\Temp]|[\Stat] WorldZone Shape	
参数	[\Temp]	用于定义的全局区域为临时全局区域
	[\Stat]	用于定义的全局区域为固定式全局区域
	WorldZone	将通过全局区域的识别号(数值)来更新的变量或永久变量
	Shape	用以定义全局区域体积的变量
示例	VAR shapedata volume;WZBoxDef \Outside, volume, corner1, corner2;WZLimSup \Stat,max_workarea, volume;	

(4) 创建全局区域监控变量

① 在示教器上依次选择“程序数据”→数据类型“wztemporary”，新建变量“CameraWZ”，如图 5-72 所示。

② 选择数据类型“shapedata”，新建变量“CameraArea”，如图 5-73 所示。

③ 选择数据类型“pos”，新建变量 pos1。pos1 的存储类型为常量，且初始值设为(280，90，580)，如图 5-74 所示。

④ 选择数据类型“pos”，新建变量 pos2。pos2 的存储类型为常量，且初始值设为(4000，290，780)，如图 5-75 所示。

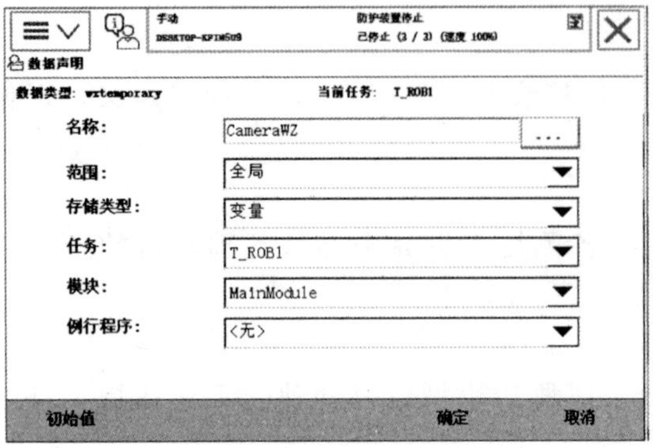

图 5-72 创建新变量

图 5-73 确定数据类型

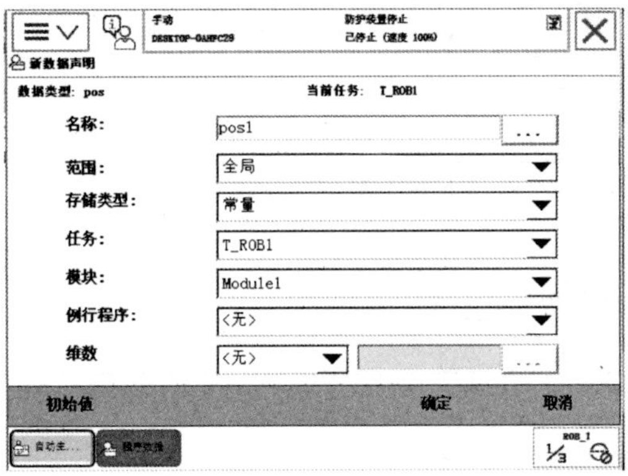

图 5-74 新建 pos1 点

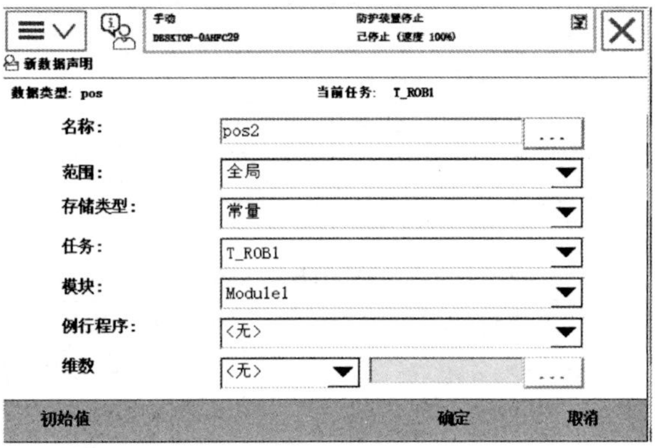

图 5-75 新建 pos2 点

(5) 设置相机安全区域

① 在任务 T _ ROB1 中新建例行程序"SetAndActWZ"，如图 5-76 所示。

② 进入程序"SetAndActWZ"，使用指令 WZFree 先将 CameraWZ 全局区域监控清除，如图 5-77 所示。

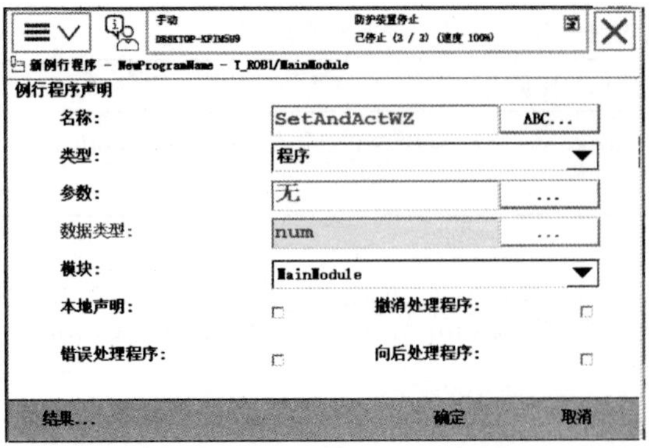

图 5-76 新建例行程序"SetAndActWZ"

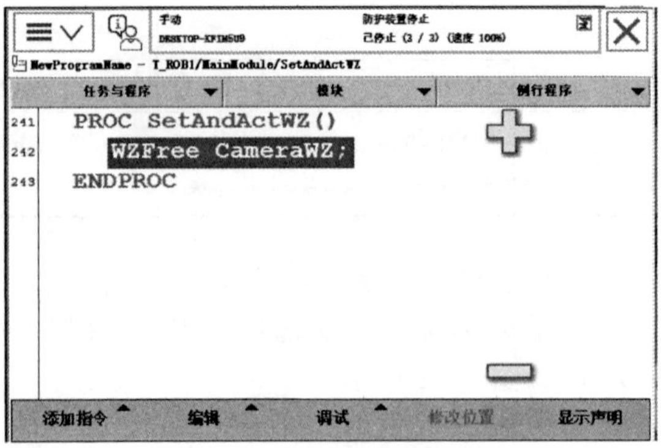

图 5-77 全局区域监控清除

③ 使用 WZBoxDef 指令定义矩形的全局区域，如图 5-78 所示。

④ 使用 WZLimSup 指令启用全局区域监控。只要工业机器人进入定义的全局区域，机

器人将立刻停止运动，示教器上出现报警信息，如图 5-79 所示。

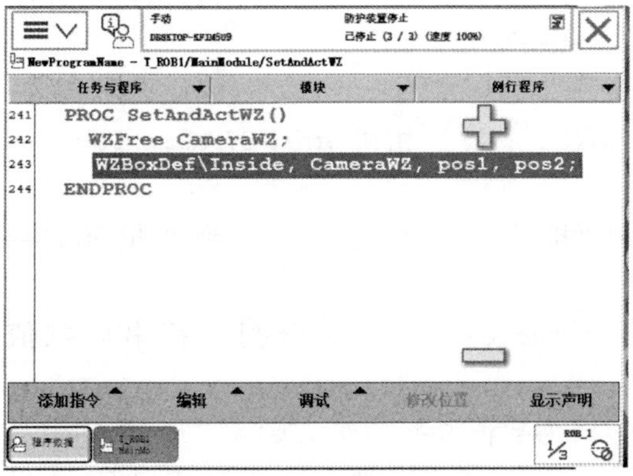

图 5-78　定义矩形的全局区域

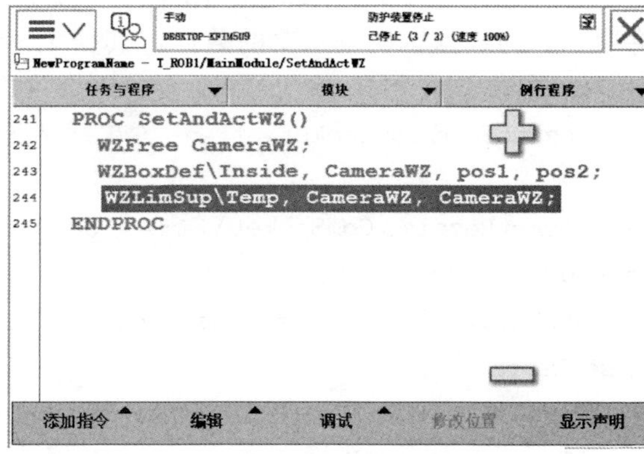

图 5-79　启用全局区域监控

⑤ 如图 5-80 所示，在例行程序 main 中，先使机器人运动到机械原点，在程序的第二行使用 ProcCall 指令调用程序“SetAndActWZ”，第四行程序中 rush 点的位置为机器人运动到 pos1 与 pos2 之间的点。当机器人运动到全局监控区域内时，系统报警为机器人超出工作区域，如图 5-81 所示。

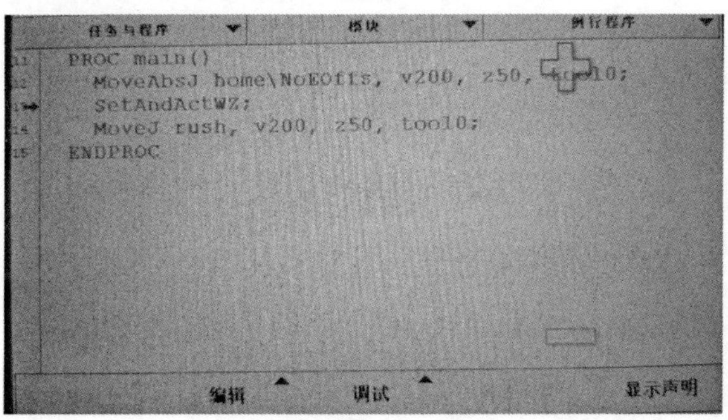

图 5-80　例行程序 main

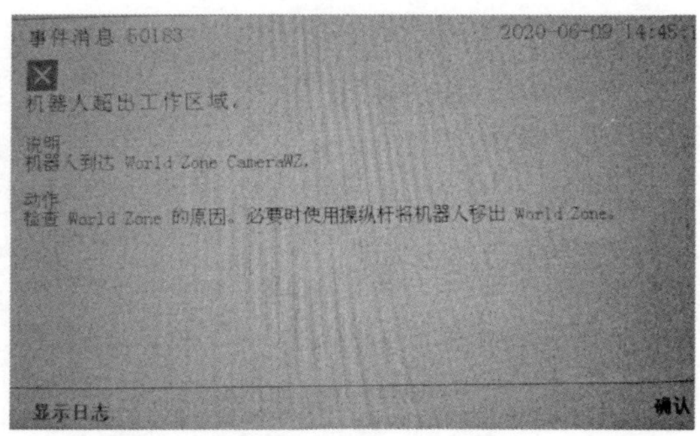

图 5-81　超出工作区域

5.4　装配与分拣程序的编制

5.4.1　具有视觉系统的工业机器人装配程序的编制

(1) 相机 socket 机器人移动

① 使用 2 台机器人，一台作 socket 的 server（模拟相机发送坐标），另一台作 client（模拟正常机器人接收相机数据）。

② client 向 server 请求拍照，第一次 server 给出数据“0，0，0”，则机器人走到 workobject 坐标系下的（0，0，0）。

③ client 再次向 server 请求拍照，第二次 server 给出数据“20，0，45”，则机器人走到 workobject 坐标系下的沿 X 方向移动 20，并且绕 Z 轴旋转 45°。

④ 先运行 server 机器人，再运行 client 机器人。

(2) 机器人获取相机图像数据程序

工业机器人为了获取相机图像数据，必须向相机发送特定的指令，然后用数据转换程序将接收到的数据转换成想要的数据，其程序“GetCameraData”如下。

PROC GetCameraData();GetCameraData 例行程序开始

SocketSend ComSocket\Str：= "GVFalan. Pass\0d\0a"；发送相机指令“GVFalan. Pass\0d\0a”

SocketReceive ComSocket\Str：= strReceived；接收相机数据并保存到变量 strReceived 中

strData：= StrPart(strReceived，4，StrLen(strReceived)-3)；分割字符串后赋值给 strData

IsOk：= StrToVal(strData，nData)；strData 转换为数值并赋值给 nData

IF nData = 0 THEN PartType：= 1；如果 nData 为 0，当前工件为减速器，PartType 设为 1

ELSEIF nData = 1 THEN PartType：= 2；如果 nData 为 1，当前工件为法兰，PartType 设为 2

SocketSend ComSocket \ Str：= " GVFalan. Fixture. Angle \ 0d \ 0a"；发送“GVFalan. Fixture. Angle\0d\0a”

SocketReceive ComSocket\Str：= strReceived；接收相机数据并保存到变量 strReceived 中

strData：= StrPart(strReceived，4，StrLen(strReceived)-3)；分割字符串后赋值给 strData

IsOk：= StrToVal(strData，Rotation)；strData 转换为数值并赋值给 Rotation

ENDIF；　判断结束

ENDPROC；GetCameraData 例行程序结束

(3) 相机通信主程序

按照工业机器人与相机通信流程要求，工业机器人与相机通信的主程序如下。

PROC main();main 主程序开始

RobConnectToCamera;机器人与相机建立连接

WHILE TRUE DO；循环开始

WaitDI EXDI4,1；等待信号 EXDI4 置 1

CameraDataFinish：= FALSE；相机处理数据完成信号置 0

WaitTime 4；等待 4s

SendCmdToCamera；机器人发送控制指令给相机

WaitTime 0.5；等待 0.5s

GetCameraData；机器人获取相机处理数据

CameraDataFinish：= TRUE；相机处理数据完成信号置 1

WaitDI EXDI4,0；等待 EXDI4 置 0

ENDWHILE；循环结束

ENDPROC；main 主程序结束

(4) 基于视觉的关节装配流程（图 5-82）

注意：关节法兰在传送带上的角度不固定，井式供料出料有两种工件，分别是减速器和关节法兰。工件经皮带输送模块到达传送带末端时，工件的位置是固定的，而工件的旋转角

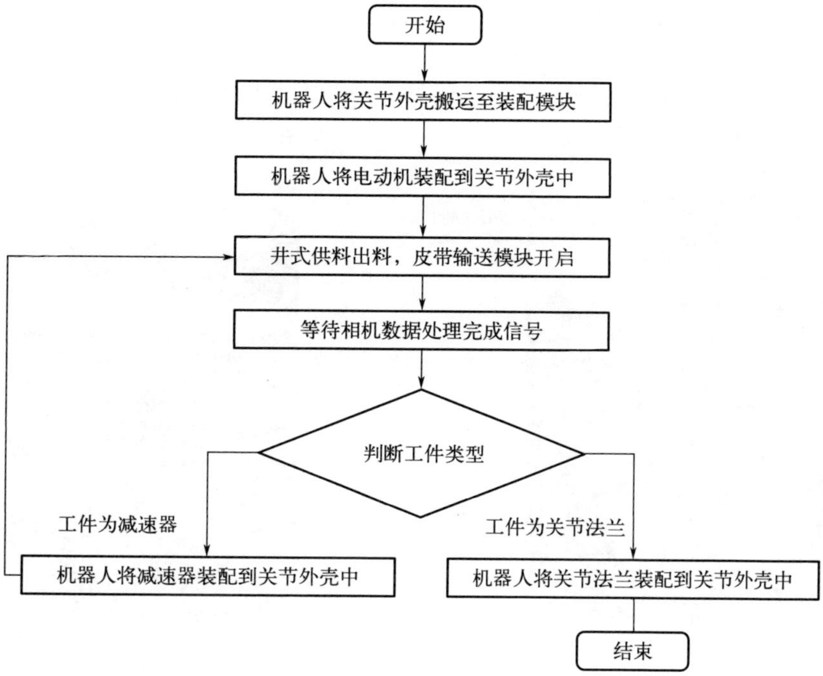

图 5-82 基于视觉的关节装配流程

度是不固定的。减速器的旋转角度对减速器装配没有影响，而关节法兰的旋转角度将影响关节法兰的装配。所以采用相机识别工件的类型，并将识别到的关节法兰的旋转角度发送给工业机器人，工业机器人调整抓取关节法兰时的位姿，完成将关节法兰装配到关节外壳中。

（5）调整抓取目标点的方法

① 工业机器人先示教关节法兰抓取基准点以及关节法兰装配点。

② 然后在此抓取基准点的基础上，结合相机识别得到的关节法兰的旋转角度，调整工业机器人抓取关节法兰时的目标点。

③ 工业机器人完成关节法兰的抓取，并装配到关节外壳中。

（6）工业机器人示教关节法兰抓取基准点的步骤如下：

① 吸盘工具手动安装到工业机器人末端主盘工具上，如图 5-83 所示。

② 手动将关节法兰放到传送带末端，摆放要求如图 5-84 所示。

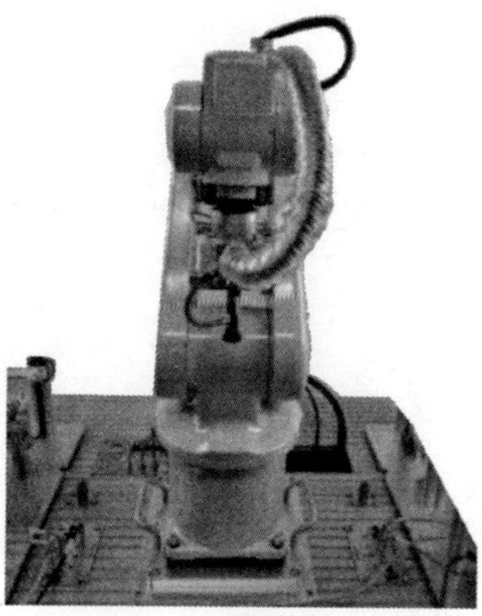

图 5-83 安装吸盘

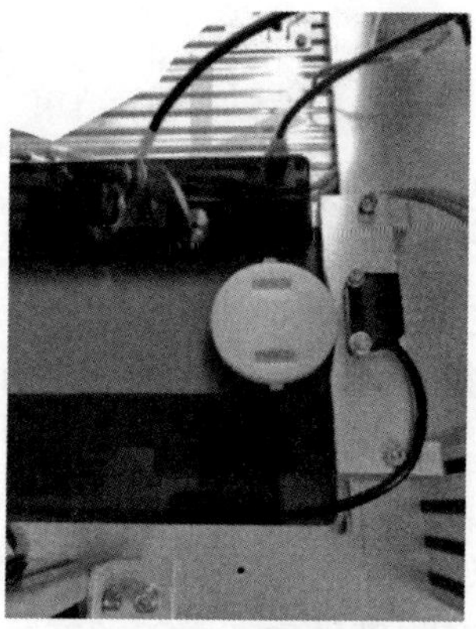

图 5-84 放置关节法兰

③ 手动操作工业机器人移动到关节法兰抓取位置，示教工业机器人抓取当前法兰的目标点，如图 5-85 所示。

④ 在工业机器人抓取法兰后（图 5-86），手动操作工业机器人，移动到关节法兰装配位置，示教当前机器人的目标点。

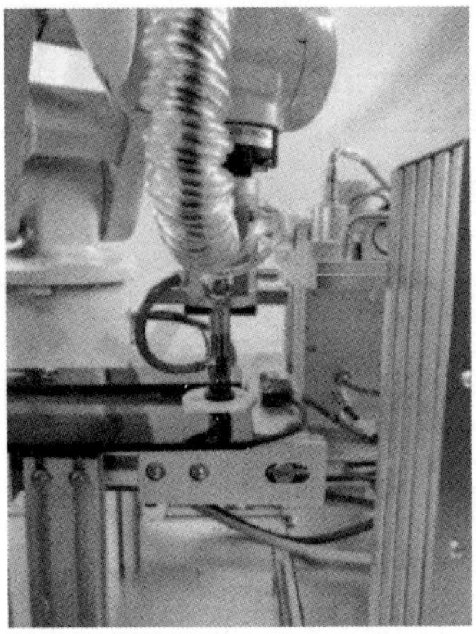

图 5-85　手动操作工业机器人移动到关节法兰抓取位置

图 5-86　工业机器人抓取法兰

（7）基于视觉的关节法兰装配程序

PROCAsmFalan();AsmFalan 例行程序开始

MoveJ home,v200,fine,tool0；工业机器人返回原点

WaitUntil CameraDataFinish, 1；等待信号 CameraDataFinish 变量为 1

MoveJ RelTool(pick_falan,0,0,50\Rz：= Rotation),v200,z10,tool_xipan；机器人移动到相对 pick_falan 点沿工具 Z 轴偏移 50°以及旋转 Rotation 角度的位置

MoveL RelTool(pick_falan,0,0,0\Rz：= Rotation),v20,fine,tool_xipan；机器人移动到相对 pick_falan 点绕工具 Z 轴旋转 Rotation 角度的位置

SetDO YV5,1；开启吸盘

WaitTime\InPos,1；延时 1s

MoveL RelTool(pick_falan,0,0,50\Rz：= Rotation),v20,fine,tool_xipan；机器人移动到相对 pick_falan 点绕工具 Z 轴旋转 Rotation 角度的位置

MoveJ home,v200,z10,tool0；工业机器人返回原点

……

ENDPROC；AsmFalan 例行程序结束

5.4.2 分拣应用编程［二维码 5-6 工件颜色的学习及获取工件颜色数据］

（1）获取工件形状及位置

工业机器人获取工件形状和位置的步骤如下：

① 工业机器人向相机发送拍照指令。

② 工业机器人向相机发送指令获取指定工件形状识别结果。

③ 如果识别到指定工件形状后，工业机器人向相机发送获取工件位置指令，得到工件在相机坐标系下的像素坐标值。

5-6

注意：获取工件形状和位置的指令和相机工程中形状识别工具的名称要保持一致。工业机器人获取工件形状及位置程序中所需的变量如表 5-9 所示，程序见表 5-10。

表 5-9　工业机器人获取工件形状及位置所需变量

序号	变量名称	变量类型	存储类型	变量说明
1	x_pixel	num	变量	工件在相机坐标系下 X 轴方向上的像素值
2	y_pixel	num	变量	工件在相机坐标系下 Y 轴方向上的像素值
3	IsPass	bool	变量	字符串数据转换为数值数据是否成功

表 5-10　工业机器人获取工件形状及位置的程序

程序行号	程序	程序说明
1	PROC GetPartPosition()	GetPartPosition 例行程序开始
2	SocketSend ComSocket\Str:="GVFalan. Pass\0d\0a";	向相机发送获取工件形状指令
3	SocketReceive ComSocket\Str:=strRec;	接收相机数据保存到变量 strRec 中
4	IF strRec="1\0D\0A1. 000\0d\0a" THEN	如果识别工件形状通过
5	SocketSend ComSocket\Str:="GVFalan. Fixture. X\0d\0a";	向相机发送获取 X 位置数据指令
6	SocketReceive ComSocket\Str:=strRec;	接收相机数据保存到变量 strRec 中
7	strRec:=StrPart(strRec,4,StrLen(strRec)-5);	拆分字符串，得到相应的位置数据
8	IsPass:=StrToVal(strRec,x_pixel);	将得到的字符串数据转换为数值数据
9	SocketSend ComSocket\Str:="GVFalan. Fixture. Y\0d\0a";	向相机发送获取 Y 位置数据指令
10	SocketReceive ComSocket\Str:=strRec;	接收相机数据保存到变量 strRec 中
11	strRec:=StrPart(strRec,4,StrLen(strRec)-5);	拆分字符串，得到相应的位置数据
12	IsPass:=StrToVal(strRec,y_pixel);	将得到的字符串数据转换为数值数据
13	ENDIF	IF 判断结束
14	ENDPROC	GetPartPosition 例行程序结束

(2) 获取工件颜色数据

工业机器人获取工件颜色的方法是：工业机器人分别向相机发送获取红色、黄色、蓝色识别指令，根据相机返回的数据，设置工件的类型。注意：颜色识别指令必须和相机工程中对应颜色识别工具的名称保持一致，例如红色识别工具的名称为 RedColor，黄色识别工具的名称为 YellowColor，蓝色识别工具的名称为 BlueColor。工业机器人获取工件颜色程序中所需的变量如表 5-11 所示，程序见表 5-12。

表 5-11　工业机器人获取工件颜色程序中所需的变量

序号	变量名称	变量类型	存储类型	变量说明
1	strRecRed	string	变量	相机识别红色工件的结果。1 为通过，0 为不通过
2	strRecYellow	string	变量	相机识别黄色工件的结果。1 为通过，0 为不通过
3	strRecBlue	string	变量	相机识别蓝色工件的结果。1 为通过，0 为不通过
4	PartType	num	变量	工件类型。1 为红色工件，2 为黄色工件，3 为蓝色工件

表 5-12　工业机器人获取工件颜色的程序

程序行号	程序	程序说明
1	PROC GetPartColor()	GetPartColor 例行程序开始
2	SocketSend ComSocket\Str:="GVRedColor. Pass\0d\0a";	向相机发送红色工件识别指令
3	SocketReceive ComSocket\Str:=strRecRed;	接收相机数据保存到 strRecRed 中
4	SocketSend ComSocket\Str:="GVYellowColor. Pass\0d\0a";	向相机发送黄色工件识别指令
5	SocketReceive ComSocket\Str:=strRecYellow;	接收相机数据保存到 strRecYellow 中
6	SocketSend ComSocket\Str:="GVBlueColor. Pass\0d\0a";	向相机发送蓝色工件识别指令
7	SocketReceive ComSocket\Str:=strRecBlue;	接收相机数据保存到 strRecBlue 中
8	IF strRecRed="1\0d\0a1. 000\0d\0a" THEN	如果红色工件识别通过
9	PartType:=1;	PartType 设为 1,为红色工件
10	ELSEIF strRecYellow="1\0d\0a1. 000\0d\0a" THEN	如果黄色工件识别通过
11	PartType:=2;	PartType 设为 2,为黄色工件
12	ELSEIF strRecBlue="1\0d\0a1. 000\0d\0a" THEN	如果蓝色工件识别通过
13	PartType:=3;	PartType 设为 3,为蓝色工件
14	ENDIF	IF 判断结束
15	ENDPROC	GetPartColor 例行程序结束

（3）分拣

① 工件识别分拣流程（图 5-87）。

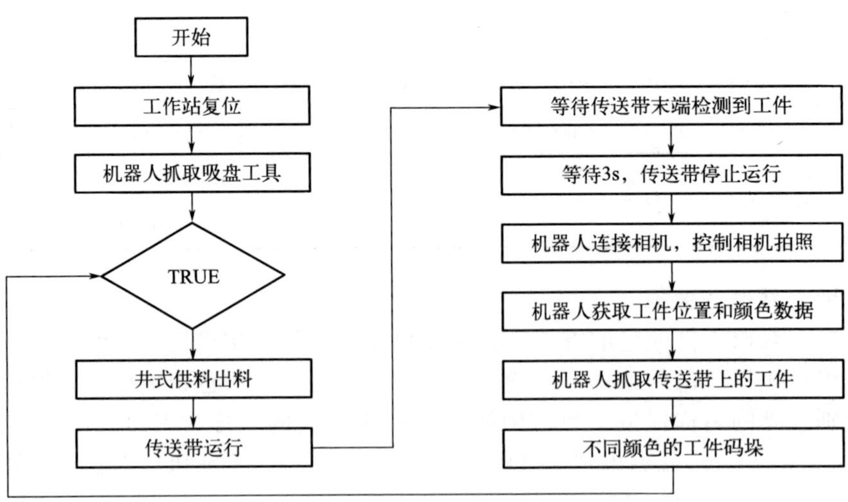

图 5-87　工件识别分拣流程

② 工件程序变量（表 5-13）。

表 5-13　建立基于视觉的工业机器人抓取工件程序所需变量

序号	变量名称	变量类型	存储类型	变量说明
1	x_pixel	num	变量	工件在相机坐标系下 X 方向的像素值
2	y_pixel	num	变量	工件在相机坐标系下 Y 方向的像素值

续表

序号	变量名称	变量类型	存储类型	变量说明
3	mm_per_pixel	num	变量	实际尺寸与像素比
4	off_x	num	变量	抓取点相对于抓取参考点在 X 方向上的偏移
5	off_y	num	变量	抓取点相对于抓取参考点在 Y 方向上的偏移
6	pick_ref	robtarget	变量	工件抓取参考点
7	pick	robtarget	变量	工件抓取点

③ 工件抓取程序（表 5-14）

表 5-14　工件抓取程序

程序行号	程序	程序说明
1	PROC PickPartFromConveyor()	PickPartFromConveyor 例行程序开始
2	off_x:=(y_pixel－382.9)*mm_per_pixel;	抓取点相对于抓取参考点在 X 方向上的偏移
3	off_y:=－1*(x_pixel－203.2)*mm_per_pixel;	抓取点相对于抓取参考点在 Y 方向上的偏移
4	pick:=pick_ref;	抓取参考点赋值给抓取点
5	pick:=Offs(pick_ref,off_x,off_y,0);	抓取点相对于抓取参考点进行偏移
6	MoveJ offs(pick,0,0,50),v300,z10,tool_xipan;	机器人移动到抓取点上方 50mm 处
7	MoveL pick,v50,fine,tool_xipan;	机器人移动到抓取点
8	set yv5;	吸盘吸取工件
9	WaitTime 0.5;	等待 0.5s
10	MoveL offs(pick,0,0,50),v300,z10,tool_xipan;	机器人返回抓取点上方 50mm 处
11	MoveAbsJ jhome\NoEOffs,v200,fine,tool0;	机器人返回 home 点
12	ENDPROC	PickPartFromConveyor 例行程序结束

④ 工件码垛编程。

a. 不同颜色工件码垛程序所用的变量（表 5-15）。

表 5-15　不同颜色工件码垛程序所用的变量

序号	变量名称	变量类型	存储类型	变量说明
1	PartType	num	变量	工件类型
2	put_red	robtarget	变量	红色工件第一层码垛位置
3	put_yellow	robtarget	变量	黄色工件第一层码垛位置
4	put_blue	robtarget	变量	蓝色工件第一层码垛位置
5	put	robtarget	变量	工件放置点
6	num_red	num	变量	红色工件码垛数量
7	num_yellow	num	变量	黄色工件码垛数量
8	num_blue	num	变量	蓝色工件码垛数量

b. 工件码垛程序（表 5-16）。

表 5-16 工件码垛程序

程序行号	程序	程序说明
1	PROC Palletizing()	Palletizing 例行程序开始
2	IF PartType=1 THEN	如果工件是红色工件
3	put:=Offs(put_red,0,0,num_red * 10);	将红色工件码垛位置赋值给 put
4	num_red:=num_red+1;	红色工件码垛数量加 1
5	ELSEIF PartType=2 THEN	如果工件是黄色工件
6	put:=Offs(put_yellow,0,0,num_yellow * 10);	将黄色工件码垛位置赋值给 put
7	num_yellow:=num_yellow+1;	黄色工件码垛数量加 1
8	ELSEIF PartType=3 THEN	如果工件是蓝色工件
9	put:=Offs(put_blue,0,0,num_blue * 10);	将蓝色工件码垛位置赋值给 put
10	num_blue:=num_blue+1;	蓝色工件码垛数量加 1
11	ENDIF	结束 IF 判断
12	MoveJ offs(put,0,0,50),v200,z10,tool0;	机器人移动到码垛位置上方 50mm 处
13	MoveL put,v50,fine,tool0;	机器人移动到码垛位置
14	Reset YV5;	关闭吸盘吸气
15	Set YV4;	打开吸盘吹气
16	WaitTime 0.2;	等待 0.2s
17	Reset YV4;	关闭吸盘吹气
18	MoveL offs(put,0,0,50),v200,z10,tool0;	机器人返回码垛位置上方 50mm 处
19	MoveAbsJ jhome\NoEOffs,v200,fine,tool0;	机器人返回 home 点
20	ENDPROC	Palletizing 例行程序结束

⑤ 工件识别分拣。

a. 工件识别分拣主程序名称（表 5-17）。

表 5-17 工件识别分拣主程序名称

序号	程序名称	程序功能	序号	程序名称	程序功能
1	main	主程序	6	ConnectCamera	机器人连接相机并控制拍照程序
2	ResetStation	调用工作站复位程序	7	GetPartPosition	机器人获取工件位置程序
3	PickXipanTool	机器人取吸盘工具程序	8	GetPartColor	机器人获取工件颜色程序
4	JingshiControl	井式供料出料程序	9	PickPartFromConveyor	机器人抓取工件程序
5	ConveyorControl	传送带运行程序	10	Palletizing	机器人码垛工件程序

b. 工件识别分拣主程序（表 5-18）。

表 5-18 工件识别分拣主程序

程序行号	程序	程序说明
1	PROC main()	main 例行程序开始

续表

程序行号	程序	程序说明
2	ResetStation；	调用工作站复位程序
3	PickXipanTool；	调用机器人取吸盘工具程序
4	WHILE TRUE DO	WHILE 循环开始
5	JingshiControl；	调用井式供料出料程序
6	ConveyorControl；	调用传送带运行程序
7	WaitTime 2；	等待 2s
8	ConnectCamera；	调用机器人连接相机并控制拍照程序
9	GetPartPosition；	调用机器人获取工件位置程序
10	GetPartColor；	调用机器人获取工件颜色程序
11	PickPartFromConveyor；	调用机器人抓取工件程序
12	Palletizing；	调用机器人码垛工件程序
13	ENDWHILE	WHILE 循环结束
14	ENDPROC	main 例行程序结束

c. 机器人连接相机并控制拍照程序（表 5-19）

表 5-19　机器人连接相机并控制拍照程序

程序行号	程序	程序说明
1	PROC ConnectCamera()	连接相机程序开始
2	SocketClose ComSocket；	关闭套接字
3	SocketCreate ComSocket；	创建套接字
4	SocketConnect ComSocket，"192.168.101.50"，3010；	连接相机地址为 192.168.101.50，端口号为 3010
5	SocketReceive ComSocket\Str:=strrecv；	地址和端口号给相机模块
6	TPWrite strrecv；	示教器显示收到的数据
7	SocketSend ComSocket\Str:="admin\0d\0a"；	机器人发送 admin\0d\0a
8	SocketReceive ComSocket\Str:=strrecv；	相机模块收到数据
9	TPWrite strrecv；	示教器显示收到的数据
10	SocketSend ComSocket\Str:="\0d\0a"；	机器人发送空字符
11	SocketReceive ComSocket\Str:=strrecv；	相机模块收到数据
12	TPWrite strrecv；	示教器显示收到的数据
13	SocketSend ComSocket\Str:="se8\0d\0a"；	机器人发送相机拍照指令
14	SocketReceive ComSocket\Str:=strrecv；	相机模块收到数据
15	IF strrecv <> "1\0d\0a" THEN	如果收到数据错误，将示教器上数据清除
16	TPErase；	
17	TPWrite "CameraError"；	并显示 CameraError
18	Stop；	停止运行
19	ENDIF	IF 判断结束
20	ENDPROC	程序结束

5.5 产品定制应用编程

以礼盒包装为基础，结合视觉应用对产品的颜色和类型进行定制，同时使用 RFID 对产品的生产过程进行追溯。定制产品零件有 3 种，即电机外壳、转子和端盖，颜色有红色和蓝色。每种零件可单独作为产品放入礼盒进行包装，也可自由组合形成新的产品备选，如表 5-20 所示。

表 5-20 产品定制

名称	图示		用处
机器人工具	V 形爪		 抓取礼品盒基座
	矩形爪		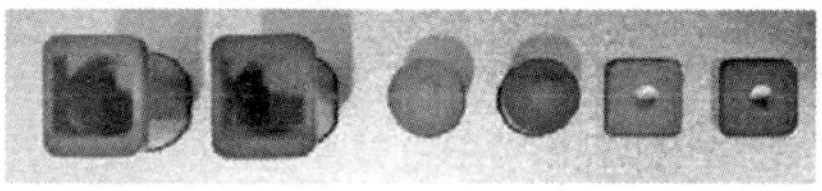 抓取电机各零件
	吸盘		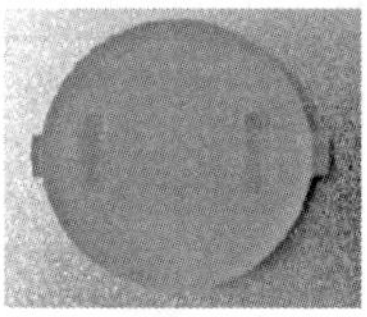 抓取封盖
工件存储	立体仓库		存储礼品盒基座及包装完成成品
	储物架		存储电机零件
	放物板	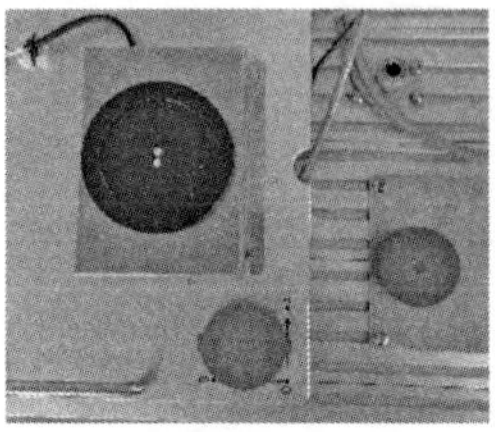	存储端盖,临时区

续表

名称	图示		用处
工艺物	视觉装置	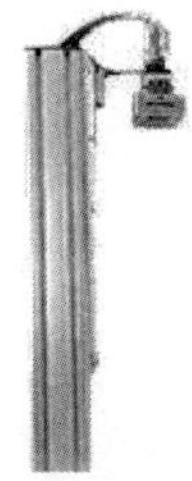	检测产品的颜色和类型
	运输带	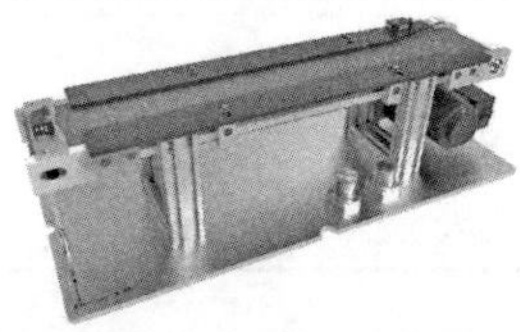	运输
	夹具	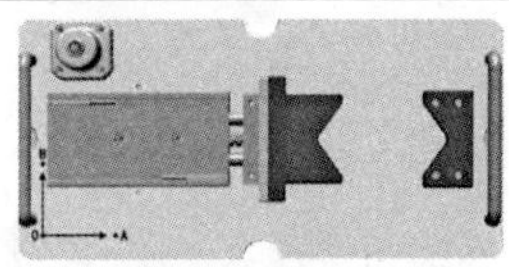	礼品盒和产品的装配包装
	RFID	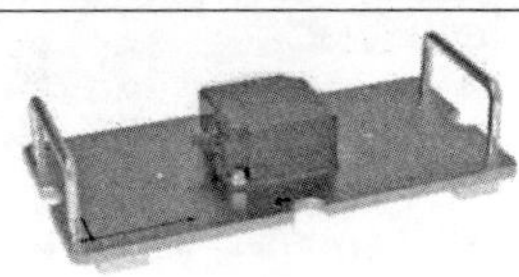	产品生产过程的跟踪及追溯
	称重机构	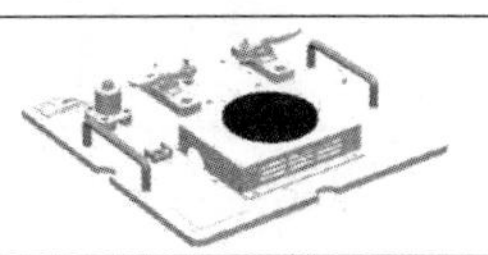	判断产品类型进行分拣

5.5.1 通信

（1）工作流程规划（图 5-88）

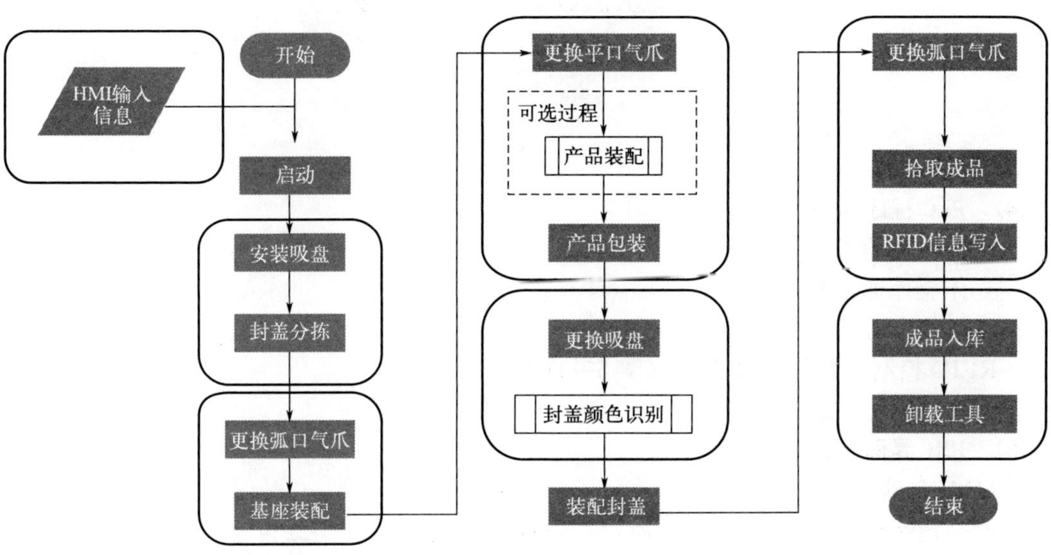

图 5-88　工作流程规划

（2） IO 配置（表 5-21）

表 5-21 IO 配置

模块	接口功能	信号名称
变位机	RS-485 通信	
RFID	RS-422 通信	
立体仓库	以太网、24V 电源	
工具支架	数字输入	DI2、DI3、DI4、DI5
装配	数字输入输出	DI12、DI13、DO12、DO13
输送带	数字输入输出	DI16、DO16、DI7、DI8
视觉模块	以太网、24V 电源	
称重模块	模拟量输入	AI2

（3） PLC 程序组态（图 5-89）

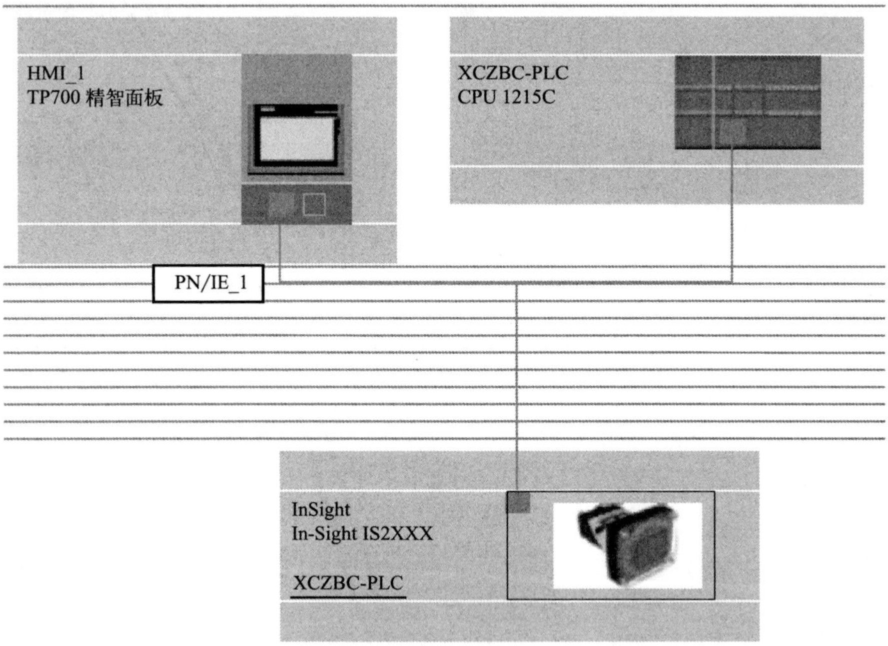

图 5-89 PLC 程序组态

（4） PLC 程序编制

① 机器人通信程序（图 5-90）。

② 立体仓库通信程序（图 5-91）。

③ 相机控制程序（图 5-92）。

④ RFID 控制和数据处理程序（图 5-93）。

⑤ Main 程序（图 5-94）。

（5） HMI 界面创建

① HMI 创建文本列表（图 5-95）。

② 产品定制窗口设计如图 5-96 所示，设计元素变量见表 5-22。

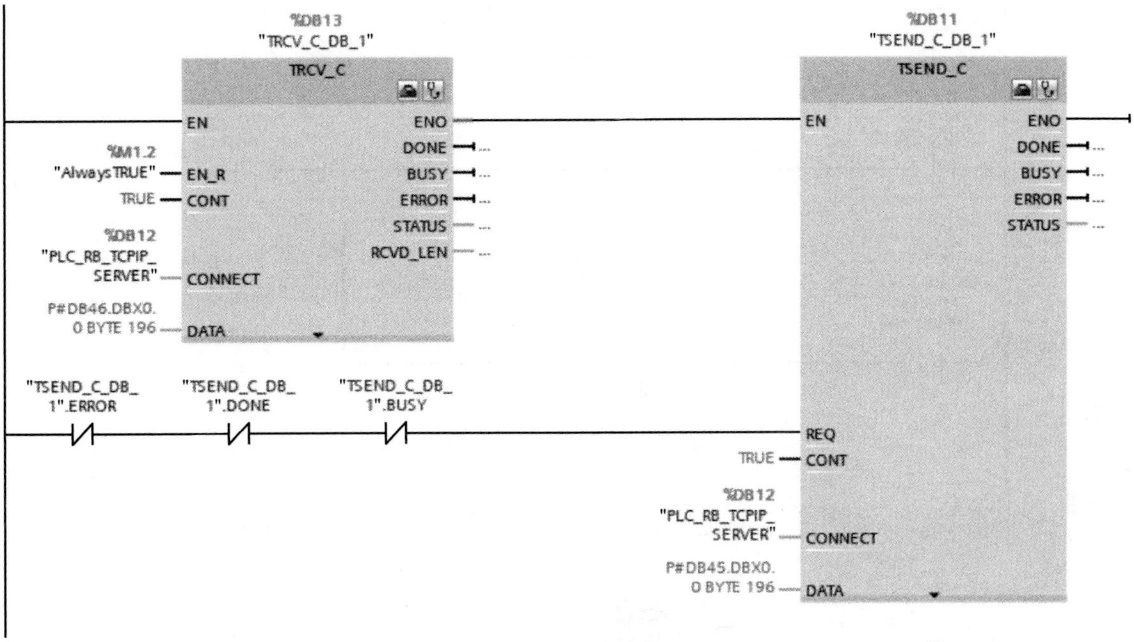

图 5-90　机器人通信程序

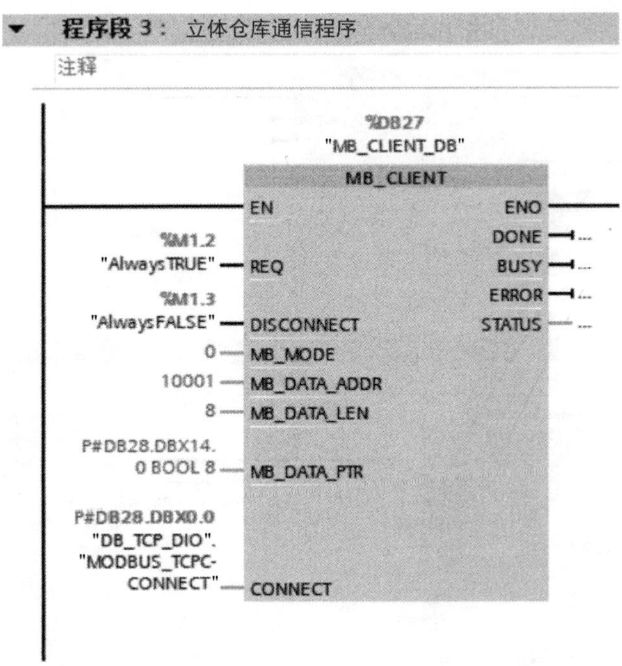

图 5-91　立体仓库通信程序

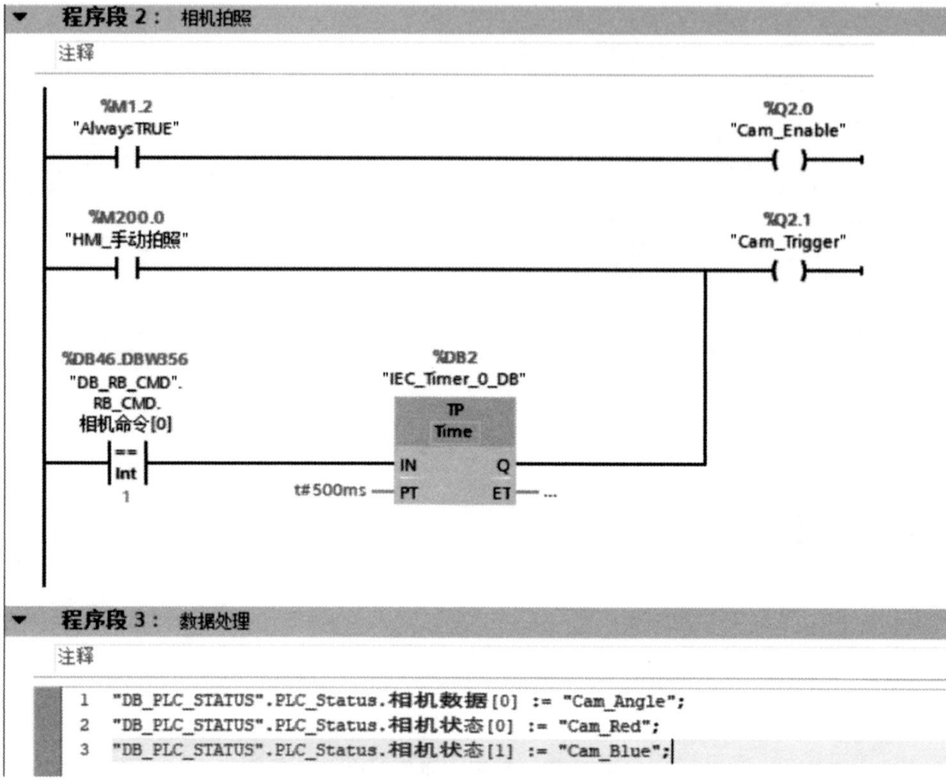

图 5-92 相机控制程序

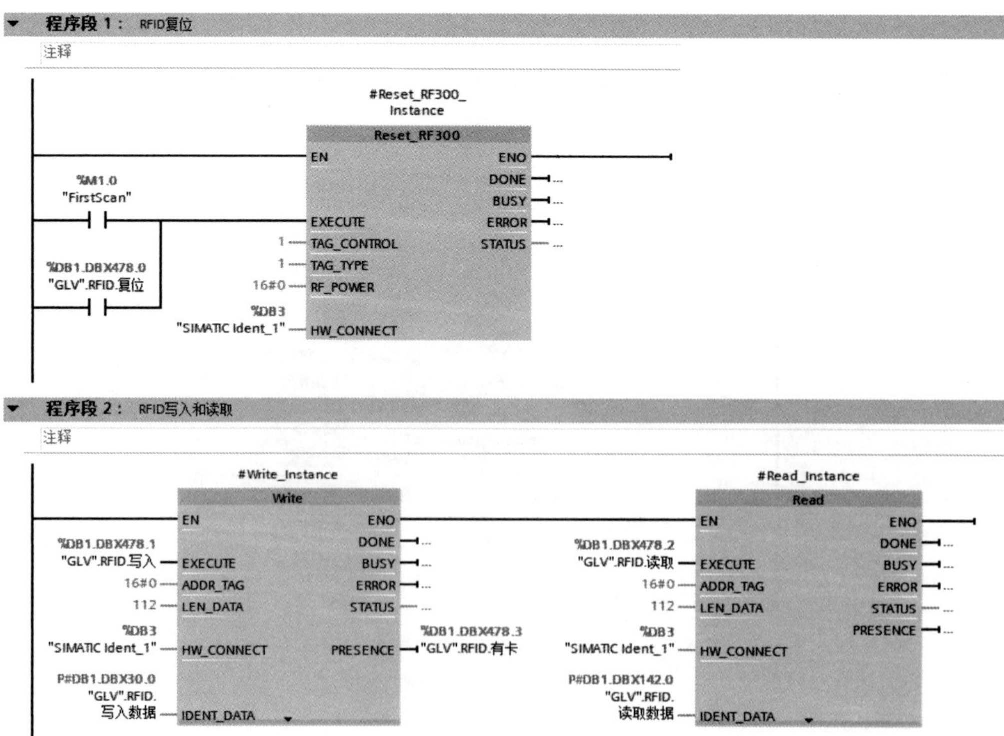

图 5-93 RFID 控制和数据处理程序

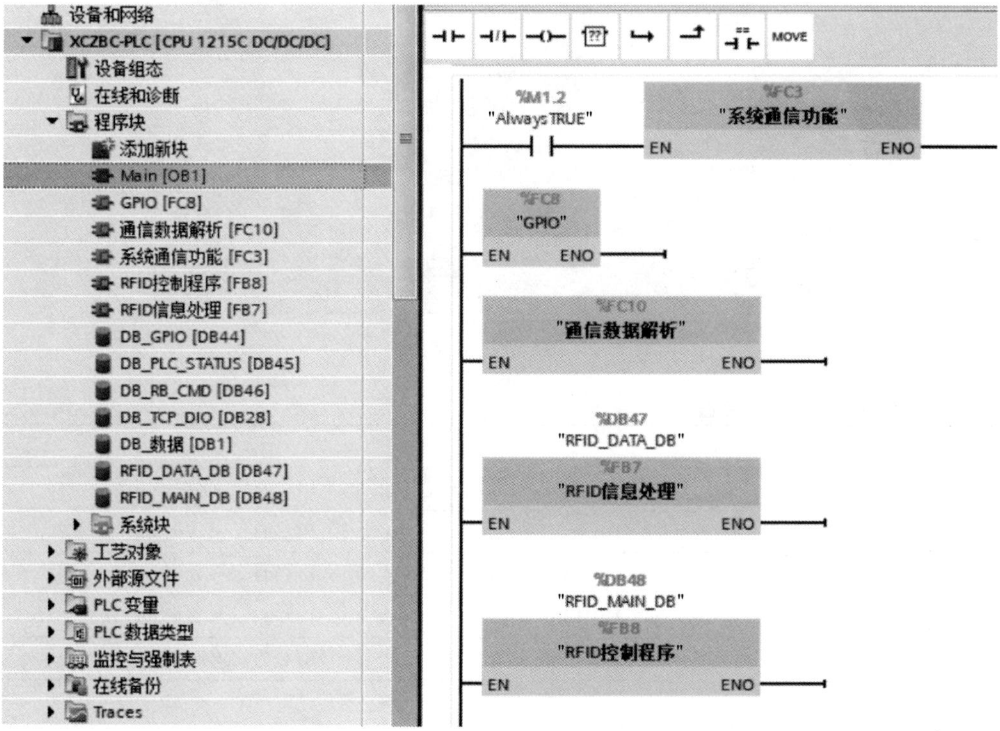

图 5-94　Main 程序

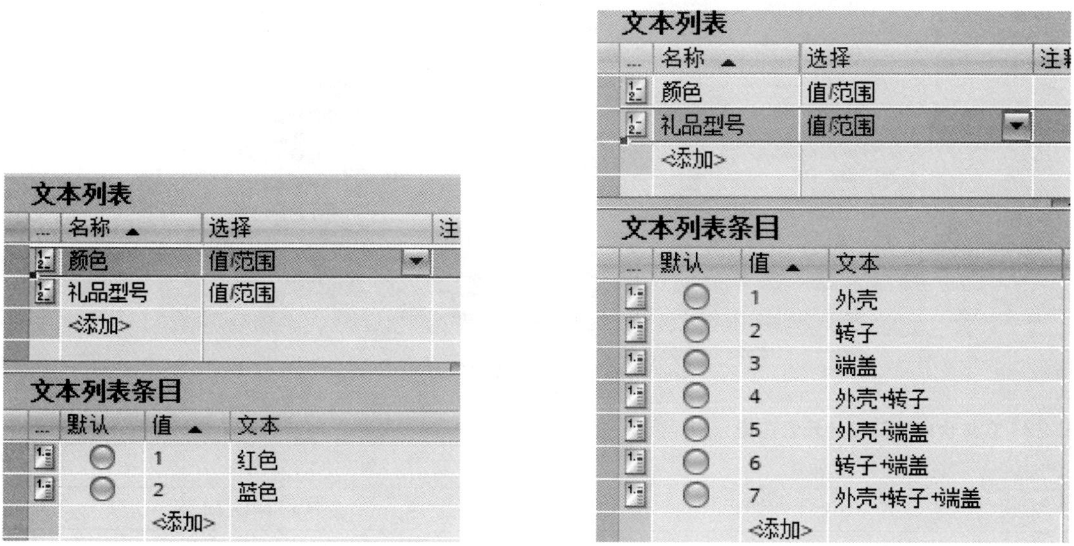

(a) 颜色　　　　(b) 礼品型号

图 5-95　HMI 创建文本列表

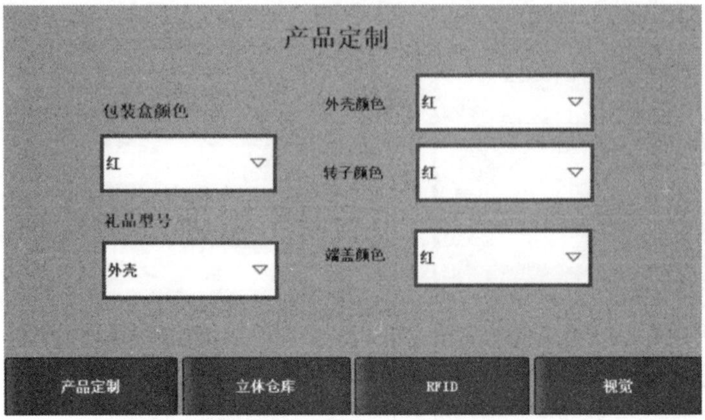

图 5-96　产品定制窗口设计

表 5-22　产品定制窗口设计元素变量

HMI 元素	绑定变量
包装盒颜色	DB_PLC_STATUS_PLC_Status_PLC 自定义数据 int{0}
礼品型号	DB_PLC_STATUS_PLC_Status_PLC 自定义数据 int{1}
外壳颜色	DB_PLC_STATUS_PLC_Status_PLC 自定义数据 int{2}
转子颜色	DB_PLC_STATUS_PLC_Status_PLC 自定义数据 int{3}
端盖颜色	DB_PLC_STATUS_PLC_Status_PLC 自定义数据 int{4}

③ 立体仓库窗口设计如图 5-97 所示，设计元素变量见表 5-23。

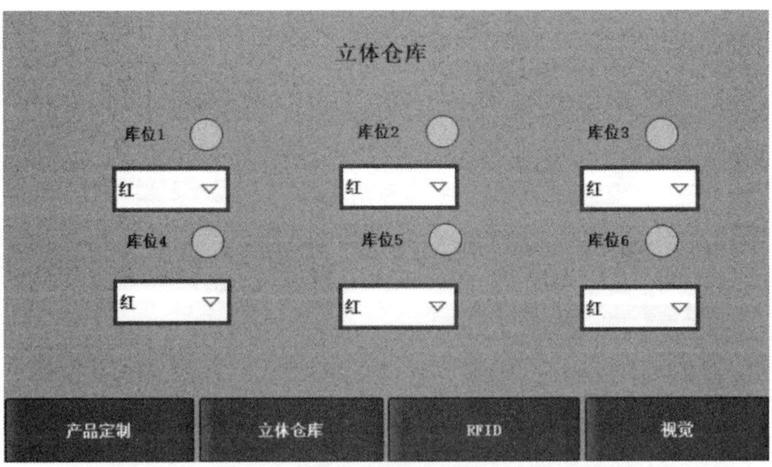

图 5-97　立体仓库窗口设计

表 5-23　立体仓库窗口设计元素变量

HMI 元素	绑定变量
库位 1 指示灯	DB_TCP_DIO_DI{0}
库位 2 指示灯	DB_TCP_DIO_DI{1}
库位 3 指示灯	DB_TCP_DIO_DI{2}
库位 4 指示灯	DB_TCP_DIO_DI{3}

续表

HMI 元素	绑定变量
库位 5 指示灯	DB_TCP_DIO_DI{4}
库位 6 指示灯	DB_TCP_DIO_DI{5}

④ RFID 手动窗口设计如图 5-98 所示，设计元素变量见表 5-24。

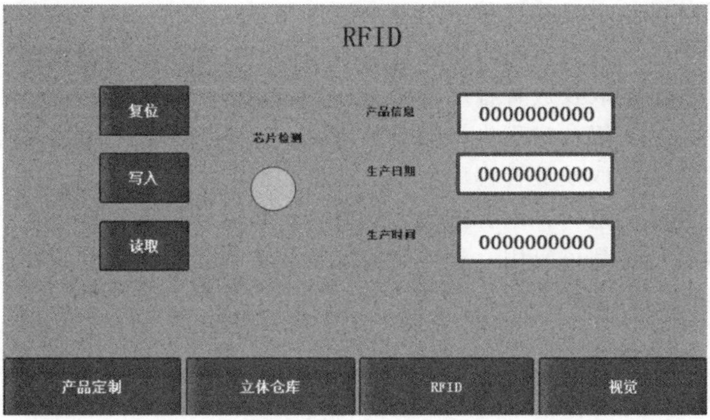

图 5-98　RFID 手动窗口设计

表 5-24　RFID 手动窗口设计元素变量

HMI 元素	绑定变量
复位	RFID_MAIN_DB_RFID_RST
写入	RFID_MAIN_DB_RFID_Write
读取	RFID_MAIN_DB_RFID_Read
芯片检测	RFID_MAIN_DB_芯片检测
产品信息	RFID_MAIN_DB_显示读取数据_产品信息
生产日期	RFID_MAIN_DB_显示读取数据_生产日期
生产时间	RFID_MAIN_DB_显示读取数据_生产时间

⑤ RFID 工序追溯（图 5-99）

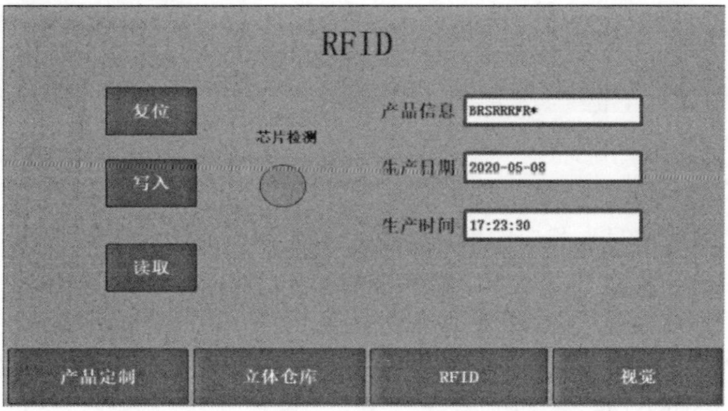

图 5-99　RFID 工序追溯

5.5.2 工业机器人程序编制及系统联调

在产品的包装过程中，产品类型共有 7 种，但各个产品的包装程序间有关联。3 种基础工件外壳、转子、端盖的拾取和放置程序是必需的，其余 4 种组合件的取放程序可以利用一部分基础程序进行。

外壳和转子的组合：组合过程为将转子装入外壳。其中转子拾取程序可复用，转子的放置程序需新增。整体的拾取及放置程序与单个外壳相同。

外壳与端盖的组合：组合过程为将端盖装入外壳。其中端盖拾取程序可复用，端盖的放置程序需新增。整体的拾取及放置程序与单个外壳相同。

转子与端盖的组合：组合过程为将端盖装入转子。其中端盖拾取程序可复用，端盖的放置程序需新增。整体的拾取及放置程序与单个转子相同。

外壳、转子与端盖的组合：组合过程为先将转子装入外壳，再将端盖装入外壳。其中转子和端盖拾取及放置程序都可复用。整体的拾取及放置程序与单个外壳相同。可以将工业机器人程序结构按照表 5-25 设计。

表 5-25 工业机器人程序结构

序号	名称	功能描述
1	Main	主程序，描述工作流程，根据需要调用其他程序
2	Toolpick	3 种工具的拾取
3	Toolput	3 种工具的放置
4	Weigh	称重并分拣封盖
5	BaseAss	将基座从仓库取出并装配到装配模块
6	Shellpick	将外壳从电机搬运模块拾取到过渡位置
7	Shellput	将外壳从过渡位置放置到基座中
8	Rotorpick	将转子从电机搬运模块拾取到过渡位置
9	Rotorput	将转子从过渡位置放置到基座中
10	Flangepick	将端盖从电机搬运模块拾取到过渡位置
11	Flangeput	将端盖从过渡位置放置到基座中
12	RtoShell	将转子从过渡位置放置到外壳中
13	FtoShell	将端盖从过渡位置放置到外壳中
14	FtoRotor	将端盖从过渡位置放置到转子上
15	CapAss	封盖的出库拾取及安装
16	CapRetum	封盖的退库
17	BoxAss	成品的拾取、信息写入及入库

需要根据产品的构成写入相应的产品信息，描述各个部件的颜色。以“B * S * R * F * ”的形式描述颜色构成，其中 B、S、R、F 分别是 box、shell、rotor、flange 的缩写，表示礼品盒、外壳、转子、端盖。“ * ”则是颜色的描述，红色为 red 的缩写 R，蓝色是 blue 的缩写 B，如果产品中不含该部件则使用 null 的缩写 N。例如红色礼品盒、蓝色外壳、红色端盖构成的产品为“BRSBRNFR”。

根据产品定制信息生成相应的字符串，需要按照顺序逐个在字符串变量中添加，同时使用条件判断，程序如表 5-26 所示。主程序可以按照工作流程设计调用相应的子程序，完成工作任务，见表 5-27。

表 5-26　产品定制信息生成相应字符串的程序

序号	程序	说明
1	rfidcon. name:="B";	字符串初始化，第 1 个必为 B(基座)
2	IF datain. data1=1 THEN	如果基座颜色设定值为 1(红色)
	rfidcon. name:=rfidcon. name+"R";	字符串末尾添加 R(red)
3	ELSEIF datain. data1=2 THEN	如果基座颜色设定值为 2(蓝色)
	rfidcon. name:=rfidcon. name+"B";	字符串末尾添加 B(blue)
4	ENDIF	
5	rfidcon. name:=rfidcon. name+"S";	字符串末尾添加 S(外壳)
6	IF datain. daTa3=1 THEN	如果外壳颜色设定值为 1(红色)
	rfidcon. name:=rfidcon. name+" R ";	字符串末尾添加 R(red)
7	ELSEIF datain. data3=2　THEN	如果外壳颜色设定值为 2(蓝色)
	rfidcon. name:=rfidcon. name+"B";	字符串末尾添加 B(blue)
8	ELSE	如果为其他值
	rfidcon. name:="N";	字符串末尾添加 N(null)
9	ENDIF	
10	rfidcon. name:=rfidcon. name+" R ";	字符串末尾添加 R(转子)
11	IF datain. data4=1 THEN	如果转子颜色设定值为 1(红色)
	rfidcon. name:=rfidcon. name+" R ";	字符串末尾添加 R(red)
12	ELSEIF datain. data4=2 THEN	如果转子颜色设定值为 2(蓝色)
	rfidcon. name:=rfidcon. name+"B";	字符串末尾添加 B(blue)
13	ELSE	如果为其他值
	rfldcon. name:=rfidcon. name+"N";	字符串末尾添加 N(null)
14	ENDIF	
15	rfidcon. name:=rfidcon. name+"F";	字符串末尾添加 F(端盖)
16	IF datain. data5=1 THEN	如果端盖颜色设定值为 1(红色)
	rfidcon. name:=rfidcon. name+" R ";	字符串末尾添加 R(red)
17	ELSEIF datain. data5=2 THEN	如果端盖颜色设定值为 2(蓝色)
	rfidcon. name:=rfidcon. name+"B";	字符串末尾添加 B(blue)
18	ELSE	如果为其他值
19	rfidcon. name:= rfidcon. name+"N";	字符串末尾添加 N(null)
20	ENDIF	

表 5-27　主程序及其说明

序号	程序	说明
1	PROC main()	主程序开始
2	T:=TOOL_POS{3};	工具取放位置设为吸盘工具

续表

序号	程序	说明
3	QU_GONGJU;	调用取工具程序
4	Weigh;	调用封盖称重分拣程序
5	FANG_GONGJU;	调用放工具程序
6	T:=TOOL_POS{1};	工具取放位置设为弧口手爪工具
7	QU_GONGJU;	调用取工具程序
8	BASE_ASSEMBLE;	调用基座装配程序
9	FANG_GONGJU;	调用放工具程序
10	T:=TOOL_POS{2};	工具取放位置设为平口手爪工具
11	QU_GONGJU;	调用取工具程序
12	IF datain. data2=1 THEN ShellPick;	如果产品类型设定为 1 调用外壳拾取程序
13	Shellput;	调用外壳装配程序
14	ELSE IF datain. data2=2 THEN Rotorpick;	如果产品类型设定为 2 调用转子拾取程序
15	Rotorput;	调用转子装配程序
16	ELSE IF datain. data2=3 THEN Flangepick;	如果产品类型设定为 3 调用端盖拾取程序
17	Flangeput;	调用端盖装配程序
18	ELSE IF datain. data2=4 THEN RtoShell;	如果产品类型设定为 4 调用转子装配至外壳程序
19	ShellPick;	调用外壳抓取程序
20	Shellput;	调用外壳放置程序
21	ELSE IF datain. data2=5 THEN FtoShell;	如果产品类型设定为 5 调用端盖装配至外壳程序
22	ShellPick;	调用外壳抓取程序
23	Shellput;	调用外壳放置程序
24	ELSE IF datain. data2=6 THEN FtoRotor;	如果产品类型设定为 6 调用端盖装配转子程序
25	Rotorpick;	调用转子抓取程序
26	Rotorput;	调用转子放置程序
27	ELSE IF datain. data2=7 THEN RtoShell;	如果产品类型设定为 7 调用转子装配至外壳程序
28	FtoShell;	调用端盖装配至外壳程序
29	Shellpick;	调用外壳抓取程序
30	Shellput;	调用外壳放置程序
31	END_IF	
32	T:=TOOL_POS{3};	工具取放位置设为吸盘

续表

序号	程序	说明
33	QU_GONGJU；	调用取工具程序
34	CapAss()	调用封盖装配程序
35	FANG_GONGJU；	调用放工具程序
36	T：=TOOL_POS{1}；	工具取放位置设为弧口手爪工具
37	QU_GONGJU；	调用取工具程序
38	CALL BoxAss()	调用成品入库程序
39	FANG_GONGJU；	调用放工具程序
40	ENDPROC	程序结束

参考文献

[1] 郑鹏飞，张永卫，黄大岳．机器视觉系统应用（初级）[M]. 北京：机械工业出版社，2023.
[2] 马晓明，卢鑫，程文锋．机器视觉系统应用（中级）[M]. 北京：机械工业出版社，2023.
[3] 黄东，雷翔霄．工业机器人视觉技术 [M]. 北京：北京理工大学出版社，2017.
[4] 刘韬，葛大伟．机器视觉及其应用技术 [M]. 北京：机械工业出版社，2021.
[5] 陈兵旗，梁习卉子，陈思遥．机器视觉技术基础及实践 [M]. 北京：化学工业出版社，2023.
[6] 肖苏华．机器视觉技术基础 [M]. 北京：化学工业出版社，2021.
[7] 张明文．工业机器人专业英语 [M]. 武汉：华中科技大学出版社，2017.